"十三五"电气电子相关专业规划教材

C 语言程序设计

张新成　杨志帮　主编

河南科学技术出版社

·郑州·

内 容 提 要

本书主要内容包括：C 语言概述，数据类型、运算符和表达式，基本输入输出和顺序结构程序设计，选择结构、循环结构程序设计，数组，函数，编译预处理，指针，结构体与共用体，文件，实验等。每章后附有小结和思考与练习，以巩固学生所学知识。

本书既可作为高等院校理工科各专业学生程序设计的入门教材，也可作为计算机应用开发人员的技术参考书。

图书在版编目（CIP）数据

C 语言程序设计/张新成，杨志帮主编．—郑州：河南科学技术出版社，2015.7（2019.3 重印）
（“十三五”电气电子相关专业规划教材）
ISBN 978-7-5349-4279-2

Ⅰ. C…　Ⅱ. ①张…②杨…　Ⅲ. C 语言-程序设计-高等学校：技术学校-教材　Ⅳ. TP312

中国版本图书馆 CIP 数据核字（2009）第 071911 号

出版发行：河南科学技术出版社
　　　　　地址：郑州市金水东路 39 号　　邮编：450016
　　　　　电话：（0371）65788859　65788624
　　　　　网址：www.hnstp.cn
策划编辑：孙　彤
责任编辑：王　非
责任校对：李淑华　张小玲
封面设计：李　冉
版式设计：栾亚平
责任印制：朱　飞
印　　刷：河南新华印刷集团有限公司
经　　销：全国新华书店
开　　本：787mm×1092mm　1/16　　印张：16.75　　字数：401 千字
版　　次：2015 年 7 月第 1 版　　2019 年 3 月第 10 次印刷
定　　价：29.00 元

序

从20世纪90年代末开始，我国高等职业教育进入了快速发展时期。目前，我国高等职业教育的规模，无论是院校数量还是学生数量，都占据了高等教育总规模的半壁江山。高等职业教育是高等教育的一种新类型，承担着为我国走新型工业化道路、调整经济结构和转变增长方式培养高综合素质、高技能人才的任务。随着我国经济建设步伐的加快，特别是随着我国由制造大国向制造强国的转变，现代制造业对高综合素质、高技能专业人才的需求更为迫切。面对这一形势，高职高专院校的电气电子相关专业根据市场和社会需要，开展教学研究和改革，更新教学内容，改进教学方法，推进精品专业、精品课程和教材建设，取得了丰硕的成果。及时总结这些成果并以教材形式予以体现，推广至更多的院校，无疑是一件意义深远的事情。为了适应高职高专教学改革的需要，鼓励教师编写富有特色的教材，促进高职高专电气电子相关专业教学质量的不断提高，河南科学技术出版社根据共同参与、共同建设、共同发展的原则，组织编写了《“十二五”高职高专电气电子相关专业规划教材》。

本套教材涵盖了高职高专电气电子相关专业的专业基础课、主干专业课和实训课。本套教材按照高职教育“以服务为宗旨，以就业为导向”的指导思想和培养高综合素质、高技能人才的基本要求组织编写，对传统的课程体系和教学内容进行了整合和更新，精简了理论内容，突出了专业技能和理论知识应用能力的培养，缩短了学生的专业技能与生产一线需求的距离，进一步体现了高职教育的人才培养特色。

参加本套教材编写的作者都是长期从事高职高专教学工作的教师，他们对高等职业技术人才的培养、对电气电子相关专业的课程体系和教学改革具有深刻的理解和思考，在教学实践中积累了丰富的经验。从某种意义上说，本套教材是有关高职高专院校电气电子相关专业多年教学改革成果的体现和凝练。相信这套教材将在高职高专教学工作中发挥积极的作用，并期待着她不断完善，成为高职高专教材中的精品体系。

刘宪林

2012年1月

“十二五”高等院校电气电子相关专业规划教材 编审委员会名单

前　　言

C语言具有功能丰富、表达能力强、使用灵活方便等特点，广泛应用于数据处理、科学计算、系统软件设计和计算机控制等领域，是当今许多高等院校计算机语言教学入门的首选语言。

在长期的教学实践中，我们深刻地体会到，由于大多数读者在学习程序设计课程之前，对计算机的基本知识了解得很少，很难在短时间内掌握程序设计的基本思想，因此感到程序设计课程难学、枯燥乏味，结果达不到预期的教学目的，并影响了后续课程的学习。本书从程序设计的最基础知识讲起，循序渐进，重点放在语言本身的难点和程序设计的技巧方面。

本书力求把知识传授与能力培养融合在一起，将理论与实践有机地结合起来，通过实例人手，使初学者尽快掌握程序设计的思想。每章后均配有大量的思考题，供读者课后练习。为了加强读者的编程能力，将实验环节单独编写一章，便于读者参考。

本书由张新成、杨志帮担任主编，李小强、孙建延为副主编。其中：张新成编写第2章、第11章、附录；杨志帮编写第3章、第10章；李小强编写第4章；孙建延编写第6章；马建民编写第8章；刘云洁编写第1章、第7章；李雪编写第9章；于彦峰编写第5章。全书由张新成负责定稿。

参加本书编写的人员均是工作在教学第一线、有着丰富教学经验的优秀教师。在编写过程中，他们付出了大量的心血和宝贵的时间，保证该书能够按期出版发行。

在本书的编写过程中，得到了河南机电高等专科学校、开封大学等高校有关领导和同志们的大力支持，在此一并表示感谢！

由于编者水平有限，书中不当之处恳请读者批评指正。

编者

2012年2月

《C语言程序设计》编写人员

主　编　张新成　杨志帮

副主编　李小强　孙建延

编　者　（按姓氏笔画排序）

于彦峰　马建民　陈　良　孙建延

李　雪　李小强　杨志帮　张新成

目　录

第1章　C语言概述

C语言是国际上广泛流行的计算机高级语言，具有丰富的运算符和表达式，以及先进的控制结构和数据结构。C语言具有表达能力强、编译目标文件质量高、语言简单灵活、容易移植及容易实现等优点。它适合作为系统描述语言，既可以用来编写系统软件，也可以用来编写应用软件。

1.1　C语言的发展历史及其基本特征

1.1.1　C语言的发展历史

C语言与UNIX操作系统有着密切的关系，它的发明者是Dennis Ritchie，Dennis Ritchie开发C语言的主要目的是为了更好地描述UNIX操作系统。

1969年，美国贝尔实验室的Ken Thompson在一台报废的DEC PDP—7上做了一些程序来辅助软件开发。

1969—1972年，Ken Thompson与Dennis Ritchie合作，用了不到两年的时间就把这些程序发展为一个操作系统——UNIX。

在此期间，早期的UNIX是用汇编语言写的，汇编语言依赖于计算机硬件，程序的可读性和可移植性都比较差，Ken Thompson为了摆脱汇编语言的困扰，在1970年决定开发一种高级语言以便更有效地描述UNIX，他以BCPL语言为基础开发了一种新的语言——B语言。由于B语言缺乏丰富的数据类型，又以字长编址，有一定的缺陷，因而未能流行起来。为了改进B语言，从1971年开始，D. Ritchie用了一年左右的时间，在B语言的基础上加入了丰富的数据类型和强有力的数据结构，从而形成了C语言。之所以命名为C是因为：BCPL语言是B语言的先驱，BCPL这串字符中C字符在B字符的后面；同时，按英文字母的顺序，B字符后面也是C。

1978年，Brian W. Kemighan、Ken Thompson与Dennis Ritchie三人合作，写了一本著名的书《The C Programming Language》，该书介绍的C语言被称为标准C。

而后，C语言由于其本身的优点，先后被移植到各种计算机平台上，得到了广泛的使用。同时，也出现了很多的编译系统版本。

1983年，美国国家标准化协会（ANSI）建立了一个委员会，着手制定ANSI的标准C。

1988年，ANSI公布了标准ANSI C。这个标准的大部分特性已经由现代的编译系统所支持。

1989年，国际标准化组织（ISO）也采用了ANSI C标准，称ANSI/ISO standard C。

1994年，ISO修订了标准，称ISO C。

本书将以ANSI C为基础讲解C语言。

1.1.2 C语言的主要特点

1. 特点　一种语言之所以能存在和发展，并具有较强的生命力，总是有其不同于或优于其他语言的特点。C语言的主要特点有：

（1）C语言同时具备了高级语言和低级语言的特征。高级语言应该具备的优点C语言都有，如可读性好、容易记忆、可移植性强等；同时，C语言还提供了某些接近于汇编程序的功能，如地址处理、二进制位运算以及指定用寄存器存放变量等。因此，有人认为C语言是中级语言。C语言适合编写系统程序和各种软件工具。

（2）C语言是结构化程序设计语言，具有结构化程序设计所要求的控制语句，如if…else语句、while语句、do … while语句、switch语句、for语句等。

（3）C语言支持模块化程序设计。C语言的程序是由函数构成的，每个函数可以单独编写和调试，用函数作为程序的模块单位，便于实现程序的模块化。因此，遇到大型程序，程序员们可以分别编写不同的模块，这使得管理和调试工作变得简单和方便，并且可以实现软件重用，即重复使用那些经常需要使用的程序模块。

（4）C语言具有丰富的数据类型。C语言提供的数据类型有：整型、浮点型、字符型、数组类型、指针类型、结构体类型、共用体类型等，能用来实现各种复杂的数据结构（如链表、栈、树等）的运算，尤其是指针类型数据，使用十分灵活和多样化。

（5）C语言的运算符种类多、功能强大。C语言的运算符包含的范围很广泛，共有34种运算符。C语言把括号、赋值、强制类型转换等都作为运算符处理，从而使C语言的运算类型极其丰富，表达式类型多样化。

（6）C语言的基本组成部分紧凑、简洁、关键字少。

（7）C语言有大量标准化的库函数。这些库函数不但包括了各种数学计算的函数，还有用于输入输出的库函数以及系统函数，给程序员编写程序带来了极大方便。

（8）生成代码质量高，程序执行效率高。C语言与汇编语言生成的代码相比，前者只比后者低10%～20%。

（9）用C语言编写的程序可移植性好，应用性广，基本上不做修改就可在许多软件平台和硬件平台上应用。

2. 缺点　任何事物都不是十全十美的，C语言也有一定的缺陷，了解C语言的缺点，有助于我们在编写程序的时候扬长避短。具体讲，有以下两点：

（1）C语言比较灵活，在语法上不如一些著名的高级语言（例如Pascal，Ada）严格，错误检查系统不够坚固。例如，有些语句用在Pascal程序中，会被Pascal编译程序指出有语法错误，但类似的语句用在C语言程序中，会轻而易举地通过C编译系统，因此给程序的调试带来困难，尤其是对初学者。

（2）如果不加以特别的注意，C语言程序的安全性将会降低。例如对指针的使用没有适当的限制，指针设置错误，可能引起内存中的信息被破坏，如果经常出现这种错误，极有可能导致系统的崩溃。

1.2　简单的C语言程序及特点

本节，我们将通过几个简单的程序例子，使读者对C语言程序的组成有个感性的认识。

1.2.1　简单的C语言程序

例1-1　在屏幕上显示“Hello，World!”字样。

```
/*------------A program to print Hello, World! ------------*/
#include "stdio.h"
void main()
{
   printf("Hello, World!");
}
```

这是一个最简单的C语言程序，尽管简单，但是已经充分说明了C语言程序的基本组成。该程序包括了三部分：注释、预处理命令及函数定义。下面是对例1-1的分析与说明。

(1) 程序开始用/*和*/括起来的是注释行。注释行用于说明程序的功能和目的，编译系统会跳过注释行，不对其进行翻译。如果想做一个好的程序员，必须习惯为程序写出详细的注释。按照惯例，一般要在程序的最开始说明整个程序的目的和功能，并在必要时，为每一组代码写出注释，以增加可读性。

使用/*和*/括起来的语句并不一定在一行，可以是多行。

例如，可将例1-1中的注释语句写成：

```
/*------------A program to print Hello, World! ------------ */
```

(2) 以#开始的语句是预处理命令。这些命令是在编译系统翻译代码之前需要由预处理程序处理的语句。本例中的#include “stdio.h”语句是请求预处理程序将文件stdio.h包含到程序中来，作为程序的一部分。文件stdio.h中是一些重要的定义，没有它，“printf(“Hello，World!”)；”语句不能通过编译系统的翻译。

(3) 每个C语言程序都必须包含一个主函数main()，也只能包含一个主函数。用{}括起来的部分是一个程序模块，在C语言中也称为分程序，每个函数中都至少有一个分程序。C语言程序的执行是从主函数中的第一句开始，到主函数中的最后一句结束。

(4) 分号“;”是C语言的执行语句和说明语句的结束符。

(5) C语句在书写上采用自由格式。书写C语句时不含行号，不硬性规定从某列开始书写，但是好的程序员应该学会使用缩进格式，例如“printf(“Hello，World!”)；”语句在main函数内部，书写时一般不与main对齐，而是向右缩进几格，以增加程序的可读性。

(6) C语言的关键字和特定字使用小写字母。main是关键字，include是特定字，都必须用小写。

(7) printf是C编译系统提供的标准输出库函数，它的功能是将用两个双引号括起来的内容Hello，World! 输出到标准输出设备显示器上。

因此例1-1的运行结果是：

Hello，World!

例 1－2 计算 a＋b，并在屏幕上显示结果。

```
/*------------ sum of a add b ------------*/
#include "stdio.h"
void main( )
{
    int a, b, sum;
    a =123;
    b =456;
    sum = a + b;
    printf("a add b is %d\n", sum);
}
```

运行结果：

```
a add b is 579
```

分析与说明：

（1）变量的数据类型定义。变量是由程序命名的一块计算机内存区域，用来存储一个可以变化的数值。每个变量保存的是一个特定的数据类型的数值，例如整型、字符型。"int a，b，sum；"定义了三个存储空间，分别命名为 a、b 和 sum，这三个存储空间的数据类型为整型(int)，int 是类型说明符。在 C 语言中规定，任何变量都要经过数据类型的定义，以便在程序运行时分配相应的存储空间。

（2）直接常量(又称无名常量或文字常量)。常量是在程序执行过程中不会变化的数值，直接常量就是在代码中直接书写的数值，没有名字。例如"a＝123；"语句中的 123 和"b＝456；"语句中的 456。

（3）赋值运算符。注意，赋值运算符的"＝"与数学上的等号在概念上完全不同。赋值运算符最简单的用法是：赋值运算符的左边是一个变量，右边是一个常量。其功能是将右边常量的值送到左边的变量中，使变量中的内容与常量相等。例如"a＝123；"就表示使 a 中的内容变为 123。

（4）运算符。C 语言的算术运算符与数学符号很相像，"sum＝a＋b；"表示将 a 的内容与 b 的内容相加以后，赋值到 sum 变量中。

例 1－3 求两个数中的较大者。

```
#include "stdio.h"
void main( )                    /* 主函数 */
{
    int max(int x, int y);      /* 对被调用 max 函数的声明 */
    int a, b, c;
    scanf("%d,%d", &a, &b);
    c = max(a, b);              /* 调用 max 函数，将得到的值赋给 c */
    printf("max = %d", c);
}
int max(int x, int y)           /* 用户自定义 max 函数 */
```

```
{
    int z;
    if (x > y) z = x;
    else z = y;
    return (z);        /*将z的值返回，通过max带回到调用函数的位置*/
}
```

分析与说明：

C语言中除主函数以外，程序员还可以自己定义其他函数，这些函数可以像前例中的printf一样被调用。printf是系统提供的库函数，使用时不必定义。

本例共有两个函数：主函数main及max函数。main函数中有一句是函数调用语句“max(a，b)；”，语句将参数a、b的值传送给max函数，程序转到max函数执行，max函数求最大值并返回，max执行完后，返回到main函数调用语句的下一句继续执行。

注意，程序中函数的排列顺序并不决定函数的执行顺序，执行顺序是通过函数调用来决定的。自定义函数的函数定义、函数调用和函数说明将在第6章中讨论，读者不必为看不懂细节而烦恼。

1.2.2　printf使用初步

printf是一个标准输出函数，它执行格式化输出，其格式是：

printf(“格式信息”，数据参数1，数据参数2，…)；

其中，数据参数可有可无。用两个双引号括起来的格式信息用于控制数据参数的输出格式。

(1) 格式信息中字符除了以“\”和“%”开头的字符，其他字符原封不动按照原样输出到屏幕上。

(2) 格式信息中的“%”和其后面的字符“d”分别是转换说明符和转换字符（合起来称为转换说明），它指定了显示参数时的格式。在“%”和转换字符之间还可以加一些特殊字符，用来控制输出的域宽等。“printf(“%d”，i)；”表示将参数i按十进制整型输出。C语言规定，转换说明符的个数应与数据参数的个数相等。例如：

printf(“%d %d %d\n”，x，y，z)；

(3) 格式信息中的“\n”是字符转义序列，“\n”表示换行。

1.2.3　C语言程序的特点

1. C语言程序的结构　一个完整的C语言程序，是由一个main()函数(又称主函数)和若干个其他函数构成，或仅由一个main()函数构成。

由例1-1、例1-2、例1-3可以总结出C语言程序结构的几个特点：

(1) 函数是C语言程序的基本单位(C语言程序是由函数构成的)。

(2) 一个C语言程序至少有一个main()函数，且其在程序中的位置不影响运行结果。事实上，C语言程序总是从main()函数开始执行的，当main()函数执行完毕时，程序即执行完毕。

(3) 任何函数［包括main()函数］都是由函数说明和函数体两部分组成的。

2. C语言源程序的书写格式

(1) 所有语句都必须以分号“;”结束（分号是C语句必要组成部分）。

（2）程序行书写格式自由。

1）1 行 1 条语句，如“int a，b;”。

2）1 行多条语句，如“int a，b; char c;”。

3）1 条语句分多行写，如某条语句很长，1 行写不下时。

（3）允许使用注释语句，C 语言的注释格式为：/ * …… * /，其功能是对语句进行解释，增加程序的可读性。

1）“/*”和“*/”必须配对使用，且中间无空格。

2）注释语句可以跟在 C 语句后面，也可以单占 1 行。

3）注释语句不参与编译，不影响程序运行。

1.3 C 语言程序的上机操作

1.3.1 调试步骤

C 语言的编译程序属于编译系统。要完成一个 C 语言程序的调试，必须经过编辑源程序、编译源程序、连接目标程序和运行可执行程序四个步骤。简单一点，可将四个阶段称为编辑、编译、连接、运行。

C 的源程序就是符合 C 语言语法的程序文本文件，文本文件又称为源程序文件，扩展名为 . c（Visual C ++6.0 中的扩展名为 . cpp），许多文本编辑器都可以用来编辑源程序，如 Windows 写字板、Word 以及 DOS 的 Edit 等，要注意的是 C 源程序的存储格式必须是文本文件，在保存的时候要选择文本文件格式。

编辑完成以后是编译，对编辑好的文本文件进行成功编译后将生成目标程序，目标程序文件的主文件名与源程序的主文件名相同，扩展名是 . obj。编译程序的任务是对源程序进行语法和语义分析，若源程序的语法和语义都是正确的，才能生成目标程序，否则，应该回到编辑阶段修改源程序。

编译成功以后，目标文件依然不能运行，需要将目标程序和库函数连接为一个整体，从而生成可执行文件。可执行文件的主文件名与源程序的主文件名相同，扩展名是 . exe。

最后一步就是运行可执行文件了，可执行程序要装入内存执行。如果在运行过程中发现可执行程序不能达到预期的目标，我们必须重复“编辑、编译、连接、运行”这四个步骤。调试过程如图 1 – 1 所示。

1.3.2 在 Visual C ++6.0 环境下调试程序的方法

本教材的所有程序都使用 Visual C ++ 6.0 调试，因此有必要简单地介绍一下使用 Visual C ++ 6.0 调试 C 语言程序的步骤和方法。尽管 Visual C ++ 6.0 是 C ++ 的版本，但是 C ++ 语言是在 C 语言的基础上扩展而成的，所以 C 语言程序也能够在该环境下正确调试。

Visual C ++ 6.0 提供了全屏幕程序调试环境，编辑、编译、连接、运行都可以在该环境中完成。

下面将介绍在 Visual C ++ 6.0 环境中调试例 1 – 1 程序的操作步骤：

1. 启动 Visual C ++ 6.0　在 Windows 环境下选择【开始】→【程序】→【Microsoft Visual Studio 6.0】→【Microsoft Visual C ++ 6.0】命令。

2. 建立一个新的工作空间　选择【文件】→【新建】命令（或按【Ctrl + N】快捷

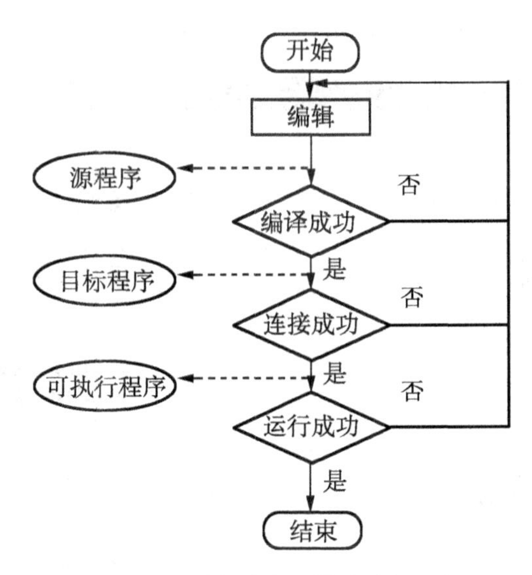

图1-1 C语言程序调试过程示意

键)，弹出【新建】对话框，在该对话框中选择【工作区】选项卡，然后在右边的【工作空间名称】文本框中输入要建立的工作空间名称（例如：我的工作区)，并单击【确定】按钮，如图1-2所示。新的工作区被建立以后，就成为用户当前的工作区。

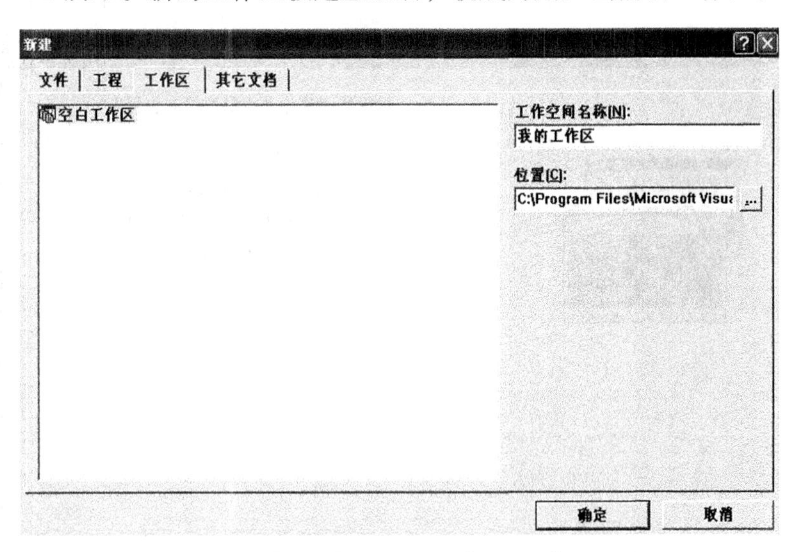

图1-2 【新建】对话框的【工作区】选项卡

3. 建立一个新的工程 选择【文件】→【新建】命令，弹出【新建】对话框，在该对话框中选择【工程】选项卡，在所列出的工程中选择【Win32 Console Application】选项，然后在右边的【工程名称】文本框中输入要建立的工程名称（例如：我的工程)，然后选中【添加到当前工作空间】单选按钮，单击【确定】按钮，如图1-3所示。系统弹出如图1-4所示的对话框，在该对话框中选中【一个空工程】单选按钮，表示建立空工程，单击【完成】按钮，系统弹出【新建工程信息】对话框，在对该对话框中工程建立的信息进行确认后，单击【确定】按钮，完成新工程的建立。

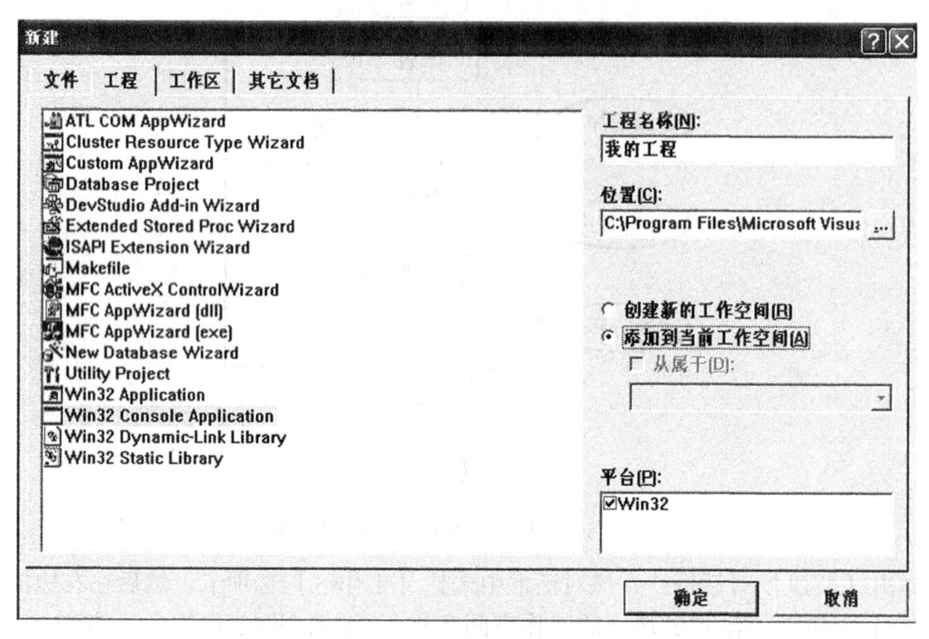

图 1－3　【新建】对话框的【工程】选项卡

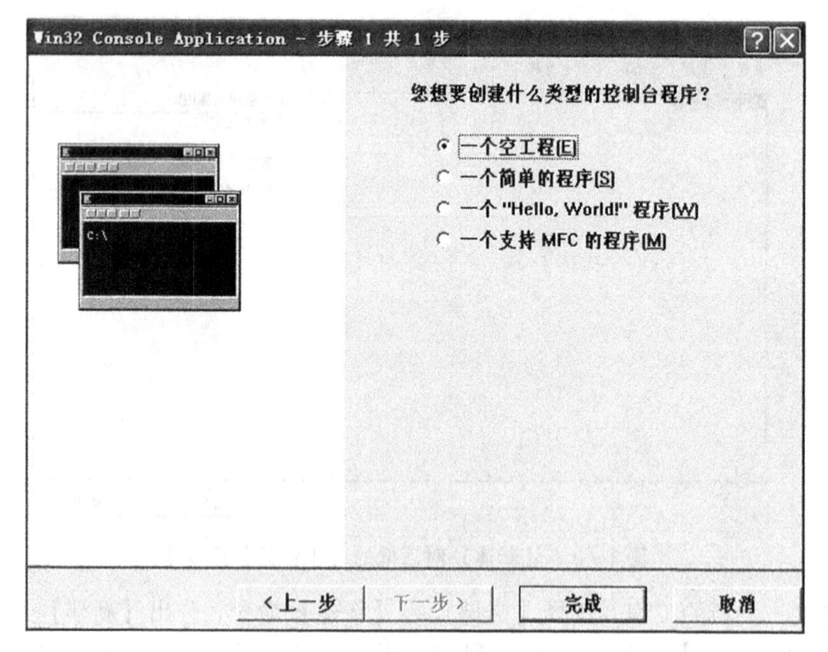

图 1－4　选择工程类型对话框

4. 建立源文件　新建的工程是空的，其中没有任何具体内容。在新工程中创建一个 C++ 源程序文件的方法是：单击菜单【文件】，在弹出的子菜单中选择【新建】命令，弹出如图 1－5 所示的【新建】对话框。在【新建】对话框中，选择【文件】选项卡，并在该选项卡中选择【C++ Source File】选项，同时在右边的【文件名】文本框中输入源文件名“Welcome”，单击【确定】按钮。

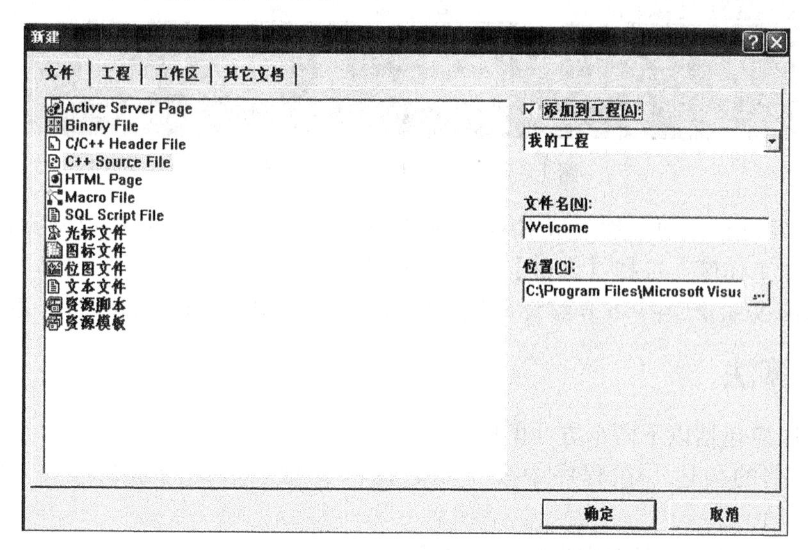

图1-5　【新建】对话框的【文件】选项卡

5. 编辑C的源文件　现在就可以在系统提供的编辑区中，向“Welcome. cpp”文件中输入程序内容了。第一个程序编辑完成后的情况如图1-6所示。结束编辑时一定要单击【保存】按钮（其图标为软盘形状），以保存源程序文件。

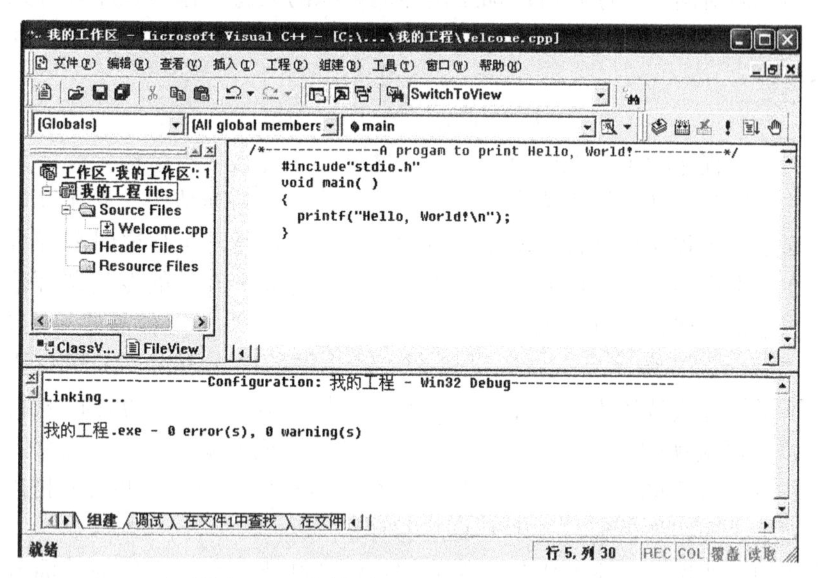

图1-6　编辑“Welcome. cpp”源文件

6. 连编应用程序　输入源文件之后，就可以对应用程序进行连编了。选择【组建】→【编译“Welcome. cpp”】命令对源程序进行编译，然后选择【组建】→【组建“我的工程. exe”】命令生成可执行程序。

7. 执行应用程序　单击【!】按钮或选择【组建】→【执行“我的工程 . exe”】命令。例1-1程序的运行结果如图1-7所示。

图1－7　例1－1程序的运行结果

8. 关闭工作区　每一次完成对 C++程序的调试之后，为保护好已建立的应用程序，应正确地关闭工作区。选择【文件】→【关闭工作区】命令即可。

若要退出 Visual C++ 6.0 编译环境，则选择【文件】→【退出】命令即可。

1.4　算法

一个程序应包括以下两个方面的内容。

1. 对数据的描述　在程序中要指定数据的类型和数据的组织形式，即数据结构（data structure）。

2. 对操作的描述　即操作步骤，也就是算法（algorithm）。

数据是操作的对象，操作的目的是对数据进行加工处理，以得到期望的结果。打个比方，厨师制作菜肴，需要有菜谱，菜谱上一般应包括：①配料，指出应使用哪些原料；②操作步骤，指出如何使用这些原料按规定的步骤加工成所需的菜肴，没有原料是无法加工成所需菜肴的。面对同一些原料可以加工出不同风味的菜肴。作为程序设计人员，必须认真考虑和设计数据结构和操作步骤（即算法）。著名计算机科学家沃思（Nikiklaus Wirth）提出一个公式：

数据结构 + 算法 = 程序

实际上，一个程序除了以上两个主要要素之外，还应当采用结构化程序设计方法进行程序设计，并且用某一种计算机语言表示。因此，算法、数据结构、程序设计方法和语言工具四个方面是一个程序设计人员所应具备的知识。在设计一个程序时要综合运用这几方面的知识。在本书中不可能全面介绍这些内容，它们都属于有关的专门课程范畴。在这四个方面中，算法是灵魂，数据结构是加工对象，语言是工具，编程需要采用合适的方法。算法是解决"做什么"和"怎么做"的问题。程序中的操作语句，实际上就是算法的体现。显然，不了解算法就谈不上程序设计。本书不是一本专门介绍算法的教材，也不是一本只介绍 C 语言语法规则的使用说明。本书的目的是使读者通过学习，能够知道怎样编写一个 C 语言程序，并且能够编写出不太复杂的 C 语言程序。通过一些实例把以上四个方面的知识结合起来，介绍如何编写一个 C 语言程序。

由于算法的重要性，在本章中先介绍有关算法的初步知识，以便为后面各章的学习建立一定的基础。

1.4.1　算法的概念与特性

1. 算法的概念　做任何事情都有一定的步骤。例如，你要买电视机，先要选好货物，然后开票，付款，拿发票，取货，打车回家；要考大学，首先要填报名单，交报名费，拿到准考证，按时参加考试，得到录取通知书，到指定学校报到注册，等等。这些步骤都是按一定的顺序进行的，缺一不可，次序错了也不行。我们从事各种工作和活动，都必须事先想好进行的步骤，然后按部就班地进行，才能避免产生错乱。实际上，在日常生活中，由于已养成习惯，所以人们并不意识到每件事都需要事先设计出“行动步骤”。例如吃饭、上学、打球、做作业等，事实上都是按照一定的规律进行的，只是人们不必每次都重复考虑它而已。

不要认为只有“计算”的问题才有算法。广义地说，为解决一个问题而采取的方法和步骤，就称为“算法”。例如，一首歌曲的乐谱，也可以称为该歌曲的算法，因为它指定了演奏该歌曲的每一个步骤，按照它的规定就能演奏出预定的曲子。

对同一个问题，可以有不同的解题方法和步骤。当然，方法有优劣之分。有的方法只需进行很少的步骤，而有些方法则需要较多的步骤。一般来说，希望采用方法简单、运算步骤少的方法。因此，为了有效地进行解题，不仅需要保证算法正确，还要考虑算法的质量，选择合适的算法。

计算机算法可分为两大类别：数值运算算法和非数值运算算法。数值运算的目的是求数值解，例如求方程的根、求一个函数的定积分等。非数值运算包括的面十分广泛，最常见的是用于事务管理领域，例如图书检索、人事管理、行车调度管理等。目前，计算机在非数值运算方面的应用远远超过了在数值运算方面的应用。由于数值运算有现成的模型，可以运用数值分析方法，因此对数值运算的算法的研究比较深入，算法比较成熟。对各种数值运算都有比较成熟的算法可供选用。人们常常把这些算法汇编成册（写成程序形式），或者将这些程序存放在磁盘或磁带上，供用户调用。例如有的计算机系统提供“数学程序库”，使用起来十分方便。而非数值运算的种类繁多，要求各异，难以规范化，因此只对一些典型的非数值运算算法（例如排序算法）进行比较深入的研究。其他的非数值运算问题，往往需要使用者参考已有的类似算法，重新设计解决特定问题的专门算法。本书不可能罗列所有算法，只是想通过一些典型算法的介绍，帮助读者了解如何设计一个算法，帮助读者举一反三。希望读者通过本章介绍的例子了解怎样提出问题，怎样思考问题，怎样表示一个算法。

2. 算法的特性　一个算法应该具有以下特点：

（1）有穷性。一个算法应包含有限的操作步骤，而不能是无限的。

（2）确定性。算法中的每一个步骤都应当是确定的，而不应当是含糊的、模棱两可的。

（3）有零个或多个输入。所谓输入，是指在执行算法时需要从外界取得必要的信息。

（4）有一个或多个输出。算法的目的是为了求解，“解”就是输出。一个算法得到的结果就是算法的输出，没有输出的算法是没有意义的。

（5）有效性。算法中的每一个步骤都应当能有效地执行，并得到确定的结果。例如，若 b=0，则执行 a/b 是不能有效执行的。

对于那些不熟悉计算机的人来说，可以使用别人已设计好的现成算法，只需根据算法的要求给予必要的输入，就能得到输出的结果。对他们来说，算法如同一个“黑箱子”一样，他们可以不了解“黑箱子”中的结构，只是从外部特性上了解算法的作用，即可方便地使用算法。但对于程序设计人员来说，必须会设计算法，并且根据算法编写程序。

1.4.2　算法的描述

为了表示一个算法，可以用不同的方法。常用的方法有：自然语言、传统流程图、

N－S框图、PAD 图、计算机语言等。

1. 用自然语言表示算法　自然语言就是人们日常使用的语言，可以是汉语、英语，或其他语言。用自然语言表示通俗易懂，但文字冗长，容易出现歧义性。自然语言表示的含义往往不大严格，要根据上下文才能判断其正确含义。假如有这样一句话："张先生对李先生说他的孩子考上了大学"。请问是张先生的孩子考上大学呢？还是李先生的孩子考上大学呢？光从这句话本身难以判断。此外，用自然语言来描述包含分支和循环的算法，不很方便。因此，除了那些很简单的问题以外，一般不用自然语言描述算法。

2. 用流程图表示算法　流程图是用一些图框来表示各种操作。用图形表示算法，直观形象，易于理解。美国国家标准化协会 ANSI（American National Standards Institute）规定了一些常用的流程图符号，如图 1－8 所示，已被世界各国程序工作者普遍采用。

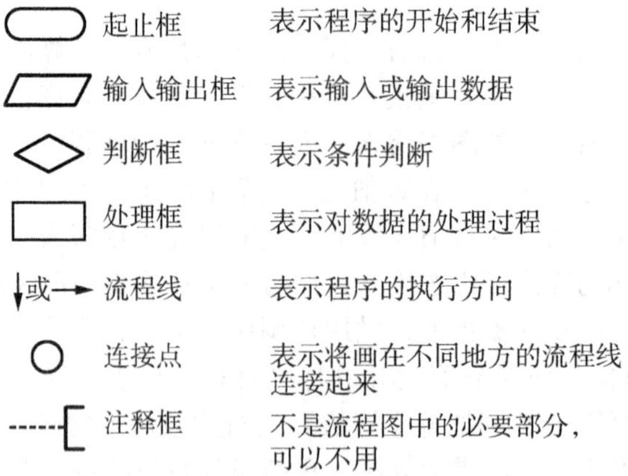

符号	名称	说明
	起止框	表示程序的开始和结束
	输入输出框	表示输入或输出数据
	判断框	表示条件判断
	处理框	表示对数据的处理过程
↓或→	流程线	表示程序的执行方向
	连接点	表示将画在不同地方的流程线连接起来
	注释框	不是流程图中的必要部分，可以不用

图 1－8　常用的流程图符号

图 1－8 中菱形框的作用是对一个给定的条件进行判断，根据给定的条件是否成立决定如何执行其后的操作。它有一个入口，两个出口，如图 1－9 所示。

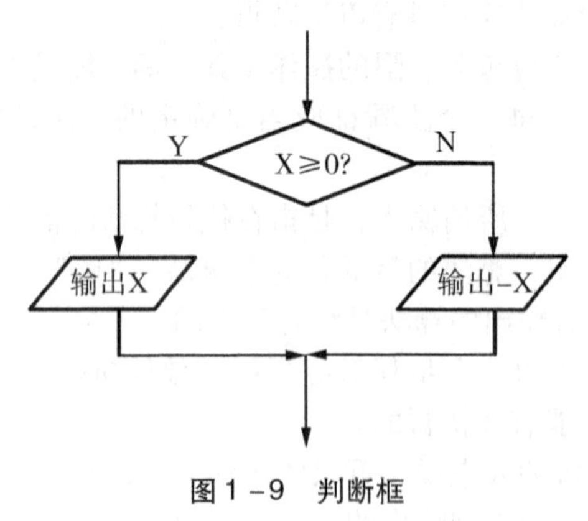

图 1－9　判断框

连接点（小圆圈）是用于将画在不同地方的流程线连接起来。用连接点，可以避免流程线的交叉或过长，使流程图清晰。注释框不是流程图中必要的部分，不反映流程和操作，只是为了对流程图中某些框的操作作必要的补充说明，以帮助阅读流程图的人更好地理解流程图的作用。

例1－4 求5！的算法流程图，如图1－10所示。

如果需要将最后结果输出，可以在菱形框的下面再加一个输出框，如图1－11所示。

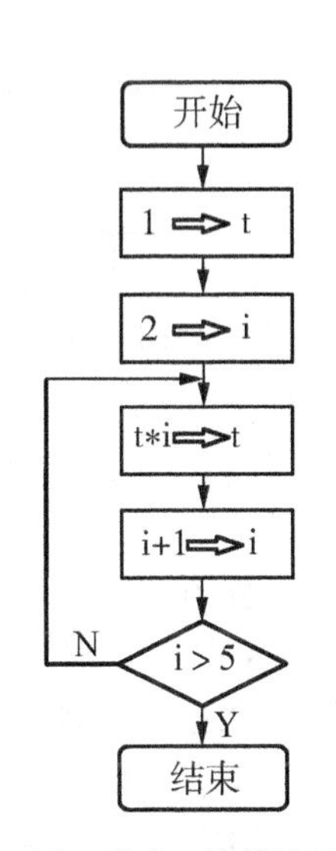

图1－10 求5！的算法流程图

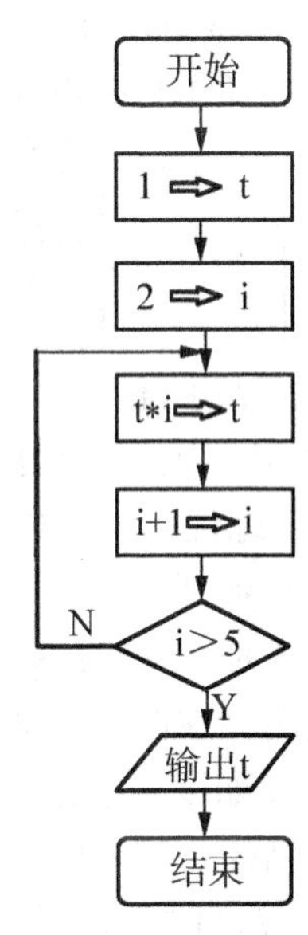

图1－11 带输出的算法流程图

流程图是表示算法的较好的工具。一个流程图包括以下几部分：

（1）表示相应操作的框；

（2）带箭头的流程线；

（3）框内外必要的文字说明。

需要提醒的是：流程线不要忘记画箭头，因为它是反映流程的执行先后次序的，如不画出箭头就难以判定各框的执行次序了。

用流程图表示算法直观形象，比较清楚地显示出各个框之间的逻辑关系。有一段时期国内外计算机书刊都广泛使用这种流程图表示算法。但是，这种流程图占用篇幅较多，尤其当算法比较复杂时，画流程图既费时又不方便。在结构化程序设计方法推广之后，许多书刊已用N－S结构化流程图代替这种传统的流程图。但是每一个程序编制人员都应当熟练掌握传统流程图，会看会画。

3. 用N－S流程图表示算法　既然用基本结构的顺序组合可以表示任何复杂的算法结构，那么，基本结构之间的流程线就属多余的了。

1973年美国学者I. Nassi和B. Shneiderman提出了一种新的流程图形式。在这种流程图中，完全去掉了带箭头的流程线。全部算法写在一个矩形框内，在该框内还可以包含其他的从属于它的框，或者说，由一些基本的框组成一个大的框。这种流程图又称N－S结构化流程图（N和S是两位美国学者的英文姓氏的首字母）。这种流程图适于结构化程序设计，因而很受欢迎。

N－S流程图用以下的流程图符号。

（1）顺序结构。顺序结构如图1－12所示。A和B两个框组成一个顺序结构。

（2）选择结构。选择结构如图1－13所示。当P条件成立时执行A操作，P不成立时则执行B操作。

（3）循环结构。当型循环结构如图1－14所示。当P_1条件成立时反复执行A操作，直到P_1条件不成立为止。

直到型循环结构如图1－15所示。

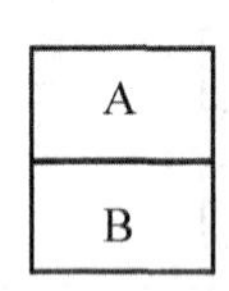

图1－12 顺序结构

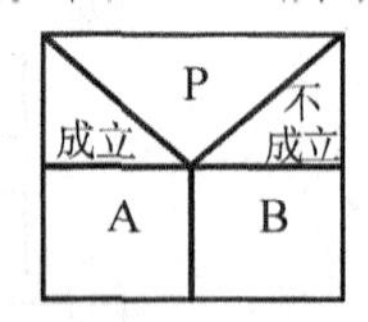

图1－13 选择结构

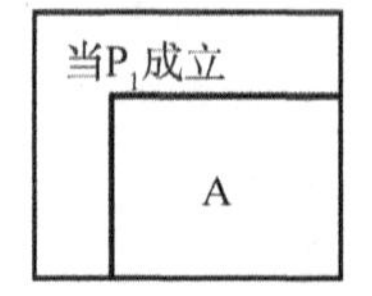

图1－14 当型循环结构

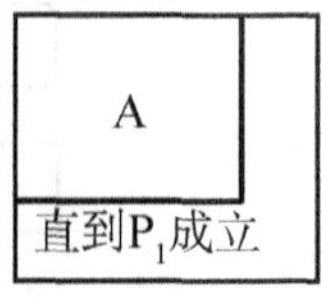

图1－15 直到型循环结构

在初学时，为清楚起见，可如图1－14和图1－15所示那样，写明“当P_1”或“直到P_1”，待熟练之后，可以不写“当”和“直到”字样，只写“P_1”。从图的形状即可知道是当型或直到型。

用以上3种N－S流程图中的基本框可以组成复杂的N－S流程图，以表示算法。

应当说明，在图1－12、图1－13、图1－14、图1－15中的A框或B框，可以是一个简单的操作（如读入数据或打印输出等），也可以是3个基本结构之一。例如，图1－12所示的顺序结构，其中的A框可以又是一个选择结构，B框可以又是一个循环结构。

4. 用计算机语言表示算法　要完成一件工作，包括设计算法和实现算法两个部分。例如，作曲家创作一首乐谱就是设计一个算法，但它仅仅是一个乐谱，并未变成音乐，而作曲家的目的是希望人们听到悦耳动人的音乐。由演奏家按照乐谱的规定进行演奏，就是“实现算法”。在没有人实现它时，乐谱是不会自动发声的。设计算法的目的是为了实现算法。因此，不仅要考虑如何设计一个算法，也要考虑如何实现一个算法。

至此，只讲述了描述算法，即用不同的形式来表示操作的步骤，而要得到运算结果，就必须实现算法。实现算法的方式可能不止一种。例如可以用人工心算的方式实现而得到结果，也可以用笔算或算盘、计算器来求出结果，这都是实现算法。

由于最终的目的是用计算机解题，也就是要用计算机实现算法，而计算机是无法识别流程图和伪代码的，它只有用计算机语言编写的程序才能被计算机执行，因此在用流程图或伪代码描述一个算法后，还要将它转换成计算机语言程序。

用计算机语言表示算法必须严格遵循所用的语言的语法规则，这是和伪代码不同的。下面将前面介绍过的算法用C语言表示。

例1－5　用C语言表示求5!。

```
#include <stdio.h>
void main()
{
    int i, t;
    t=1;
    i=2;
    while(i<=5)
    {
    t=t*i;
```

```
        i = i + 1;
      }
    printf("%d\n", t);
    }
```

在此，不打算仔细介绍以上程序的细节，读者只需大体看懂它即可。在以后各章中会详细介绍C语言有关的使用规则。

应当强调说明的是，写出了C语言程序，仍然只是描述了算法，并未实现算法。只有运行程序才是实现算法。应该说，用计算机语言表示的算法是计算机能够执行的算法。

小　结

1. 计算机执行由指令构成的程序，对提供的数据进行操作。计算机程序的操作对象是"数据"。

2. 从高级语言到机器语言要经过编译程序进行"翻译"，不同的高级语言有各自不同的翻译程序。翻译程序分为两种，一种是解释系统，另一种是编译系统。

3. C语言同时具备了高级语言和低级语言的特征。

4. C语言程序由函数构成，C语言程序中必须包含一个main函数，还可以包含其他的自定义函数，但相同的函数只能有一个。

5. C语言的翻译程序为编译程序。要完成一个C语言程序的调试，必须经过编辑源程序、编译源程序、连接目标程序和运行可执行程序4个步骤。

6. 设计算法是关键，有了正确的算法，用任何语言进行编码都不会有什么困难。

思考与练习

1. 观察生活，写一个日常生活中的程序。

2. 简述C语言的特点及用途。

3. 编写程序，显示如图1－16所示信息，并上机调试该程序。

```
##########
C语言程序设计
##########
```

图1－16　题3

4. 编写程序，显示如图1－17所示信息，并上机调试该程序。

```
      *
    * * *
  * * * * *
* * * * * * *
```

图1－17　题4

5. 调试C语言程序需要经过几个步骤？

6. 什么是算法？试从日常生活中找2个例子，描述它们的算法。

第 2 章　数据类型、运算符和表达式

使用 C 语言编写程序，必须在程序中做好两件事情：一是数据的描述；二是数据的操作，即数据的加工与处理。前者通过数据定义语句来实现，后者通过若干程序语句，包括用各种运算符构成的表达式来实现的。本章主要介绍 C 语言的基本数据类型、变量的存储属性的说明方法、基本运算规则以及表达式的构成方法。

2.1　C 语言的基本数据类型

从前面的例子我们已经看到，程序中使用的各种变量都应预先加以定义，即先定义，后使用。对变量的定义可以包括三个方面：数据类型、存储类型、作用域。

所谓数据类型，是按被定义变量的性质，表示形式，占据存储空间的多少，构造特点来划分的。在 C 语言中，数据类型可分为：基本数据类型、构造数据类型、指针类型、空类型四大类。C 语言的数据类型如图 2 - 1 所示。

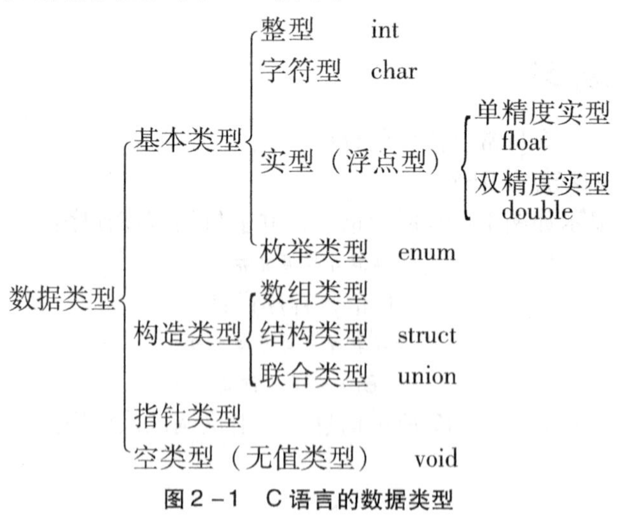

图 2 - 1　C 语言的数据类型

（1）基本数据类型：基本数据类型最主要的特点是，其值不可以再分解为其他类型。也就是说，基本数据类型是自我说明的。

（2）构造数据类型：构造数据类型是根据已定义的一个或多个数据类型用构造的方法来定义的。也就是说，一个构造类型的值可以分解成若干个“成员”或“元素”。每个“成员”都是一个基本数据类型或又是一个构造类型。在 C 语言中，构造类型有数组类

型、结构类型、共用体（联合）类型三种。

（3）指针类型：指针是一种特殊的，同时又是具有重要作用的数据类型。其值用来表示某个变量在内存储器中的地址。虽然指针变量的取值类似于整型量，但这是两个类型完全不同的量，因此不能混为一谈。

（4）空类型：在调用函数值时，通常应向调用者返回一个函数值。这个返回的函数值是具有一定的数据类型的，应在函数定义及函数说明中给以说明，例如在例题中给出的 max 函数定义中，函数头为“int max（int a，int b）;”，其中 int 类型说明符表示该函数的返回值为整型量。但是，也有一类函数，调用后并不需要向调用者返回函数值，这种函数可以定义为空类型。其类型说明符为 void。在后面函数中还要详细介绍。

本节中只介绍 C 语言的基本数据类型说明，其他说明在以后各章中陆续介绍。

2.2 常量

在程序执行过程中，其值始终不变的量称为常量。它们可与数据类型结合起来分类。C 语言中的常量可以分为四种类型：整型、实型、字符型、字符串型。下面分别予以介绍。

2.2.1 整型常量

如 220.0、0、－3 为整型常量。在 C 语言中，整型常量可以用三种形式来表示：

1. 八进制整型常量　八进制整型常量必须以 0 开头，即以 0 作为八进制整型常量的前缀。数码取值为 0 ~ 7。八进制整型常量通常是无符号数。

以下各数是合法的八进制整型常量：

015（十进制为 13）　0101（十进制为 65）　0177777（十进制为 65535）

以下各数不是合法的八进制整型常量：

256（无前缀 0）　03A2（包含了非八进制数码）　－0127（出现了负号）

2. 十六进制整型常量　十六进制整型常量的前缀为 0X 或 0x。其数码取值为 0 ~ 9，A ~ F或 a ~ f。

以下各数是合法的十六进制整型常量：

0X2A（十进制为 42）　0XA0（十进制为 160）　0XFFFF（十进制为 65535）

以下各数不是合法的十六进制整型常量：

5A（无前缀 0X）　0X3H（含有非十六进制数码）

3. 十进制整型常量　十进制整型常量没有前缀。其数码为 0 ~ 9。

以下各数是合法的十进制整型常量：

237　－568　65535　1627

以下各数不是合法的十进制整型常量：

023（不能有前导 0）　23D（含有非十进制数码）

在程序中是根据前缀来区分各种进制数的。因此在书写型常量时不要把前缀弄错造成结果不正确。

4. 整型常量的后缀　在 16 位字长的机器上，基本整型常量的长度也为 16 位，因此表示的整型常量的范围也是有限定的。十进制无符号整型常量的范围为 0 ~ 65535，有符号整型常量为 －32768 ~ ＋32767。八进制无符号整型常量的表示范围为 0 ~ 0177777。十六进制无符号整型常量的表示范围为0X0～0XFFFF 或 0x0～0xFFFF。如果使用的整型常量超过了上述范围，就必须用长整型常量来表示。长整型常量是用后缀“L”或“l”来表示的。例如：

十进制长整型常量 158L（十进制为 158）　358000L（十进制为 358000）

八进制长整型常量 012L（十进制为 10）　077L（十进制为 63）　0200000L（十进制为 65536）

十六进制长整型常量 0X15L（十进制为 21）　0XA5L（十进制为 165）　0X10000L（十进制为 65536）

长整型常量 158L 和基本整型常量 158 在数值上并无区别。但对 158L，因为是长整型常量，C 编译系统将为它分配 4 个字节存储空间。而对 158，因为是基本整型常量，只分配两个字节的存储空间。因此在运算和输出格式上要予以注意，避免出错。无符号整型常量也可用后缀表示，其后缀为“U”或“u”。例如：358u，0x38Au，235Lu 均为无符号整型常量。前缀和后缀可同时使用以表示各种类型的整型常量。如 0XA5Lu 表示十六进制无符号长整型常量 A5，其十进制为 165。

2.2.2　实型常量

如 3.1415926、-1.89、1.23456e5 为实型常量。在 C 语言中，实型常量只采用十进制表示。有小数形式和指数形式两种表示方式。

1. 小数形式　由数码 0～9 和小数点组成。

例如：0.0、25.0、5.789、0.13、5.0、300.、-267.8230 等均为合法的实型常量。注意，必须有小数点。

2. 指数形式　由十进制数，加阶码标志“e”或“E”以及阶码（只能为整数，可以带符号）组成。

其一般形式为：

aEn（a 为十进制数，n 为十进制整数）

其值为 $a*10^n$。

如：

2.1E5（等于 $2.1*10^5$）

3.7E-2（等于 $3.7*10^{-2}$）

0.5E7（等于 $0.5*10^7$）

-2.8E-2（等于 $-2.8*10^{-2}$）

以下不是合法的实数：

345（无小数点）

E7（阶码标志 E 之前无数字）

-5（无阶码标志）

53.-E3（负号位置不对）

2.7E（无阶码）

标准 C 允许浮点数使用后缀。后缀为“f”或“F”即表示该数为浮点数。如 356f 和 356 是等价的。

2.2.3　字符常量

1. 字符常量　字符常量是用单引号括起来的一个字符。

例如：‘a’、‘b’、‘ = ’、‘ + ’、‘?’ 都是合法字符常量。

在 C 语言中，字符常量有以下特点：

（1）字符常量只能用单引号括起来，不能用双引号或其他括号。

（2）字符常量只能是单个字符，不能是字符串。

字符可以是字符集中任意字符。但数字被定义为字符型之后就不能参与数值运算。如‘5’ 和 5 是不同的。‘5’ 是字符常量，不能参与运算。

2. 转义字符　C 语言还允许用一种特殊的字符常量，即以 “\ ” 开头，后跟一个或几个字符的转义字符。由于转义字符具有特定的含义，不同于字符原有的意义，故称 “转义” 字符。例如，在前面各例中出现的 printf 函数的格式串中用到的 “\ n” 就是一个转义字符，其意义是 “回车换行”。转义字符主要用来表示那些用一般字符不便于表示的控制代码。

常用的转义字符及其含义见表 2 – 1。

表 2 – 1　常用的转义字符及其含义

转义字符	转义字符的意义	ASCII 代码
\n	回车换行	10
\t	横向跳到下一制表位置	9
\b	退格	8
\r	回车	13
\f	走纸换页	12
\\	反斜线符 “\ ”	92
\’	单引号符	39
\”	双引号符	34
\a	鸣铃	7
\ddd	1 ~ 3 位八进制数所代表的字符	
\xhh	1 ~ 2 位十六进制数所代表的字符	

表 2 – 1 中是可以表示任何可输出的字母字符、专用字符、图形字符和控制字符，\ ddd和 \xhh 正是为此而提出的。ddd 和 xhh 分别为八进制和十六进制的 ASCII 代码。如 ‘ \101’ 表示 ASCII 值为 65 的字符 ‘A’，‘ \102’ 表示字符 ‘B’，‘ \134’ 表示反斜线 ‘ \ ’，‘ \XO A’ 表示换行等。

例 2 – 1　转义字符的使用。

```
main( )
{ int a, b, c ;
  a = 1; b = 2; c = 3;
  printf("%d \ n \ t%d %d \ n%d %d \ t \ b%d \ n", a, b, c, a, b, c);
```

程序执行结果为：

```
        1
                    2    3
        1    23
```

程序在第一列输出 a 值 1 之后就是“\n”，故回车换行；接着是“\t”，于是跳到下一制表位置（设制表位置间隔为 8），再输出 b 值 2；空一格再输出 c 值 3 后又是“\n”，因此再回车换行；再空一格之后又输出 a 值 1；再空三格又输出 b 的值 2；此后“\t”跳到下一制表位置，但下一转义字符“\b”又使退回一格，故紧挨着 2 再输出 c 值 3。

2.2.4 字符串常量

字符串常量是由一对双引号括起的字符序列。例如：“CHINA”，“C program.”，“$ 12.5”等都是合法的字符串常量。字符串常量和字符常量是不同的量。它们之间主要有以下区别：

（1）字符常量由单引号括起来，字符串常量由双引号括起来。

（2）字符常量只能是单个字符，字符串常量则可以含零个或多个字符。

2.2.5 符号常量

常量在程序中以两种形式出现：①直接使用常量的值；②以宏定义的形式出现。前面一种常量是可以不经说明而直接引用的，称为直接常量或字面常量，后面一种常量用一个标识符代表，称为符号常量。

符号常量的格式为：

#define 标识符常量

其中#define 是一条预处理命令（预处理命令都以#开头），称为宏定义命令，其功能是把该标识符定义为其后的常量值。一经定义，以后在程序中所有出现该标识符的地方均替换为该常量值。习惯上符号常量的标识符用大写字母，变量标识符用小写字母，以示区别。

例 2-2 符号常量的定义与使用。

```
#define R   10            /* 将半径定义为符号常量 R */
#define PI  3.1415926     /*将圆周率定义为符号常量 PI */
main ()
{ float area;
  area = PI * R * R;
  printf("area = %f\ n", area);
}
```

程序执行结果为：

```
area =314.159260
```

程序中用 # define 定义了符号常量 PI 和 R，此后程序中就用 3.1415926 代表 PI，用 10 代表 R。area = PI * R * R 等效于 area =3.1415926 * 10 * 10。

符号常量的说明：

（1）符号常量名要用大写，变量要用小写，以示区别。程序中，不提倡使用很多的常量。并且，应尽量使用“见名知义”的符号常量。

（2）符号常量与变量不同，它的值在其作用域内不能改变，也不能再被重新赋值。

（3）使用符号常量后，使得程序在需要改变常量的值时能做到“一改全改”。例如在例2－2中，如果需要改变圆的半径，并计算相应的面积，只需要改动一处即可。如：

```
#define R 100
```

程序中所有的半径 R 就会全部自动改为100。

2.3　变量

在程序执行过程中，取值可以改变的量称为变量。如例 2－2 中的 area 是一个实型变量的变量名。

给变量所取的名字称为变量名。给变量取名时要遵循标识符的命名规则。C 语言规定，标识符只能是由字母（A～Z，a～z）、数字（0～9）、下划线（_）组成的字符串，并且其第一个字符必须是字母或下划线。

C 语言的标识符可以分为三类：

1. 关键字（32 个）　auto break case char const continue default do double else enum extern float for goto if int long register return short signed sizeof static struct switch typedef union unsigned void volatile while

它们是有特殊含义的英文单词，不允许作为用户自定义标识符使用，关键字主要用于构成语句、进行存储类型和数据类型的定义。

注意：C 语言中，所有的关键字均为小写，并且用户不能用它们作为自定义标识符。

2. 预定义的标识符　预定义的标识符在 C 语言中都有特殊含义，如 scanf 和 printf 是库函数名，系统中用来作为输入输出函数。用户一般不要用它们作为自定义标识符。

3. 用户自定义标识符　在程序中使用的变量名、符号常量名、函数名、数组名、类型名、文件名、标号名等有效的字符序列，除库函数的函数名、关键字由系统定义外，其余都由用户自定义，统称为用户自定义标识符。

例如：total，area，_ab，sum，average，student_name 等都是合法的标识符，而 1a，a b，c > d，#wer，m. john 等都是不合法的标识符。

标识符虽然可由程序员随意定义，但标识符是用于标识某个量的符号。因此，命名应尽量有相应的意义，以便阅读理解，做到“见名知义”。

变量名要用小写字母，符号常量名要用大写字母。在标识符中，大小写是有区别的。例如：A 和 a 是两个不同的标识符。

ANSI C 标准没有规定标识符的长度，但它受各种版本的 C 语言编译系统限制，同时也受到具体机器的限制。有的系统规定标识符前 8 位有效，因此，编程时应了解所用系统对标识符长度的规定，以免出现上面混淆。

变量的数据类型是由其值决定的，可分为整型变量、实型变量、字符变量等。下面要具体讲到不同数据类型的变量。

C 语言规定：变量都必须先说明后使用。只有这样，编译时才能为其分配相应的存储单元，也才能以此来检查变量所进行的运算是否合法。

2.3.1 整型变量

1. 整型变量的分类

（1）基本整型：类型说明符为 int，在内存中占 2 个字节，其取值为基本整常数。

（2）短整型：类型说明符为 short int 或 short，所占字节和取值范围均与基本整型相同。

（3）长整型：类型说明符为 long int 或 long，在内存中占 4 个字节，其取值为长整常数。

（4）无符号型：类型说明符为 unsigned，无符号型又可与上述 3 种类型匹配而构成无符号基本整型、无符号短整型、无符号长整型，见表 2-2。

表 2-2 整型变量的类型说明符

数据类型	类型说明符	数的范围		字节数
整型	int	-32768 ~ 32767	即 -2^{15} ~ $(2^{15}-1)$	2
无符号整型	unsigned int	0 ~ 65535	即 0 ~ $(2^{16}-1)$	2
短整型	short int	-32768 ~ 32767	即 -2^{15} ~ $(2^{15}-1)$	2
无符号短整型	unsigned short	0 ~ 65535	即 0 ~ $(2^{16}-1)$	2
长整型	long int	-2147483648 ~ 2147483647	即 -2^{31} ~ $(2^{31}-1)$	4
无符号长整型	unsigned long	0 ~ 4294967295	即 0 ~ $(2^{32}-1)$	4

各种无符号类型量所占的内存空间字节数与相应的有符号类型量相同。但由于省去了符号位，故不能表示负数。表 2-2 列出了 Turbo C 中各类整型量所分配的内存字节数及数的表示范围。

2. 整型变量的说明

变量说明的格式为：

类型说明符　变量名标识符，变量名标识符，…；

例如：

int a，b，c；（a，b，c 为整型变量）

long x，y；（x，y 为长整型变量）

unsigned p，q；（ p，q 为无符号整型变量）

short i；（i 为短整型变量）

在书写变量说明时，应注意以下几点：

（1）允许在一个类型说明符后，说明多个相同类型的变量。各变量名之间用逗号间隔。类型说明符与变量名之间至少用一个空格间隔。

（2）最后一个变量名之后必须以“;”号结尾。

（3）变量说明必须放在变量使用之前。一般放在函数体的开头部分。

2.3.2 实型变量

实型变量分为两类：单精度型和双精度型，其类型说明符分别为 float（单精度说明符）和 double（双精度说明符）。在 Turbo C 中单精度型占 4 个字节（32 位）内存空间，其数值范围为 3.4E－38～3.4E＋38，只能提供 7 位有效数字。双精度型占 8 个字节（64 位）内存空间，其数值范围为 1.7E－308～1.7E＋308，可提供 16 位有效数字。

实型变量说明的格式和书写规则与整型相同，只是类型说明符不同而已。实型数均为有符号实型数，没有无符号实型数。

例如：float x，y，z；（x，y，z 为单精度实型量）
　　　double a，b，c；（a，b，c 为双精度实型量）

实型常数不分单、双精度，都按双精度 double 型处理。

例 2－3　float 和 double 的应用。

```
main( )
{   float a;
    double b;
    a =5555.55555 ;
    b =5555.5555555555 ;
    printf("%f\n%f\n", a, b);
}
```

程序执行结果为：

```
5555.555664
5555.555556
```

从本例可以看出，由于 a 是单精度型，有效位数只有 7 位。而整数已占 4 位，故小数 3 位之后均为无效数字。b 是双精度型，有效位为 16 位。但 Turbo C 默认格式输出浮点数时，规定小数后最多保留 6 位，其余部分四舍五入。

2.3.3　字符型变量

字符型变量用来存放字符常量，即单个字符，不能存放字符串。

字符型变量的类型说明符是 char。字符变量类型说明的格式和书写规则都与整型变量相同。

例如：char c1，c2；

c1，c2 被说明为字符型变量。系统给每个字符变量分配一个字节的内存空间，因此只能存放一个字符。字符值是以 ASCII 码的形式存放在变量的内存单元之中的。如果对字符变量 cl，c2 赋予‘A’和‘B’值：

```
c1 ='A'; c2 ='B';
```

由于字符 A 的十进制 ASCII 码是 65，字符 B 的十进制 ASCII 码是 66。实际上是在变量 c1，c2 的两个单元内存放 65 和 66 的二进制代码，如图 2－2 所示。

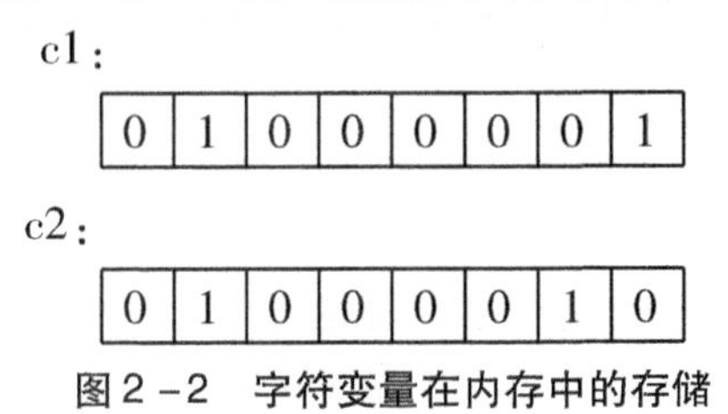

图 2－2　字符变量在内存中的存储

所以也可以把它们看成是整型量。C 语言允许对整型变量赋以字符值，也允许对字符变量赋以整型值。在输出时，允许把字符变量按整型量输出，也允许把整型量按字符量输出。由于整型量占两个字节内存，字符量占一个字节内存，当整型量按字符型量处理时，只有低 8 位字节参与处理。

例 2-4 整型量与字符型量的混合使用。

```
main( )
{    char c1, c2, c3, c4;
     c1 =65; c2 =66;
     c3 ='A'; c4 ='B';
     printf("%c,%c\n%d,%d\n", c1, c2, c3, c4);
}
```

程序执行结果为：

```
A, B
65, 66
```

本程序中，c1，c2，c3，c4 为字符型变量，但在赋值语句中赋以整型值。从结果看，c1，c2，c3，c4 值的输出形式取决于 printf 函数格式串中的格式符，当格式符为‘%c’时，对应输出的变量值为字符，当格式符为‘%d’时，对应输出的变量值为整数。C 语言中，整型量与字符型量是通用的，但是应注意字符数据只占一个字节，用 char 来说明的字符变量只能存放 -128 ~ 127 范围内的带符号整数。单字节无符号整型量可以用 unsigned char 来说明，表示数据的范围为 0 ~ 255。

例 2-5 大小写字母字符的转换。

```
main( )
{ char c1, c2;
  c1 ='A'; c2 ='B';
  c1 =c1 +32; c2 =c2 +32;
  printf("%c%c\n%d,%d\n", c1, c2, c1, c2);
}
```

程序执行结果为：

```
ab
97, 98
```

本例中，c1，c2 被说明为字符变量并赋予字符值，C 语言允许字符变量直接参与算术运算，即用字符的 ASCII 码参与运算。大写字母字符‘A’的 ASCII 码为 65，小写字母字符‘a’的 ASCII 码为 97，相差 32，因此运算后可把大写字母字符转换成小写字母字符。然后分别以整型和字符型输出。

2.4 运算符与表达式

C 语言中把除了控制语句和输入输出以外的几乎所有的基本操作都作为运算符处理。其运算符和表达式数量之多，在高级语言中是少见的。正是丰富的运算符和表达式使 C 语言功能十分完善，这也是C语言的主要特点之一。

C语言中，运算符的优先级共分为15级。1级最高，15级最低（附录C）。C语言的运算符不仅具有不同的优先级，而且还有一个特点，就是它的结合性。在表达式中，优先级较高的先于优先级较低的进行运算，而当一个运算量两侧的运算符优先级相同时，则按运算符的结合性所规定的结合方向自左向右或自右向左进行运算。这种结合性是其他高级语言的运算符所没有的，因此也增加了C语言的复杂性。

C语言的运算符可分为以下几类。

（1）算术运算符（+ - * / % ++ --）

（2）关系运算符（> < == >= <= !=）

（3）逻辑运算符（&& || !）

（4）位操作运算符（& | ~ ^ << >>）

（5）赋值运算符（= += -= *= /= %= &= |= ^= >>= <<=）

（6）条件运算符（? :）

（7）逗号运算符（,）

（8）指针运算符（* &）

（9）求字节数运算符（sizeof）

（10）特殊运算符（ () [] -> . ）

本节只介绍前面7种最常用的运算符及其相应的表达式。C语言运算符优先级与它的结合性见附录C。

2.4.1　算术运算符与算术表达式

1. 基本的算术运算符　用于各类数值运算。包括加（+）、减（-）、乘（*）、除（/）、求余（或称模运算,%）、自增（++）、自减（--）共7种。

双目运算符是有两个运算量参与运算的运算符。如a+b，4-8，c/5等都是有两个量参加运算。

双目运算符中的加（+）、减（-）、乘（*）运算与普通的算术运算中的加法、减法、乘法相同，具有左结合性，不用再解释。

但“+”、“-”也可分别作正值、负值运算符，此时为单目运算，具有右结合性，如+X，-5等。

除法运算符“/”是双目运算，具有左结合性。当参与运算量均为整型时，结果也为整型，舍去小数，如5/2的值为2，而不是2.5；如果运算量中有一个是实型，则结果为双精度实型，如5.0/2的值为2.5。

求余运算符（模运算符）“%”是双目运算，具有左结合性。要求参与运算的量必须为整型。求余运算的结果等于两数相除后的余数，如5%2的值为1。

例2-6　基本运算符的使用。

```
#include "stdio.h"
main()
{
  int a=10, b=3, c;
```

```
    float x = 10.0, y, z, w;
    c = a/b;
    y = x/b;
    z = a/b;
    w = 1.0 * a/b;
    printf("%d,%d\n", 10/3, c);
    printf("%f,%f\n", 10.0/3, y);
    printf("%f,%f\n", z, w);
}
```

程序执行结果为：

```
3 , 3
3.333333, 3.333333
3.000000, 3.333333
```

C语言中，除法“/”运算中操作数均为整型时，结果也为整型，舍去小数。这样，整型变量c就得到了整数3的值，而实型变量y的值为3.333333。

2. 自增，自减运算符　自增运算符（++）的功能是使变量的值自增1，自减运算符（--）的功能是使变量值自减1。它们均为单目运算，都具有右结合性。自增、自减运算符可有以下几种形式。

（1）++i　/* i值自增1后再参与其他运算 */

（2）--i　/*i值自减1后再参与其他运算 */

（3）i++　/*i参与运算后再将值自增1 */

（4）i--　/*i参与运算后再将值自减1 */

例2-7　自增、自减运算的应用。

```
main()
{   int i, m, n, j, k;
    i = 10;
    m = i++; n = ++i;
    j = i--; k = --i;
    printf("%d %d %d %d \n", m, n, j, k);
}
```

程序执行结果为：

```
10   12   12   10
```

程序中赋值语句m=i++，表示将i的值10赋给m后，i再增1变为11；赋值语句n=++i，表示i先增1后，再将新值12赋给n；赋值语句j=i--，表示将i的值12赋给j后，i再减1变为11；赋值语句k=--i，表示i先减1后，再将新值10赋给k。

3. 算术表达式　算术表达式是由用算术运算符和括弧将操作数（即常量、变量和函数）组合起来，符合C语言语法规则的式子。以下是算术表达式的例子。

```
a + b
(a * 2)/c
```

(x+r) * 8 - (a+b) /7

++i

sin(x) + sin(y)

(++i) - (j++) + (k--)

单个的常量、变量、函数可以看作是表达式的特例。

C语言的运算符具有不同的优先级和结合性。在求一个表达式值时，要先按运算符的优先级别执行，例如先乘除后加减；如果一个运算对象左右两侧的运算符优先级别相同，则按照结合方向处理，确定是自左向右进行运算还是自右向左进行运算，如a+b-c。

一个表达式有值和类型两个属性，它们是由计算表达式得到的结果来决定其值和类型的。

例2-8　将下列数学表达式写成C式子。

(1) $\frac{a+b}{c+d}$

(2) $y=a^3+b^3+\sin x$

(3) $\log_2$ ($\sin e^x+\sin 350°$)

解　书写C表达式必须按照规定的语法和词法要求进行书写，否则计算机将给出错误信息。

对(1)式，转换成C表达式时不能写成a+b/c+d，而应写成 (a+b)/(c+d)。

对(2)式，应写成a*a*a+b*b*b+sin(x)，其中sin(x) 为C语言的标准数学函数。

对(3)式，对数函数$\log_a b$应用换底公式换成常用对数，即log(b)/log (a)，三角函数要求自变量为弧度。表达式应写成log(sin(exp(x)) + sin(350*3.14/180))/log(2)。

2.4.2　赋值运算符与赋值表达式

1. 赋值运算符　赋值运算符用于赋值运算，分为简单赋值（=）、复合算术赋值（+=，-=，*=，/=，%=）和复合位运算赋值（&=，|=，^=，>>=，<<=）3类共11种。

例如：语句i=3中的赋值运算符“=”的功能是将整型常量3赋给整型变量i，这样i的值就是3。

2. 简单赋值运算符与赋值表达式　赋值表达式的格式：

<变量><赋值运算符><表达式>

格式中左边只能是变量，右边是表达式，常量、变量、函数作为表达式的特例，也可以出现在右边。其功能是将右边表达式的值计算出来，赋予左边的变量。赋值运算符具有右结合性。

算术、关系、逻辑、赋值运算符的优先级从高到低的排列如下所示。

非（!）→算术运算→关系运算→与（&&）→或（||）→赋值运算

例如：sum=a+b是计算表达式a+b的和，再赋予左边的变量sum。

例如：a=b=c=5可理解为a=(b=(c=5))。

C语言中，凡是表达式可以出现的地方均可出现赋值表达式。例如，式子a=(b=5)+(c=8)是合法的。它的意义是把5赋予b，8赋予c，再把b、c相加，和赋予a，故a应等于13。

按照C语言规定，任何表达式在其末尾加上分号就构成语句。因此a=b=c=5是赋值表达式，而“a=b=c=5;”是赋值语句。

3. 变量赋初值　在程序中常常需要对一些变量赋初值，以便使用变量。C语言允许在定义变量的同时为其赋初值。

例如：

```
int a=1;
float x=3.2;
char c='a';
```

赋初值时可以只对说明的一部分变量赋初值，也可以将几个变量赋予同一个初值。由于在赋值符“=”右边的表达式也可以是一个赋值表达式，因此，变量=(变量=表达式)是成立的，从而形成嵌套的情形。其展开之后的一般形式为：变量=变量=…=表达式。

例如：

```
int a, b, c=1; /* 只对变量c赋予初值1 */
float x=y=z=2.0;
```

为变量赋初值不是在编译阶段完成的，而是在程序执行时才赋予的，这与后面介绍的静态存储变量的初始化是在编译阶段完成不同。因此为变量赋初值等价于执行了赋值语句。

```
int a= 1;
```

等价于：

```
int a;
a=1;
```

4. 类型转换　赋值表达式要求左右两边的数据类型要相同。如果赋值运算符两边的数据类型不相同，系统将进行转换，转换的方法有两种：自动类型转换和强制类型转换。

(1) 自动类型转换：把赋值号右边的类型自动换成左边变量的类型。转换时，要尽量保持赋值前后数据的一致性，自动类型转换原则如图2-3所示。

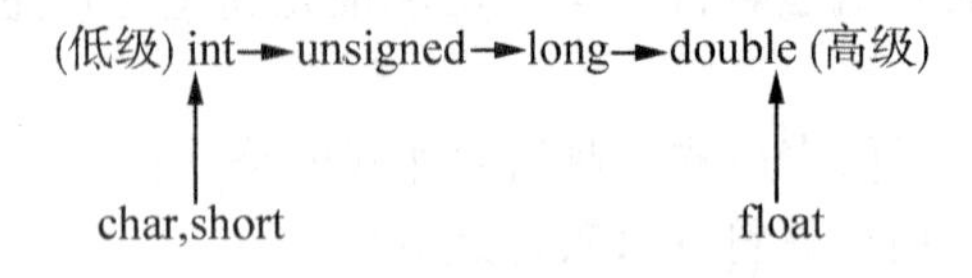

图2-3　自动类型转换原则

自动类型转换发生在不同数据类型的数据混合运算时。自动类型转换遵循以下规则：

1) 若参与运算的运算量类型不同，则先转换成同一类型，然后进行运算。

2) 转换按数据长度增加的方向进行，以保证精度不降低。如int型和long型运算时，先把int型量转换long型量，再进行运算。

3) 所有的实型运算都以双精度进行，即使仅含float单精度量运算的表达式，也要先转换成double型，再进行运算。

4) char型和short型参与运算时，必须先转换为int型量。

5）在赋值运算中，赋值号两边的数据类型不同时，把赋值号右边的类型自动换成左边变量的类型。如果右边的数据类型长度比左边长时，将丢失一部分数据，这样就会降低精度，丢失部分将按四舍五入进行。

例2-9　自动类型转换的应用。

```
main()
{   int a, b=305;
    float x;
    char c1='d', c2;
    x=b; a=c1; c2=b;
    printf("%f,%d,%c\n", x, a, c2);
}
```

程序执行结果为：

305.000000, 100, 1

本例中x为实型，赋予整型量b值305，后增加了小数部分。字符型量c1赋予a变为整型，整型量b赋予c2后取其低八位成为字符型（b的低八位为00110001，即十进制49，按ASCII码对应于字符1）。

（2）强制类型转换：这个运算符的作用是根据给定的数据，产生一个新的数据类型。

强制类型转换的格式：

（<类型说明符>）<表达式>

强制类型转换的功能是把表达式的运算结果强制转换成类型说明符所表示的类型。

例如：(float) x 把x转换为实型float。

(int)(x+y) 把x与y的和转换为整型。

在使用强制转换时应注意以下问题：

1）类型说明符和表达式都必须加括号（单个变量可以不加括号），如把（int)(x+y)写成（int) x+y则只将x转换成int型，然后再与y相加了。

2）无论是强制转换或是自动转换，都只是为了本次运算的需要而对变量的数据长度进行的临时性转换，原来变量的类型并未改变。

例2-10　强制类型转换的应用。

```
main()
{
  float x=4.8;
  int i;
  i=(int) x;
  printf("x=%f, i=%d\n", x, i);
}
```

程序执行结果为：

x=4.800000, i=4

本例表明将float x强制转换成int，实型变量x虽强制转为int型，但只是临时的，而x本身的类型并不改变。因此，最后输出x的值仍为4.8。

5. 复合赋值运算符及表达式

在赋值符“=”之前加上其他二目运算符可构成复合赋值符。

C语言中有10种复合赋值运算符：+=，-=，*=，/=，%=，<<=，>>=，&=，^=，|=。前5种是算术运算符组成的复合赋值运算符，后5种是位运算符组成的复合赋值运算符（在位运算符部分介绍）。

例如：

```
a+=5 等价于 a=a+5
x*=y+7 等价于 x=x*(y+7)
r%=p 等价于 r=r%p
```

复合赋值表达式的格式为：

<变量><双目运算符>=<表达式>

等价于：

<变量>=<变量运算符><表达式>(表达式两边相当于有括弧)

赋值表达式也可以包含复合的赋值运算符。

例如：a+=a-=a*a;

如果变量a的初值为2，由于赋值运算符具有右结合性，则上面语句执行过程为：先执行语句“a=a-a*a;”，结果a=-2，再执行语句“a=a+a;”，结果a=-4。

复合赋值符这种写法，对初学者可能不习惯，但十分有利于编译处理，能提高编译效率并产生质量较高的目标代码。

2.4.3 逗号运算符与逗号表达式

C语言中逗号“,”也是一种运算符，称为逗号运算符。其功能是把两个或多个表达式连接起来组成一个表达式，称为逗号表达式。

逗号表达式的格式：

<表达式1>，<表达式2>，…，<表达式n>

其求值过程是：先求出表达式1的值，再求出表达式2的值，……，依次求出各个表达式的值，并以表达式n的值作为整个逗号表达式的值。

逗号运算符是所有运算符中级别最低的。

例2-11 逗号表达式的应用。

```
main()
{   int a=2, b=4, c=6, x, y;
    y=((x=a+b), (b+c));
    printf("y=%d, x=%d", y, x);
}
```

程序执行结果为：

```
y=10, x=6
```

例2-11中，(x=a+b)，(b+c)是一个逗号表达式，其执行过程为：逗号运算符的级别最低，先执行赋值运算(x=a+b)，x的值就改变为6，接着计算表达式(b+c)的值为10，并将其值赋给y，整个逗号表达式的值就是10。

程序中使用逗号表达式，通常是要分别求逗号表达式内各表达式的值，并不一定要求整个逗号表达式的值。逗号表达式常用于 for 循环中。

并不是任何逗号都能作为逗号运算符，组成逗号表达式。例如在变量说明中，函数参数表中出现的逗号只是用作各变量之间的间隔符。

2.4.4　条件运算符与条件表达式

条件运算符是 C 语言中唯一的一个三目运算符，由“?”和“:”组成，用于条件求值。

条件表达式的格式：

<表达式 1>?<表达式 2>:<表达式 3>

条件表达式的执行过程为：先求<表达式 1>的值，如果为真，则求<表达式 2>的值，并以<表达式 2>的值作为整个条件表达式的值；否则，求<表达式 3>的值，以<表达式 3>的值作为整个条件表达式的值。

条件表达式通常用于赋值语句中。

条件运算符的运算优先级低于关系运算符和算术运算符，但高于赋值运算符。条件运算符的结合性是自右至左。

例如：语句“max =(a > b)? a: b;”中条件运算符的优先级高于赋值运算符，该语句应先计算条件表达式的值，然后再把它赋给变量 max。这样，如果变量 a > b 为真，则把 a 赋予 max，否则把 b 赋予 max。其效果是将两个变量 a、b 中的大数赋给变量 max。

例如：a > b? a: c > d? c: d 应理解为 a > b? a: (c > d? c: d)。这也就是条件表达式嵌套的情形，即其中的<表达式 3>又是一个条件表达式。

例 2－12　求 3 个数中的大数。

```
main()
{   int a, b, c, max;
    printf("please input three numbers: \n");
    scanf("%d %d %d\n", &a, &b, &c);
    max = a > b? a: b;
    max = max > c? max : c;
    printf("max = %d\n", max);
}
```

程序执行结果为：

```
please input three numbers:
 1 2 3
 max = 3
```

程序首先利用条件表达式“a > b? a: b;”将变量 a、b 中的大数求出，放入变量 max；接着，又利用条件表达式“max > c? max: c;”将 max 与变量 c 进行比较，将这两个变量中的大数求出，对变量 max 重新赋值，这时 max 中就存放了变量 a、b、c 中的最大值。

2.4.5　关系运算符与关系表达式

1. 关系运算符　用于比较运算。包括大于（ > ）、小于（ < ）、大于等于（ >= ）、小于等于（ <= ）、等于（ == ）和不等于（ != ）6 种。

关系运算符都是双目运算符，其结合性均为左结合。关系运算符的优先级低于算术运算符，高于赋值运算符。在 6 个关系运算符中，前面四个的优先级相同（>，<，>=，<=），高于 == 和!=，== 和!= 的优先级相同。

2. 关系表达式 关系表达式的格式：

<表达式> <关系运算符> <表达式>

上面的表达式可以是算术表达式、关系表达式、逻辑表达式、赋值表达式、字符表达式中的一种。

例如：a + b > c + d，x > 3/2，'a' + 1 <'c'，j == k + 1，都是合法的关系表达式。由于表达式也可以是关系表达式，因此也允许出现嵌套的情况，例如：a >(b > c)，a! =(c == d) 等。

C 语言中，当判断关系表达式的值时，若关系表达式成立，则值为真，返回 1；否则，表达式不成立，则为假，返回 0。当判断一个量是否为真时，C 中以非 0 表示真，0 表示假。

例如：3 >2 的值为 1，10 >(2 +10) 的值为 0。

例 2 –13 用 C 表达式描述下列条件。

（1）整数 x 为偶数。

（2）整数 m 不是 n 的倍数。

解 （1）可描述为：x%2 ==0；

（2）可描述为：m%n! =0。

2.4.6 逻辑运算符与逻辑表达式

1. 逻辑运算符 用于逻辑运算。包括与（&&）、或（‖）、非（!）3 种运算符。与（&&）和或（‖）运算符均为双目运算符，具有左结合性。非（!）运算符为单目运算符，具有右结合性。

（1）逻辑运算符和其他运算符优先级的关系：

1）逻辑运算符优先级从高到低的排列是：

非（!）→与（&&）→或（‖），非（!）的优先级最高。

2）算术、关系、逻辑、赋值运算的优先级从高到低的排列是：

非（!）→算术运算→关系运算→与（&&）→或（‖）→赋值运算。

逻辑运算举例：

a > b&& x > y 等价于 (a > b) &&(x > y)。

! b == c ‖d <a 等价于 ((! b) == c) ‖(d < a)。

a + b > c&& x + y < b 等价于 ((a + b) > c) &&((x + y) < b)。

（2）逻辑运算的值：表 2 –3 为逻辑运算的真值表。表示当操作数 a 和 b 的值为不同组合时，各种逻辑运算所得到的值。

表 2 –3 逻辑运算的真值表

a	b	a&&b	a‖b	!a
0	0	0	0	1
0	1	0	1	1
1	0	0	1	0

1	1	1	1	0

2. 逻辑表达式　逻辑表达式的格式：

<表达式> <逻辑运算符> <表达式>

若逻辑表达式成立，为真（即 true）则返回 1；否则，表达式为假（即 false），返回 0。

例如：5 >0&&4 >2，由于 5 >0 为真，4 >2 也为真，相与的结果也为真，返回 1。

例如：5 >0 || 5 >8 由于 5 >0 为真，相或的结果也就为真，返回 1。

例如：!（5 >0）的结果为假，返回 0。

例如：! 1&&0 返回 0。

对上例中表达式! 1&&0，先求! 1 和先求 1&&0 将会提出不同的结果。

虽然 C 编译在给出逻辑运算值时，以 1 代表真，0 代表假。但反过来在判断一个量的值为真还是为假时，以 0 代表假，以非 0 的数值作为真。例如：由于 5 和 3 均为非 0，因此 5&&3 的值为真，即为 1。

例 2－14　逻辑表达式的应用。

```
main( )
{   int a = 14, b = 15, x;
    char c ='A';
    x =( a&&b) && (c <'B');
    printf("%d\n", x);
}
```

程序执行结果为：

```
x = 1
```

上例中，语句 x =(a&&b) && (c <'B') 中出现了赋值运算符、关系运算符、逻辑运算符，根据它们的优先级以及式子中的括弧，应先进行括弧内的运算。右面 c <'B' 等价于 'A' <'B'，值为真，用 1 表示；左面 a&&b，等价于 14&&15，值为真，也用 1 表示；这样语句 x = (a&&b) && (C <'B') 就等价于 x = 1&&1，先进行逻辑运算 1&&1，其值为 1，最后赋值给左边的变量 x。

2.5　位运算符与位运算

C 语言既具有高级语言的特点，又具有低级语言的特点，因而使用范围很广。

C 语言的位运算的功能，使得它能够编写系统程序，这是与其他高级语言不同之处。

所谓位运算，就是参与运算的量按二进制位进行运算。C 语言的位运算符包括 &（按位与）、|（按位或）、^（按位异或）、~（取反）、<<（左移）、>>（右移）6 种，另外，还包括 5 种复合赋值运算符。

除了"~"为单目运算符以外，其余几种均为双目运算符。

位运算的运算对象只能是整型或字符型数据，不能是实型数据。

2.5.1　按位与运算符（&）

按位与运算符的功能是对参与运算的两个数据，按二进制位进行与运算。只有对应的

两个二进制位均为 1 时，结果位才为 1，否则为 0。即

0&0 = 0　0&1 = 0　1&0 = 0　1&1 = 1

参与运算的两个数据均以补码形式出现。

例如：49&15 = 1，算式如下：

```
     00110001    （49 的二进制补码）
(&)  00001111    （15 的二进制补码）
---------------------------------
     00000001    （1 的二进制补码）
```

根据按位与运算的规则可知，与 1 相与值不变，与 0 相与值为 0，需要保留的位与 1 相与，需要清 0 的位与 0 相与，使得按位与运算有一些特殊的用途。

上例中：49 是字符‘1’的 ASCII 码，将 49 与 15 相与，将高四位屏蔽（清零），保留低四位，实现了将字符‘1’向数值 1 的转换。

2.5.2　按位或运算符（|）

按位或运算符的功能是对参与运算的两个数据，按二进制位进行或运算。两个对应的二进制位中只要有一个为 1 时，结果位就为 1；全 0 时结果位才为 0。即

0|0 = 0　0|1 = 1　1|0 = 1　1|1 = 1

参与运算的两个数据均以补码形式出现。

例如：1|48 = 49，运算过程如下：

```
     00000001    （1 的二进制补码）
(|)  00110000    （48 的二进制补码）
---------------------------------
     00110001    （49 的二进制补码）
```

根据按位或运算符的规则可知：与 1 相或值为 1，与 0 相或值不变。这样，需要保留的位与 0 相或，需要置 1 的位与 1 相或，使得按位或运算有一些特殊的用途。

上例中：49 是字符‘1’的 ASCII 码，将 1 与 48 相或，将 D5、D4 位置位（置 1），实现了将数值 1 向字符‘1’的转换。相当于 1 加上 48。

2.5.3　按位异或运算符（^）

按位异或运算符的功能是对参与运算的两个数据，按二进制位进行异或运算。当两对应的二进制位相异时，结果为 1；相同时，结果为 0。即

0^0 = 0　0^1 = 1　1^0 = 1　1^1 = 0

参与运算的两个数据均以补码形式出现。

例如 10^6 = 12，运算过程如下：

```
     00001010    （10 的二进制补码）
(^)  00000110    （6 的二进制补码）
---------------------------------
     00001100    （12 的二进制补码）
```

根据按位异或运算符的规则可知：与 1 相异或值变反，与 0 相异或值不变。这样，需要保留的位与 0 相异或，需要变反的位与 1 相异或，使得按位异或运算有一些特殊的用途。

例如：把 a 的 D1，D3，D5，D7 位（右边第一位是 D0 位）取反，D0，D2，D4，D6 位保留下来，可作 a| 10101010 的运算。

此外，通过按位异或运算符还可以交换两个变量的值。

如果 a =8，b =6，则下面三个赋值语句执行后，即

a = a^b；b = a^b；a = a^b；

a =6，b =8，它们的值发生了互换。

其执行过程如下：

```
   00001000          00001110          00001110
(^)00000110       (^)00000110       (^)00001000
a =00001110       b =00001000       a =00000110
```

2.5.4　取反运算符（~）

单目运算符，具有右结合性。其功能是对参与运算的数据，各二进制位取反，1 变为 0，0 变为 1。即 ~1 =0，~0 =1。

例如 ~10 =245，其运算过程如下：

```
(^) 00001010（10 的二进制补码）
    11110101（245 的二进制补码）
```

2.5.5　左移运算符（<<）

按位左移运算符的功能是把左移运算符“<<”左边的运算对象的各二进制位全部左移若干位，移动位数由“<<”右边的数指定。移动时，高位左移后溢出丢弃，右边低位补 0。

例如：a<<3 指把 a 的各二进制位向左移动 3 位。如 a =00000001（十进制 1），左移 3 位后，变为 00001000（十进制 8），每左移 1 位相当于乘以 2，本例左移 3 位，相当于乘以 8。

2.5.6　右移运算符（>>）

按位右移运算符的功能是把“>>”左边的运算对象的各二进制位全部右移若干位，移动位数由“>>”右边的数指定。移动时，低位右移后溢出丢弃。左边高位，对于无符号数，补 0；对于带符号数，符号位将随同移动，最高位原来为 0，则补 0，最高位原来为 1，则补 1。由于参与位运算的数据均以补码形式出现，正数的补码最高位为 0，负数的补码最高位为 1。按位右移运算只能改变操作对象的大小，而不能改变它的符号。所以，对于带符号数，当为正数时，最高位补 0，而为负数时，最高位补 1。当然，最高位是补 0 或是补 1，有时也可能取决于编译系统的规定。Turbo C 和很多系统规定为补 1。

例如：设 a =8，a >>3 表示把 00001000 右移为 00000001（十进制 1），相当于除以 8。设 a = -64，a >>2 表示把 11000000（十进制 -64 的补码）右移为 11110000（十进制 -16 的补码），相当于除以 4。

2.5.7　位运算的优先级

1. 复合赋值运算符　C 语言中 10 种复合赋值运算符（+=，-=，*=，/=，%=，<<=，>>=，&=，^=，|=）中的后 5 种是位运算符组成的复合赋值运算符。

复合赋值表达式的格式：

<变量> <双目运算符> <表达式>

等价于：

<变量> = <变量> <双目运算符> <表达式>（表达式两边相当于有括弧）

例如：a& =b 相当于 a = a&b，而 a | =b 则相当于 a = a | b，a <<=2 相当于 a = a <<2。

2. 位运算的优先级

C 语言中，位运算的优先级与其他类型运算的优先级（按从高到低的顺序排列）比较如下：

~→算术运算→<<，>>→关系运算→&→^→|→与（&&）→或（‖）→赋值运算，具体可参见附录 C。

小　结

1. C 的数据类型　基本类型，构造类型，指针类型，空类型。

2. 基本类型的分类及特点

	类型说明符	字节	数值范围
字符型	char	1	C 字符集
基本整型	int	2	-32768 ~ 32767
短整型	short int	2	-32768 ~ 32767
长整型	long int	4	-214783648 ~ 214783647
无符号整型	unsigned int	2	0 ~ 65535
单精度实型	float	4	3/4E-38 ~ 3/4E+38
双精度实型	double	8	1/7E-308 ~ 1/7E+308

3. 常量后缀　L 或 l 长整型；U 或 u 无符号数；F 或 f 浮点数。

4. 常量类型　整数，长整数，无符号数，浮点数，字符，字符串，符号常数，转义字符。

5. 数据类型转换

（1）自动转换：在不同类型数据的混合运算中，由系统自动实现转换，由少字节类型向多字节类型转换。不同类型的量相互赋值时也由系统自动进行转换，把赋值号右边的类型转换为左边的类型。

（2）强制转换：由强制转换运算符完成转换。

6. 运算符优先级和结合性　一般而言，单目运算符优先级较高，赋值运算符优先级低。算术运算符优先级较高，关系和逻辑运算符优先级较低。多数运算符具有左结合性，单目运算符、三目运算符、赋值运算符具有右结合性。

7. 表达式　表达式是由运算符连接常量、变量、函数所组成的式子。每个表达式都有一个值和类型。表达式求值按运算符的优先级和结合性所规定的顺序进行。

8. 位运算　C 语言的位运算符包括 &（按位与）、|（按位或）、^（按位异或）、~（取反）、<<（左移）、>>（右移）6 种，另外，还包括 5 种复合赋值运算符。除了"~"为单目运算符以外，其余几种均为双目运算符。位运算的运算对象只能是整型或字符型数据，不能是实型数据。

思考与练习

1. 写出下列各算式的 C 语言表达式

（1）$\sin^2 x \frac{a+b}{a-b}$

（2）条件“20 < X < 30 或 X < 100”

（3）$\frac{-b+\sqrt{b^2-4ac}}{2a}$

（4）$|x^3+\log_{10}x|$

2. 单选题

（1）设 a = 1，b = 2，c = 3，d = 4，则表达式“a < b? a：c < d? c：d”的结果是（　　）。

A. 4　　B. 3　　C. 2　　D. 1

（2）C 语言中的标识符只能是字母，数字和下划线且第一个字符（　　）。

A. 必须为字母　　B. 必须为下划线

C. 必须为字母或下划线　　D. 必须是字母，数字或下划线中的任一种

（3）自定义标识符中，符合 C 语言规定的是（　　）。

A. for　　B. 3a　　C. * a　　D. _123

（4）设 int a = 3，结果为 0 的表达式是（　　）。

A. 2% a　　B. a/= a　　C. ! a　　D. ~ a

（5）下列数据中属于字符串常量的是（　　）。

A. ABC　　B. “ABC”　　C. ‘abc’　　D. ‘a’

（6）判断 char 型变量 ch 是否为大写字母的正确表达式是（　　）。

A. ‘A’ <= ch <‘Z’　　B. (‘A’ <= ch) AND (‘Z’ >= ch)

C. (ch >=‘A’) & (ch <=‘Z’)　　D. (ch >=‘A’) && (ch <=‘Z’)

（7）要求当 A 的值为奇数时，表达式的值为真；A 的值为偶数时，表达式的值为假。以下不满足要求的表达式是（　　）。

A. A%2 == 1　　B. ! (A%2 == 0)　　C. ! (A%2)　　D. A%2

（8）表达式 0x31&0x0f 的二进制值是（　　）。

A. 00000001　　B. 00110001　　C. 00110000　　D. 00000000

（9）假设所有变量均为整型，则表达式（a = 2，b = 5，b ++，a + b）的值是（　　）。

A. 2　　B. 6　　C. 7　　D. 8

（10）若有定义 int a = 7，float x = 2.5，y = 4.7 则表达式 x + a%3 *(int)(x + y)%2/4 的值是（　　）。

A. 2.500000　　B. 2.750000　　C. 3.500000　　D. 0.000000

3. 填空题

（1）在 C 语言中，是用______来表示逻辑真的；用______来表示逻辑假的。

（2）设有宏定义：

```
#define WIDTH 80
```

#define LENGTH WIDTH + 40

则执行 v = LENGTH * 20 后，int 型变量 v 的值是______。

（3）若“char a，b;”，若想通过 a&b 运算屏蔽掉 a 中的其他位，只保留 D1 和 D7 位（右起为 D0 位），则 b 的二进制数是______。

（4）设二进制数 x 的值是 11001101，若想通过 x&y 运算使 x 中低四位不变，高四位清零，则 y 的二进制数是______。

（5）设 x = 10100011，若要通过 x^y 使 x 的高四位取反，低四位不变，则 y 的二进制数是______。

4. 写出下列各程序段的运行结果

（1）
```
main()
{ int a = 1, b = 2;
  a = a + b; b = a - b; a = a - b;
  printf("%d,%d\n", a, b);
}
```

（2）
```
main()
{ int a = 5, b = 4, c = 3, d;
  d =(a > b > c);
  printf("%d\n", d);
}
```

（3）
```
main()
{ int a = 0;
  a +=(a = 8);
  printf("%d\n", a);
}
```

（4）
```
main()
{ int p = 30;
  printf("%d\n", (p/10 > 0? p/10: p%3));
}
```

（5）
```
main()
{ int a = 4, b = 5, c = 0, d;
  d = ! a&&! b||! c;
  printf("%d\n", d);
}
```

第 3 章　基本输入输出和顺序结构程序设计

在第 2 章中，我们介绍了 C 语言程序设计中的基本数据类型、运算符和表达式，它们是构成程序的基本要素。本章我们将对 C 语言程序中的输入输出和顺序结构程序设计作一介绍。

3.1　数据输入输出的概念

我们知道人与人之间是通过语言，在外界空气介质的传输下进行交流的。同样，人、外设和计算机之间也有一定的交流方式，这种交流方式是靠输入和输出来完成的。

所谓输入输出，是指以计算机的输入设备（键盘、磁盘、光盘和扫描仪等）向计算机输入数据称为“输入”；从计算机向外部输出设备（显示器、磁盘、打印机等）输出数据称为“输出”。

本章所要讨论的 C 语言的基本输入输出，就是在程序的运行过程中，往往需要输入一些数据（语言内容），而程序运算所得到的计算结果（数据）又需要输出给用户。因此，输入输出语句在 C 语言中是一类必不可少的重要语句。

在 C 语言中，不提供专门的输入输出语句，所有的输入输出操作都是通过对标准库函数的调用来实现的（如 printf 函数和 scanf 函数），因此都是函数语句。在使用库函数时，不要将它们误认为是 C 语言提供的输入和输出语句，特别是 printf 和 scanf 并不是 C 语言的关键字，它们只是函数的名字。C 语言提供的函数以库的形式存放在系统中，它们不是 C 语言文本中的组成部分。因此在使用 C 语言库函数时，要使用预编译命令#include 将相关的头文件（ *. h）包含到用户源文件中。

使用形式：

#include“头文件”或 #include <头文件>

说明：标准输入/输出头文件是：stdio. h，它是 standard input & output 的缩写（“h”是 head 的缩写），它包含了与标准 I/O 库有关的变量定义和宏定义。由于 printf( ) 和 scanf( ) 函数使用比较频繁，因此系统允许在使用此两个函数时不需要头包含文件（即可以不加 #include）。

常用的输入输出函数有：putchar( ) 函数（字符输出函数）、getchar( ) 函数（字符输入函数）和 printf( ) 函数（格式输出函数）、scanf( ) 函数（格式输入函数）等。本章将要讨论这些基本输入输出函数。

3.2 字符数据的输入输出

本节先介绍C语言标准I/O库函数中最简单的、也是最容易理解的字符输入输出函数putchar( )函数（字符输出函数）和getchar( )函数（字符输入函数）。

3.2.1 putchar( )函数（字符输出函数）

putchar( )函数的格式：

putchar(ch)

该函数的功能是向显示器终端输出一个字符，其中，ch可以是一个字符变量或常量，也可以是一个转义字符，但只能是单个字符而不能是字符串。

说明：

（1）putchar( )函数只能用于单个字符的输出，且一次只能输出一个字符。

（2）从功能角度来讲，printf( )函数（3.3节介绍）可以完全代替putchar( )函数，其等价形式：

printf("%c", ch)

putchar( )函数的格式和使用方法举例：

例3-1 输出单个字符。

```
#include "stdio.h"            /*编译预处理命令：文件包含*/
main( )
{
  char ch1 ='N', ch2 ='E', ch3 ='W';
  putchar(ch1);
  putchar(ch2);
  putchar(ch3);               /*输出*/
  putchar('\n');
  putchar(ch1);
  putchar('\n');              /*输出ch1的值，并换行*/
  putchar('E');
  putchar('\n');              /*输出字符'E'，并换行*/
  putchar(ch3);
  putchar('\n');
}
```

程序运行后，先输出字符NEW，然后换行分别输出单个字符N、E和W（'\n'是转义字符表示换行输出）。

3.2.2 getchar( )函数（字符输入函数）

getchar( )函数的一般格式：

getchar( );

该函数的功能是从系统终端的输入设备键盘输入一个字符，getchar( )的值就是从终端输入设备得到的字符。getchar( )不带任何参数。

通常把由终端返回的字符赋予一个字符变量，构成赋值语句。如" char c; c =

getchar( );"。从功能角度来讲，scanf( ) 函数（3.3 节介绍）可以完全代替 getchar( ) 函数，可使用等价语句：scanf("%c", &c)。

说明：

（1）getchar( ) 函数一次只能返回一个字符，即调用一次只能输入一个字符。

（2）程序第一次执行 getchar( ) 函数时，系统暂停等待用户输入，直到按回车键结束。如果用户输入了多个字符，则该函数只取第一个字符，多余的字符（包括换行符 '\n'）存放在键盘缓冲区中，如果程序再一次执行 getchar( ) 函数，则程序就直接从键盘缓冲区读入，直到读完后，如果还有 getchar( ) 函数才会暂停，再次等待用户输入。

getchar( ) 函数的格式和使用举例：

例 3-2

```
#include <stdio.h>              /* 文件包含 */
main( )
{
  char ch;
  printf("Please input two character: ");
  ch = getchar( );              /* 输入一个字符并赋给 ch */
  putchar(ch);
  putchar('\n');
  putchar(getchar( ));          /* 输入一个字符并输出 */
  putchar('\n');
}
```

程序运行情况如下：
```
Please input two characters: xy↙
x
y
```

说明：

（1）getchar( ) 函数用于单个字符的输入，一次输入一个字符，即使输入的是数字也按字符处理。当输入多个字符时，只能接收第一个字符。

（2）在使用本函数前必须包含文件"stdio.h"。

（3）当运行程序时，系统会进入用户屏幕，提示并等待用户输入字符 xy。输入完毕分两行显示运行结果。

3.3　格式输入与输出

3.3.1　printf( ) 函数（格式输出函数）

前面我们学了 putchar( ) 函数，它只能一次输出一个字符。而当多个数据、任意类型的数据输出时，就无能为力了，而本节介绍的 printf( ) 函数，就可以用来解决向终端设备输出若干个任意类型数据的问题。

1. printf( ) 函数的一般格式：

printf(格式控制说明，输出项列表)

如：printf("%c,%5.2f\n", c, i)

说明：printf( ) 函数语句的格式控制说明中，有三类字符。

(1) 普通字符：是一些说明字符，这些字符按原样显示在屏幕上，主要起提示作用。如上面 printf 函数中的双引号里面的“,”和空格符。

(2) 转义字符：是不可打印的字符，它们其实是一些控制字符，控制产生特殊的输出效果。常用的有“\t”，“\n”，其中“\t”为水平制表符，作用是跳到下一个水平制表位，“\n”为回车换行符，遇到“\n”，显示自动换到新的一行。

(3) 格式指示符：由“%”引导的格式字符串组成，像%d,%f,%c 等，它的作用是把输出的数据转换为指定的格式输出。格式指示符是由“%”字符起始的。

printf( ) 函数语句的输出项列表是需要输出的一些数据，可以是常量、变量、表达式，其类型、个数必须与格式控制说明中格式字符的类型、个数一致。当有多个输出项时，各项之间用逗号分隔。

2. 格式字符　格式说明：

% [<修饰符>] <格式字符>

格式字符规定了输出项的输出格式，常用格式字符见表 3－1。

表 3－1　格式字符表

格式字符	意义	举例	输出结果
d	按十进制整数输出	printf(“%d”, a)	65
o	按八进制整数输出	printf(“%o”, a)	101
x	按十六进制整数输出	printf(“%x”, a)	41
u	按无符号整数输出	printf(“%u”, a)	65
c	按字符型输出	printf(“%c”, a)	A
s	按字符串输出	printf(“%s”, “abc”)	abc
f	按浮点型小数输出	printf(“%f”, x)	3.141593
e	按科学计数法输出	printf(“%e”, x)	3.141593e+00
g	按 e 和 f 格式中较短的一种输出	printf(“%g”, x)	3.141593

字段宽度修饰符：该修饰符用于确定数据输出的宽度、精度、小数位数等，用于产生更规范整齐的输出；长度修饰符：长度修饰符 l 和 h 可以与输出格式字符 d、f、u 等连用，以说明是用 long 型或 short 型格式输出数据。表 3－2 列出了字段宽度、长度修饰符。

表 3－2　字段宽度长度修饰符

修饰符	格式	说明意义
m	%md	以宽度 m 输出整型数，不足 m 时，左补空格
om	%omd	以宽度 m 输出整型数，不足 m 时，左补 0
m.n	%m.nd	以宽度 m 输出实型小数，小数位数为 n 位
hd	%hd	以短整型格式输出
lf	%lf	以双精度型格式输出
ld	%ld	以长整型格式输出
hu	%hu	以无符号短整型格式输出

另外还有一些修饰符如下：

空格：在输出的正数前加一个空格。

-：输出的结果左对齐，右边用空格填充，如“% -20s”。

+：输出符号（正号或负号）空格输出值为正时冠以空格，为负时冠以负号，如“% +20s”。

#：对c，s，d，u类无影响；对o类，在输出时加前缀；对x类，在输出时加前缀0x；对e，g，f类，当结果有小数时才给出小数点。

0：用0去填充域宽。

以下我们将着重介绍几种常用格式符的用法。

（1）d格式符：

%d：按照整型数据的实际长度输出。

%md：以m指定的字段宽度输出，右对齐。

%ld：输出长整型数据。

%mld：输出指定宽度的长整型数据。

如：a=123，b=12345；

printf(“%5d,%5d,” a，b)；

运行结果：

□□123，12345　（□表示空格）

如：long　b=123456；

printf（“%ld”，b)；

运行结果：

123456

若用“%d”输出，就会发生错误，因为整型数据的范围为-32768～+32767。对long型数据应当用“%ld”格式输出。对长整型数据也可以指定字段宽度，如将上面printf函数中的“%ld”改为“%8ld”，则输出为：

□□123456（共8列）

（2）o格式符：o格式符在内存中各位的值（0或1）是按八进制形式输出，且将符号位也作为八进制的一部分输出。

如：int a= -1 ；

printf(“a=%d，%o”，a，a)；

运行结果：

a= -1，177777

在内存中以补码方式存放如下所示：

1	1	1	1	1	1	1	1	1	1	1	1	1	1	1	1

（3）x格式符：x格式符同o格式符一样不会出现为负的情况。不过x格式符在内存中各位的值（0或1）是按十六进制形式输出。

如：int a= -1；

```
printf("a = %d,%x", a, a);
```

运行结果：

```
a = -1, ffff
```

（4）u 格式符：u 格式符用以无符号的十进制形式输出整数。

如：unsigned int i =45678;

```
printf("a = %d,%u", i, i);
```

运行结果：

```
a = -19858, 45678
```

（5）c 格式符：c 格式符输出单个 ASCII 码字符。也可输出一个范围在 0～255 之间的整数。

例 3－3 c 格式符的应用。

```
#include <stdio.h>
void main( )
{
  char a ='b' ;
  int i ;
  i =98 ;
  printf("a =%c,%d\n", a, a) ;
  printf("i = %c,%d\n", i, i) ;
}
```

运行结果：

```
a =b, 98
i =b, 98
```

（6）s 格式符：

%s：直接输出指定字符串。

%ms：输出字符串占 m 列，靠右对齐。

%－ms：输出字符串占 m 列，靠左对齐。

%m. ns：输出字符串前 n 个字符，占 m 列，靠右对齐。

%－m. ns：输出字符串前 n 个字符，占 m 列，靠左对齐。

例 3－4 s 格式符的应用。

```
#include <stdio.h>
void main( )
{
  printf("%3s,%7.2s,%.4s,%-5.3s\n", "China", "China", "China",
  "China");
}
```

运行结果：

```
China, □□□□□Ch, Chin, Chi□□
```

（7）f 格式符：

%f：数据的整数部分全部输出，小数部分输出 6 位。

%m. nf：输出数据共占 m 列，小数占 n 位，右对齐。

% -m. nf：输出数据共占 m 列，小数占 n 位，左对齐。

例 3-5　f 格式符的应用。

```
#include "stdio.h"
#include "conio.h"
void main( )
{
   float f = 123.456;
   double d1, d2;
   d1 = 1111111111111.111111111;
   d2 = 2222222222222.222222222;
   printf("%f, %12f, %12.2f, % -12.2f, %.2f\n", f, f, f, f, f);
   printf("d1 + d2  =  %f\n", d1 + d2);
}
```

运行结果：

123.456001，□□123.456001，□□□□□□123.46，123.46□□□□□□，123.46

d1 + d2 = 3333333333333.333000

（8）e 格式符：

%e：不指定（指数形式）数据所占的宽度和数字部分的小数位。

%m. ne：输出（指数形式）数据共占 m 列，小数占 n 位，右对齐。

% -m. ne：输出（指数形式）数据共占 m 列，小数占 n 位，左对齐。

例 3-6　e 格式符的应用。

```
#include <stdio.h>
void main( )
{
   float a = 12.3456;
   printf("%e,%10e,%10.2e,%.2e,% -10.2e,", a, a, a, a, a);
}
```

运行结果：

1.234560e+002，1.234560e+002，□1.23e+002，1.23e+002 ，1.23e+002□

（9）g 格式符：g 格式符根据数值的大小自动选择 f 格式或 e 格式中所占宽度较小的一种输出实数，且不输出无意义的零。

例 3-7　g 格式符的应用。

```
#include <stdio.h>
void main( )
{
   float m = 12.345;
   printf("m = %f,%e,%g", m, m, m);
```

```
}
```

运行结果：

m=12.345000，1.23450e+01，12.345

3.3.2 scanf()函数（格式输入函数）

在C语言程序中，给计算机提供数据，我们可以用赋值语句，也可以用输入函数。在本节我们讨论scanf()函数。

scanf()函数的功能：从键盘上输入数据，该输入数据按指定的输入格式被赋给相应的输入项。

1. 函数一般格式　scanf()函数一般格式：

scanf("控制字符串"，输入项地址列表)；

说明：

（1）控制字符串：规定数据的输入格式，其内容由格式说明和普通字符两部分组成。

（2）输入项地址列表：由一个或多个变量地址组成，各变量地址之间用逗号"，"分隔。

scanf()函数中各变量要加地址操作符，如：& 变量名。

scanf()函数语句在运行时，会停下来，等待用户从键盘上输入数据，然后按格式控制的要求对数据进行转换后送到相应的变量地址中去。

例3-8　使用scanf()函数输入数据。

```
main()
{  int a, b, c;
   scanf("%d,%d,%d", &a, &b, &c);
   printf("%d,%d,%d\n", a, b, c);
}
```

运行时，等待从键盘输入数据，当我们输入12，34，56回车后，屏幕上显示如下结果：

12，34，56

2. 格式说明　scanf()函数的控制字符串由两个部分组成：格式说明和普通字符。格式说明规定输入项中的变量以何种类型的数据格式被输入，形式是：%［<修饰符>］<格式字符>，输入格式字符及其意义见表3-3。

表3-3　输入格式字符及其意义

格式字符	意义	举例	输入形式
d	输入一个十进制整数	scanf("%d", &a)	15
o	输入一个八进制整数	scanf("%o", &a)	015
x	输入一个十六进制整数	scanf("%x", &a)	0x15
f	输入一个小数形式的浮点数	scanf("%f", &x)	35680.0
e	输入一个指数形式的浮点数	scanf("%e", &x)	3.568e+3
c	输入一个字符	scanf("%c", &ch)	A
s	输入一个字符串	scanf("%s", &s)	ABCDE

各修饰符是可选的，这些修饰符如下所示。

（1）字段宽度：按指定宽度输入数据。

如：scanf(“%3d”，&a)；输入123456，按宽度3输入一个整数123赋给变量a。

（2）l和h：可与d、o、x一起使用，l表示输入数据为长整数，h表示输入数据为短整数。如：scanf(“%ld%hd”，&x，&i)；

x按长整型读入，i按短整型读入。

（3）*字符：表示按规定格式输入但不赋予相应变量，作用是跳过相应的数据。

如：scanf(“%d%*d%d”，&x，&y，&z)；

执行该语句，若输入为1　2　3，结果为x=1，y=3，z未赋值，2被跳过。

普通字符包括空格、转义字符和可打印字符。

（1）空格：在有多个输入项时，一般用空格或回车作为分隔符，若以空格作分隔符，则当输入项中包含字符类型时，可能产生非预期的结果。

如：scanf(“%d%c”，&a，&ch)；

输入32□q，期望a=32，ch=q，但实际上，分隔符空格被读入并赋给ch。

（2）可打印字符：

如：scanf(“%d,%d,%c”，&a，&b，&ch)；

若输入为1，2，q，则a=1，b=2，ch=q。

若输入为1 2 q，除a=1正确赋值外，b与ch都不能正确赋值。这些不打印字符应是输入数据分隔符，scanf在读入时自动去除与可打印字符相同的字符。

使用scanf函数还必须注意以下几点：

（1）scanf函数中没有精度控制。如：“scanf(“%5.2f”，&a)；”是非法的。

（2）在输入多个数值数据时，若格式控制串中没有非格式字符作输入数据之间的间隔，则可用空格、跳格（Tab）或回车作间隔。

（3）如果格式控制串中有非格式字符，则输入时也要输入该非格式字符。

如：scanf(“%d,%d,%d”，&a，&b，&c)；

其中用非格式符“，”作间隔符，故输入时应为：5，6，7

又如：scanf(“a=%d，b=%d，c=%d”，&a，&b，&c)；

则输入应为：a=5，b=6，c=7

3.4　常用函数的使用

C语言系统中提供了400多个标准函数（称为库函数），在设计程序时可以直接使用它们。库函数主要包括数学函数、字符处理函数、类型转换函数、文件管理函数及内存管理函数等几类。本节着重讲解数学函数和字符处理函数，其他函数的应用都很相似。

3.4.1　数学函数

在编程中我们会遇到各种数学运算，专门的数学运算程序一般都比较麻烦，为了使编程方便，C语言库函数为我们提供了各种数学函数（见附录D）。下面我们将介绍几个常用数学函数的用法。

1. 函数名：sin

原型：double sin(double x)；

功能：正弦函数。

2. 函数名：floor

原型：double floor(double x) ;

功能：求不大于 x 的最大整数。

如：设x = floor(-4. 1) , y = floor(4. 9) , z = floor(4) , 则

x = -4, y =4, z =4。

3. 函数名：ceil

原型：double ceil(double x) ;

功能：求不小于 x 的最小整数。

如：设x = ceil （ -4. 9）, y = ceil （4. 1）, z = ceil （4）, 则

x = -4, y =5, z =4。

4. 函数名：sqrt

原型：double sqrt(double x) ;

功能：求 x 的平方根。

如：设x = sqrt(4) , y = sqrt(16) , 则

x =2. 0, y =4. 0。

5. 函数名：log10

原型：double log10(double x) ;

功能：求 x 的常用对数。

6. 函数名：log

原型：double log(double x) ;

功能：求 x 的自然对数。

7. 函数名：exp

原型：double exp(double x) ;

功能：求欧拉常数 e 的 x 次方。

8. 函数名：pow

原型：double pow(double x, double y) ;

功能：求 x 的 y 次方。

如：设a = pow(2, 4) , b = pow(2, 0) , 则

a =16, b =1。

9. 函数名：abs

原型：int abs(int i) ;

功能：求整数的绝对值。

如：设x = abs(4) , y = abs(-4) , z = abs(0) , 则

x =4, y =4, z =0。

10. 函数名：labs

原型：long labs(long n) ;

功能：求长整型数的绝对值。

如：设x = labs(40000L) , y = labs(-4) , z = labs(0) , 则

x = 40000， y = 4， z = 0。

11. 函数名：fabs

原型：double fabs(double x) ;

功能：求实数的绝对值。

如：设x = fabs(4. 3)， y = fabs(−4. 3)， z = fabs(0)，则

x = 4. 3， y = 4. 3， z = 0。

在使用这些数学函数时，要调用系统的数学库函数，其调用格式为：

函数名（参数，参数……）

其中，函数名由系统提供，不同的 C 编译系统提供的函数名可能有所不同，使用前必须查阅有关的手册，括号中的参数要求用户在调用时给出数据。若有多个参数，则参数与参数之间用逗号分隔。各参数的类型必须与系统要求一致，参数的个数和排列顺序也要与系统要求一致。

总之，当使用这些数学函数时，在程序开头必须加入#include <math. h> 。

下面是几个函数的使用举例。

例 3 −9　计算 $x(3+x^y)$ 的值，设 x = 8， y = 3。

```
#include <math. h>
main( )
{
  double x, y, z;
  x = 8. 0; y = 3. 0;
  z = x *(3. 0 + pow( x, y) ) ;
  printf("z = %f\n", z) ;
}
```

例 3 −10　各个数学函数的使用方法。

```
#include <stdio. h>
#include <math. h>
#define PI 3. 14159
int main( void)
{
  double x, y, z;
  int n;
  x = 4. 0;
  y = sqrt( x) ;
  printf("x = %f\ty = %f\n", x, y) ;
  x = PI/4;
  y = sin( x) ;
  printf("x = %f\ty = %f\n", x, y) ;
  x = 2. 0;
  y = 3. 0;
```

```
    z = pow(x, y);
    printf("x = %f\ty = %f\tz = %f\n", x, y, z);
    x = 1.5;
    n = 4;
    y = exp(x, n);
    printf( "x = %f\tn = %d\ty = %f\n", x, n, y);
    return 0;
}
```

3.4.2 字符处理函数

在编程中我们会遇到各种字符的处理，C 语言库函数中含有大量的字符处理函数。本节将介绍其基本功能。

字符处理函数用于对字符的各种操作。

字符处理函数的分类：

isalnum( ) 测试字符是否为数字或字母。

isalpha( ) 测试字符是否是字母。

iscntrl( ) 测试字符是否是控制符。

isdigit( ) 测试字符是否为数字。

isgraph( ) 测试字符是否是可见字符。

islower( ) 测试字符是否是小写字符。

isprint( ) 测试字符是否是可打印字符。

ispunct( ) 测试字符是否是标点符号。

isspace( ) 测试字符是否是空白符号。

isupper( ) 测试字符是否是大写字符。

isxdigit( ) 测试字符是否是十六进制的数字。

tolower( ) 把字符转换为小写。

toupper( ) 把字符转换为大写。

strcoll( ) 比较字符串。

strtod( ) 把宽字符的初始部分转换为双精度浮点数。

strtol( ) 把宽字符的初始部分转换为长整数。

strtoul( ) 把宽字符的初始部分转换为无符号长整数。

3.5 顺序结构程序设计

程序设计一般可分为顺序结构、选择结构和循环结构。本章主要介绍顺序结构程序设计。在顺序结构程序设计中，各语句（或命令）是按照位置的先后次序顺序执行的，且每个语句都会被执行到，而且不发生控制流的转移。

顺序结构程序一般包括两部分。

1. 程序开头的编译预处理命令　如果在程序中使用标准库函数，则必须使用编译预处理命令#include，将相应的头文件包含进来。

2. 函数体　主要包括：

（1）变量类型的说明。
（2）提供数据语句。
（3）运算部分。
（4）输出部分。
每个程序都是按照语句的书写顺序依次执行的，它是最简单的程序结构。
例3－11　已知圆的半径 radius = 1.5，求圆周长和圆面积。

```
#include < stdio. h >
void main( )
{
  float radius, length, area, pi = 3. 1415926;
  radius = 1. 5;
  length = 2 * pi * radius;              /* 求圆周长 */
  area = pi * radius * radius;           /* 求圆面积 */
  printf("radius = %f\n", radius);      /* 输出圆半径 */
  printf("length = %7. 2f, area = %7. 2f\n", length, area);
  /* 输出圆周长、面积 */
}
```

程序运行结果如下：

```
radius = 1. 500000
length =  9. 42, area =  7. 07
```

例3－12　从键盘输入两个不同的数，然后交换这两个数的值并输出。

```
#include  < stdio. h >
main( )
{  int x, y, tmp;                        /*  变量定义 */
   printf("Input two number: ");
   scanf("%d,%d", &x, &y);              /* 从键盘上输入两个整数 */
   tmp = x;
   x = y;                                /* 交换这两个数 */
   y = tmp;
   printf(" \n after change \n");
   printf("first = %d, second = %d", x, y);
}
```

程序运行情况如下：

```
Input two number: 23, 48 ↙
after change
first = 48, second = 23
```

说明：可以把这两个数看成两个装满水的杯子，分别放啤酒和红酒，现在要求把两种不同的饮料交换杯子盛放，显然必须借用第三个杯子才能完成。其 N－S 框图如图 3－1 所示。

输入两个数存入 x，y
把第一个数从 x 放到第三个变量 tmp 中
把第二个数从 y 放到第一个变量 x 中
把第一个数从 tmp 放到第二个变量 y 中
输出 x，y

图 3-1 例 3-12 的 N-S 框图

例 3-13 求 $ax^2+bx+c=0$ 方程的实数根，a，b，c 由键盘输入，$a\neq0$ 且 $b^2-4ac>0$。

```
#include < math. h >
main( )
{
  float a, b, c, disc, x1, x2, p, q;
  scanf("a = %f, b = %f, c = %f ", &a, &b, &c);
  disc = b * b - 4 * a * c;
  p = - b/(2 * a);
  q = sqrt( disc) /(2 * a);
  x1 = p + q; x2 = p - q;
  printf(" \ nx1 = %5. 2f \ nx2 = %5. 2f  \ n", x1, x2);
}
```

小　结

C 语言有三种基本结构（顺序结构、分支结构、循环结构）可以满足任何逻辑功能的控制，在本章中着重介绍了顺序结构。输入输出是程序的重要组成部分，C 语言本身不提供输入输出语句，输入输出操作是由函数实现的。C 语言提供了格式输出函数 printf( ) 函数、格式输入函数 scanf( ) 函数、字符输出函数 putchar( ) 和字符输入函数 getchar（)。

思考与练习

1. 填空题

（1）printf( ) 函数和 scanf( ) 函数的格式说明都使用______字符开始。

（2）scanf( ) 函数处理输入数据时，遇到下列情况时认为该数据结束：①______，②______，③______。

（3）已有“int i，j；float x；”，为将 -10 赋给 i，12 赋给 j，410. 34 赋给 x，则对应 scanf( ) 函数调用语句的数据输入形式是______。

（4）C 语言本身不提供输入输出语句，其输入输出操作是由______来实现的。

（5）一般调用标准字符或格式输入输出库函数时，文件开头应有以下预编译命令：

____________。

2. 字符数据的输入输出可分为哪几类？

3. 在C语言中为什么要把输入输出的功能作为函数而不作为语言的基本部分？

4. 什么是顺序结构程序？其有什么特点？

5. 正弦函数、余弦函数、正切函数各用什么表示？

6. 若a=1，b=2，c=3，x=1.5，y=2.6，z=-3.7，如果想得到如下的输出格式和结果，则写出对应的程序。

a:1:: b=: 2:: c=: 5

x=1.50000, y=3.60000, z=-3.70000

a+x=:2.50:: b+y=4.6:: c+z=-1.2

7. 用scanf()函数输入数据，使a=1，b=2，c=3，x=4.5，y=6.78，c1='A'，c2='a'。

```
#include <stdio.h>
void main()
{
  int a, b;
  float x, y;
  char c1, c2;
  scanf("a=%d b=%d", &a, &b);
  scanf("%f %e", &x, &y);
  scanf("%c %c", &c1, &c2);
}
```

8. 程序阅读题

（1）写出以下程序的输出结果。

```
void main ()
{  int i=123;
   long n=456;
   float a=12.34567, y=20.5;
   printf("i=%4d\ta=%7.4f\n\tn=%lu\n", i, a, n);
   printf("y=%5.2f%% \n", y);
}
```

（2）写出以下程序的输出结果。

```
main()
{   int y=3, x=3, z=1;
    printf("%d %d\n", (++x, y++), z+2);
}
```

（3）写出以下程序的输出结果。

```
main()
{   int a=12345;
```

```
    float b = -198.345, c = 6.5;
    printf("a = %4d, b = %-10.2e, c = %6.2f\n", a, b, c);
}
```

（4）写出以下程序的输出结果。

```
main()
{   int x = -2345;
    float y = -12.3;
    printf("%6D,%06.2F", x, y);
}
```

（5）写出以下程序的输出结果。

```
main()
{   int x = 12; double a = 3.1415926;
    printf("%6d##,%  -6d##\n", x, x);
    printf("%14.101f##\n", a);
}
```

9. 输入任意五个整数，求它们的和及平均值。

10. 输入三角形的三边长，求三角形周长和面积。

11. 输入一个不大于1 000的整数，分别显示它的个位、十位和百位的数字以及每位数字所对应的ASCII码值。

比如 输入345，输出 百位：3，十位：4，个位：5

ASCII：51，52，53

12. 编一程序，从键盘输入一个大写字母，要求改用小写字母输出。

第4章　选择结构、循环结构程序设计

4.1　概述

4.1.1　C语句概述

C语言程序是由各种函数构成的，而一个函数又包含声明部分和执行部分，执行部分又由语句组成。C语言的语句同其他高级语言一样，是用来向计算机系统发出操作指令的。一个语句经编译后产生若干条机器指令。一个实际的程序应当包含若干语句。应当指出，C语句都是用来完成一定操作任务的。声明部分的内容不应称为语句，它不产生机器操作，而只是对变量的定义。C语言的语句分为以下五类。

1. 控制语句　控制语句用于完成一定的控制功能。C语言只有9种控制语句，它们是：

（1）if( ) …else…　　（条件语句）

（2）for( ) …　　（循环语句）

（3）while( ) …　　（循环语句）

（4）do…while( )　　（循环语句）

（5）continue　　（结束本次循环语句）

（6）break　　（中止执行 switch 或循环语句）

（7）switch　　（多分支选择语句）

（8）goto　　（转向语句）

（9）return　　（从函数返回语句）

上面9种语句表示形式中的"( )"表示括号中是一个判断条件，"…"表示内嵌的语句。例如：do…while( ) 的具体语句可以写成："do y=x; while(x<y);"。

2. 函数调用语句　函数调用语句由一个函数加一个分号构成，例如：

printf("very good!");

3. 表达式语句　表达式语句由一个表达式加一个分号构成，表达式能构成语句是C语言的一大特色，最典型的是由赋值表达式构成一个赋值语句。例如：x=6是一个赋值表达式，而"x=6;"是一个赋值语句。一个语句必须在最后出现分号，分号是语句中不可缺少的组成部分，而不是两个语句间的分隔符号，任何表达式都可以加上分号而成为语句。

4. 空语句　只有一个分号的语句为空语句，空语句不执行任何操作。有时用来作流程的转向点（流程从程序其他地方转到此语句处），也可用来作为循环语句中的循环体（循环体是空语句，表示循环体什么也不做）。

5. 复合语句　用 {} 把一些语句括起来就构成了复合语句，例如：

```
{
    a = b;
    b = c;
    c = a + b;
}
```

注意：复合语句中最后一个语句中最后的分号不能忽略不写。

C 语言允许一行写几个语句，也允许一个语句拆开写在几行上，书写格式无固定要求。

4.1.2　结构化程序设计方法

结构化程序设计强调程序设计风格和程序结构的规范化，提倡清晰的结构。结构化程序设计的基本思路是：把一个复杂问题的解决过程分阶段进行，每一个阶段处理的问题都控制在人们容易理解和处理的范围内。具体来说，就是在分析问题时采用“自顶向下，逐步细化”的方法，设计解决方案时采用“模块化设计”方法，编写程序时采用“结构化编码”方法。

1. “自顶向下，逐步细化”　是对问题的解决过程逐步具体化的一种思想方法。例如要在一组数中找出其中的最大数，首先，可以把问题的解决过程描述为：

（1）输入一组数。

（2）找出其中的最大数。

（3）输出最大数。

以上三条中，第（1）、第（3）两步比较简单，对第（2）步可以进一步细化：

1）任取一数，假设它就是最大数。

2）将该数与其余各数逐一比较。

3）若发现有其他数大于假设的最大数，则取而代之。

再对以上过程进一步具体化，得到如下算法：

（1）输入一组数。

（2）找出其中的最大数。

1）设 max = 第一个数。

2）将第二个数到最后一个数依次取出。

3）比较 x 与 max 的大小，如果 x > max，则使 max = x。

（3）输出 max。

2. “模块化设计”　就是将比较复杂的任务，分解成若干个子任务，每个子任务又分解成若干个小子任务，每个小子任务只完成一项简单的功能。在程序设计时，用一个个小模块来实现这些功能，每个小模块对应一个相对独立的子程序。对程序设计人员来说，编写程序就变得不再困难。同时，同一软件也可以由一组人员同时编写，分别进行调试，从而大大提高程序开发的效率。

3. “结构化编码”　指的是使用支持结构化方法的高级语言编写程序。C 语言就是一种支持结构化程序设计的高级语言，它直接提供了顺序程序、选择程序和循环程序三种基本结构的语句，提供了定义函数的功能。另外，还提供了丰富的数据类型。这些都为结构化程序设计提供了强有力的工具。

4.2 选择结构程序设计

4.2.1 if 语句

if 语句是用来判定所给定的条件是否满足，根据判定的结果（真或假）执行给出的两种操作之一。

1. if 语句的三种形式

（1）if（表达式）语句：该语句的含义是，只有表达式的值为“真”（即非零）时，才执行内嵌的语句，如图 4－1（a）所示。例如：

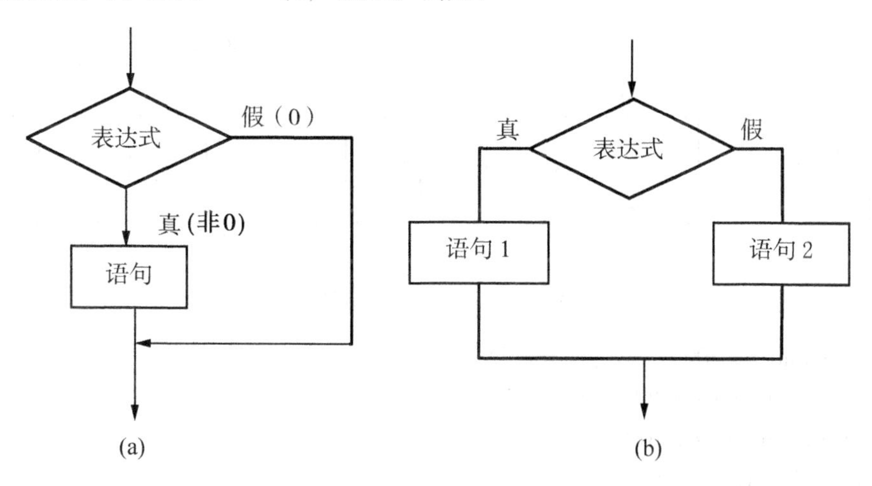

图 4－1 if 语句执行过程

if(x > y) printf("%d", x);

程序执行的时候，当 x 的值大于 y 的值时，才在屏幕上显示 x 的值。

（2）if（表达式）语句 1 else 语句 2：该语句的含义是，当表达式的值为“真”（即非零）时，执行语句 1；否则，即表达式的值为“假”时，执行语句 2，如图 4－1（b）所示。例如：

```
if(x > y) printf("%d", x);
else printf("%d", y);
```

程序执行时，若 x 的值大于 y 的值，则会在屏幕上显示 x 的值，否则，显示 y 的值，即屏幕上总显示 x 和 y 中较大者的值。

（3）if（表达式 1）语句 1：

```
else if（表达式 2）语句 2
else if（表达式 3）语句 3
⋮
else if（表达式 m）语句 m
else 语句 n
```

if 语句的嵌套流程图如图 4－2 所示。例如：

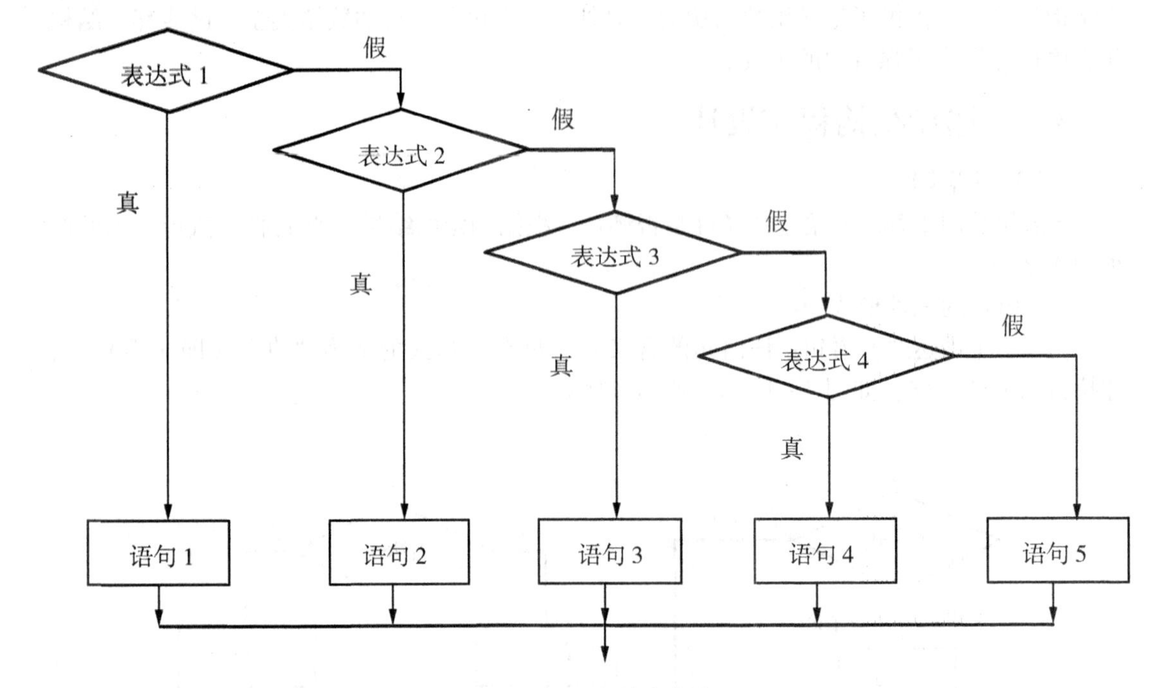

图 4－2 if 语句的嵌套流程

```
if(number>500)        pro=0.15;
else if(number>300)   pro=0.10;
else if(number>100)   pro=0.075;
else if(number>50)    pro=0.05;
else                  pro=0;
```

说明：

(1) 三种形式的 if 语句中，在 if 后面都有表达式，一般为逻辑表达式或关系表达式。例如：

```
if (a==b&&x==y) printf("a=b, x=y");
```

在执行 if 语句时，先对表达式求解，若表达式的值为 0，则按“假”处理；若表达式的值为非 0，则按“真”处理，然后执行指定的语句。假如有以下 if 语句：

```
if (3) printf("O.K.");
```

此语句是合法的，执行结果输出“O.K.”，因为表达式的值为 3，按“真”处理。由此可见，表达式的类型不限于逻辑表达式，可以是任意的数值类型（包括整型、实型、字符型、指针型数据）。例如，下面的 if 语句也是合法的：

```
if ('a') printf("%d", 'a');
```

执行后输出 a 的 ASCII 码 97。

(2) 第二、第三种形式的 if 语句中，在每个 else 前面有一分号，整个语句结束处有一分号。例如：

```
if (x>0)
    printf("%f", x);
```

```
else
    printf("%f", -x);
```

这是由于分号是C语句中不可缺少的部分，这个分号是if语句中的内嵌语句所要求的。如果无此分号，则出现语法错误。但应注意，不要误认为上面是两个语句（if语句和else语句），它们都属于同一个if语句。else子句不能作为语句单独使用，它必须是if语句的一部分，与if配对使用。

（3）在if和else后面可以只含一个内嵌的操作语句（如上例），也可以有多个操作语句，此时用花括号“{}”将几个语句括起来成为一个复合语句。如：

```
if(a>b)
{t=a; a=b; b=t;}
else printf ( "%d", a);
```

注意：在第二行的花括号“}”外面不需要再加分号。因为{}内是一个完整的复合语句，不需另附加分号。

例4-1　输入任意三个整数，求三个数中的最大值。

```
main()
{   int a, b, c, max;
    printf("Please input three numbers:");
    scanf("%d,%d,%d", &a, &b, &c);          /*输入三个整数*/
    if(a>b)
      max=a;
    else
      max=b;
    if (c>max)
       max=c;
    printf("The three numbers are :%d,%d,%d\n ", a, b, c);
    printf("max=%d\n", max);
}
```

程序运行情况如下：

```
Please input three numbers: 11, 22, 18↙
The three numbers are: 11, 22, 18
max=22
```

在本例中，首先输入任意三个整数并赋给变量a，b，c。然后通过if语句判定条件（a>b），如果条件满足，则将a的值作为最大值，否则将b的值作为最大值。再将前两个数的最大值max和c比较，即判定条件（c>max），如果条件满足，则c的值是最大值，否则，原最大值不变。最后输出三个数的最大值。

本例中的第一个if语句可优化为如下不带else子句的形式：

```
max=a;
if (b>max)   max=b;
```

这种优化形式的基本思想是：首先取一个数预置为max（最大值），然后再用max依次与其余的数逐个比较，如果发现有比 max 大的，就用它给 max 重新赋值，比较完所有的数后，max 中的数就是最大值。这种方法，对从三个或三个以上的数中找最大值的处理非常有效。

例 4-2 输入任意三个数 x、y、z，按从小到大的顺序输出。

```
main()
{   int x, y, z, t;
    printf("Please input three numbers:");
    scanf("%d,%d,%d", &x, &y, &z);
    if(x>y)
    {t=x; x=y; y=t;}
    if(x>z)
    {t=x; x=z; z=t;}
    if(y>z)
    {t=y; y=z; z=t;}
    printf("Three numbers after sorted:%d,%d,%d\n", x, y, z);
}
```

程序运行情况如下：

```
Please input three numbers: 11, 22, 18↙
Three numbers after sorted: 11, 18, 22
```

在例 4-2 中，首先判定条件（x>y），如果条件满足，则 x 和 y 的值进行交换；然后再比较条件（x>z），如果条件满足，则 x 和 z 的值进行交换，经过两次判定交换后，变量 x 中的值为三个数中的最小值；最后比较 y 和 z，如果 y>z，则进行交换。经过三次比较交换后，x、y、z 三个变量的值的顺序为从小到大的顺序。

在例 4-2 中，两个变量值在交换时是借助于第三个变量来完成的。当条件满足要交换时，执行操作包括三个语句，这三个语句是一个整体，必须用花括号“{}”括起来，即使用复合语句形式。

注意：复合语句中最后一个语句后面的分号不能省略。

在此，有必要提到的一点是：良好的源程序书写习惯——缩排。

（1）为了使源程序具有良好的结构和可读性，if 行和 else 行左对齐。

（2）如果 if 和 else 子句所属的语句（组）另起一行开始，则应向右缩进 3~4 个字符，形成阶梯状；语句组内的顺序程序段应左对齐，如例 4-1 所示。

如果语句（组）很简短，且跟在 if 行和 else 行的后面，就不存在缩进问题。如例 4-2 所示。

例 4-3 求一元二次方程 $ax^2+bx+c=0$ 的解。

```
#include "math.h"
main()
{
  float a, b, c, x1, x2;
    if(a==0.0&&b=0.0)
```

```
        printf("unsolvable! \n");
    else if(a==0.0&&b!=0.0)
        printf("The single root is %f\n", -c/b);
    else if (a!=0.0)
    {
      double disc;
      disc=b*b-4*a*c;
      x1=-b/(2*a);
      x2=sqrt(fabs(disc))/(2*a);
      if(disc<0.0)
        printf("complex roots:\n real part=%f, imag part=%f\n", x1, x2);
    else
        printf("real root:\n root1=%f, root2=%f\n", x1+x2, x1-x2);
    }
}
```

我们看到，else if 语句是通过一连串的判断，来寻找问题的解。它排列了一系列互相排斥的操作，每一种操作都是在相应的条件下才能执行的。该结构开始执行后，便依次去对各个条件进行判断测试，符合某一条件，则转去执行该条件的操作，其他部分将被跳过。如无一条件为真，就执行最后一个 else 所指定的操作。这个 else 可以看作为“其他”。若最后一个 else 不存在，并且所有条件的测试均不成功，则该 else if 结构将不执行任何操作。本程序就属于这样一种结构。

2. if 语句的嵌套　if 语句允许嵌套，在一个 if 语句中又包含一个或多个 if 语句称为 if 语句的嵌套。if 语句嵌套的一般形式如下：

```
if ()
   if() 语句1  ┐
   else 语句2  ┘内嵌 if
else
   if() 语句3  ┐
   else 语句4  ┘内嵌 if
```

编程时需注意 if 与 else 的配对关系。else 总是与它上面的最近的未配对的 if 配对。如果 if 与 else 的数目不一样，为实现程序设计者的要求，可以加花括号来确定配对关系。例如：

```
if()
{
  if() 语句1
}
else 语句2
```

这时“{}”限定了内嵌 if 语句的范围，因此 else 与第一个 if 配对。

例 4-4　判断一个整数能否被 3 或 5 整除。

```
#include <stdio.h>
int main()
{
    int num;
    printf("Input a number:");
    scanf("%d", &num);
    if(num%3 ==0)
    {
      if(num%5 ==0)
      {
          printf("The number can be divided by 3 and 5! \n");
      }
      else
      {
          printf("The number can be divided by 3! \n");
      }
    }
    else if(num%5 ==0)
      {
        printf("The number can be divided by 5! \n");
      }
      else
      {
        printf("The number can't be divided by 3 and 5! \n");
      }
}
```

4.2.2 条件运算符

1. 一般格式　条件运算符的一般格式：

表达式1？表达式2：表达式3

条件运算符是C语言中唯一的一个三目运算符，其中的“表达式1”、“表达式2”、“表达式3”的类型可以各不相同。

2. 运算规则　如果“表达式1”的值为非0（逻辑值为真），则运算结果等于“表达式2”的值；否则，运算结果等于“表达式3”的值，如图4－3所示。

3. 运算符的优先级和结合性　条件运算符的优先级高于赋值运算符，但低于关系运算符和算术运算符。其结合性为从右至左（右结合性）。

例4－5　从键盘上输入一个字符，如果它是大写字母，则把它转换成小写字母输出，否则直接输出。

```
main()
{   char ch;
```

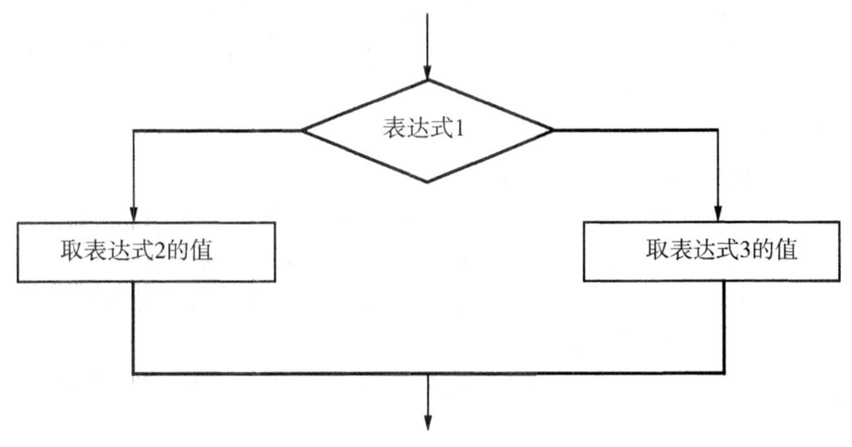

图4－3 条件运算符的运算规则

```
    printf("Input a character. ");
    scanf("%c", &ch);
    ch =(ch >="A" &&ch <="Z")? (ch +32): ch;
    printf("ch = %c \n", ch);
}
```

注意：从功能上说，if语句可完全实现条件运算符的功能，但在某些简单情况下，使用条件运算符可使程序更加简洁，如例4－5所示。

4.2.3 switch语句

switch语句与if语句一样，也可以实现多分支选择。但if…else用于多个条件并列判断，从中选取一个执行；switch只对一个条件进行判断，从多种结果中选取一种情况执行。

1. switch语句

```
switch（表达式）
{
  case 常量表达式1：语句1；break；
  case 常量表达式2：语句2；break；
              ⋮
  case 常量表达式n：语句n；break；
  default：         语句n+1；
}
```

2. switch语句的执行过程

（1）求解"表达式"的值。

（2）如果"表达式"的值与某个case后面的"常量表达式i"的值相同，则从语句i开始执行，而跳出switch语句有两种可能：

1）遇到第一个break语句为止；

2）该switch语句中，执行语句i后面没有break语句，则程序依次执行完语句i，语句i+1，…，语句n，语句n+1为止。

（3）如果“表达式”的值与任何一个 case 后面的“常量表达式 i”的值都不相同，当有 default 子句时，则执行 default 后面的执行语句；如果没有 default 子句，则程序直接跳出 switch 语句。

3. 注意事项

（1）小括号中表达式的类型必须是整型。

（2）每个 case 后面的“常量表达式”的值必须互不相同，否则会出现矛盾的现象。

（3）case 后面的“常量表达式”仅仅起一个程序入口的标号作用，并不进行条件判断。系统一旦找到入口标号，就从此标号处开始执行，不再进行标号判断。所以为了终止一个分支的执行，需要在相应的分支末尾加一个 break 语句。

（4）break 语句的作用是终止当前结构的执行。在这里是跳出 switch 语句，使得程序转向 switch 后面的语句。

（5）各个 case 和 default 的出现次序不影响执行的结果。

（6）多个 case 语句可以共用一组执行语句。

（7）default 子句可以省略。

例 4－6 从键盘输入一个字符，测试是数字、空白还是其他字符（假设测试的对象只限于以上几种字符）。

```
main()
{   char ch;
    printf("Input a character.");
    scanf("%c", &ch);
    switch(c)
      {
       case '0':
       case '1':
       case '2':
       case '3':
       case '4':
       case '5':
       case '6':
       case '7':
       case '8':
       case '9': printf("it's a digiter\n"); break;
       case ' ':
       case '\n':
       case '\t': printf("it's a whiter\n"); break;
       default: printf("it's a char\n"); break;
      }
}
```

例 4－6 中，switch 的条件表达式是一个已有整数值 c。今设 c＝'6'，于是从上至下比较各 case 后的常数后，从 case‘6’入口开始执行下面的语句。由于 case‘6’后面没有语句，因而执行 case‘9’后面的 printf 函数语句，然后遇到 break 语句，此时，跳出 switch 结构。default 语句包括了“除上述各 case 语句之外的一切情形”。当测试都失败时，即 default 以上的各 case 条件都不匹配时，执行 default 子结构，直到遇到 break 语句后退出 switch 结构。从语法上讲，default 子结构的 break 语句并不是必需的，执行完 default 子结构中的各语句后，若后面已无可执行语句，则会自动退出 switch 结构。这里使用了一个 break 语句是为了排列上的整齐及理解上的方便。

default 子结构考虑了各 case 所列出的情形以外的其他情形。这样就能在进行程序设计时，把出现频率低的特殊情形写在 case 的后面，而将其余情况写在 default 后面作统一处理。如果只考虑对个别情况的处理，则可将各个情况分别写在各个 case 的后面，此时，default 子结构可以省略。

4.3　循环结构程序设计

循环是计算机解决问题的一个重要特征。在设计程序时，人们也总是把复杂的、不易理解的求解过程转换为易于理解的、操作简单的多次重复过程。在许多实际问题中都需要用到循环控制，例如，要输入全校学生成绩；求若干个数之和；迭代求根等。绝大多数的应用程序都包含循环。而循环结构又是结构化程序设计的基本结构之一，它和顺序结构、选择结构共同作为各种复杂程序的基本构造单元。因此熟练掌握循环结构的概念及使用是程序设计的最基本的要求。

本节将介绍三种不同的循环语句，即 while 句、do…while 语句、for 语句。用 while 和 do…while 语句能够实现的结构，都可以用 for 语句实现。

4.3.1　while 语句

while 语句用来实现“当型”循环结构，其一般格式如下：

```
while (表达式)
{
  循环体语句组
}
```

其中，循环体语句组可以是一个语句，也可以是多个语句构成的复合语句。循环体语句组又可称为循环体。

while 语句的执行过程如图 4-4 所示。

（1）求解表达式。如果其值为真（即非零），转第（2）步，否则转第（3）步。

（2）执行 while 语句中的内嵌语句，然后转第（1）步。

（3）执行 while 语句下面的语句。

例 4-7　用 while 语句求 1 ~ 100 的和。

```
#include <stdio.h>
main()
{
  int i = 1, sum = 0;
  while(i <= 100)
```

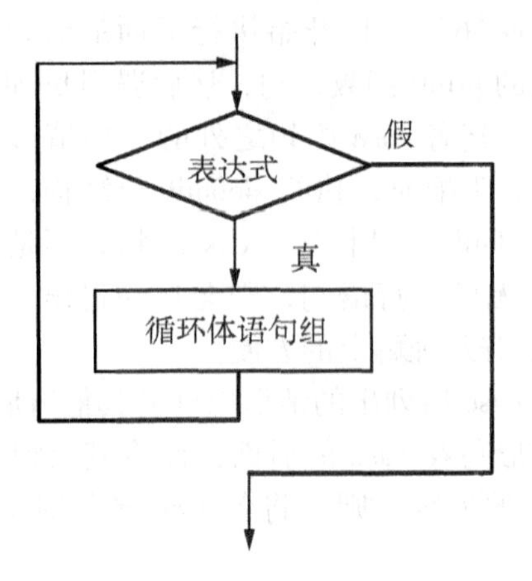

图4－4 while语句执行流程

```
    {
        sum = sum + i;
        i ++ ;
    }
printf("sum = %d \n", sum);
}
```

程序运行结果如下：

```
sum = 5050
```

注意：

（1）循环体如果包含一个以上的语句，应该用花括号括起来，以复合语句形式出现。如果不加花括号，则while语句的范围只到while后面第一个分号处。例如，本例中while语句中如无花括号，则while语句范围只到“sum = sum + i;”。

（2）在循环体中应有使循环趋于结束的语句。例如，在例4－7中循环结束的条件是“i > 100”，因此在循环体中应该有使i增值以最终导致i > 100的语句，而本例中用的是“i + +;”语句来达到此目的。如果无此语句，则i的值始终不改变，循环永不结束。

4.3.2 do…while语句

do…while语句用来实现“直到型”循环结构，其特点是先执行循环体，然后判断循环条件是否成立。其一般格式如下：

```
do
{
  循环体语句组
}
while（表达式）;
```

注意：“while（表达式）;”中的“;”不能省。

如果循环体语句组仅由一条语句组成，可以不使用复合语句形式。

do…while语句的执行过程如图4－5所示。

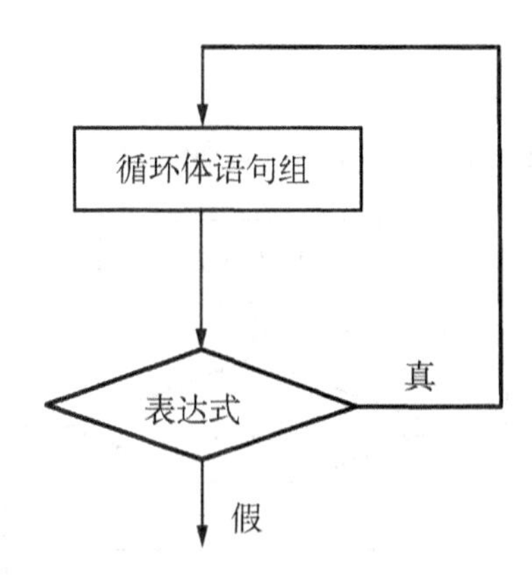

图4-5　do…while语句的执行流程

（1）执行循环体语句。

（2）求解表达式。如果其值为真（即非零），则转向第（1）步继续进行，否则，转向第（3）步。

（3）执行do…while下面语句。

例4-8　用do…while语句求1~100的和。

```
#include <stdio. h >
main( )
{
  int i =1, sum =0;
  do
  {
      sum = sum + i;
      i ++ ;
  } while( i <=100);
  printf("sum = % d \ n", sum);
}
```

程序运行结果如下：

```
sum =5050
```

根据do…while语句的执行过程可知，该循环语句比较适用于处理“不论条件是否成立，先执行一次循环体语句”的情况。

4.3.3　for语句

在三种循环语句中，for语句最为灵活，不仅可以用于循环次数已经确定的情况，也可以用于循环次数虽不确定，但给出了循环条件的情况，所以for语句也是最为常用的循环语句。

1. for语句的一般格式

```
for（表达式1；表达式2；表达式3）
{
```

循环体语句组

}

2. for 语句的执行过程　for 语句的执行过程如图 4－6 所示。

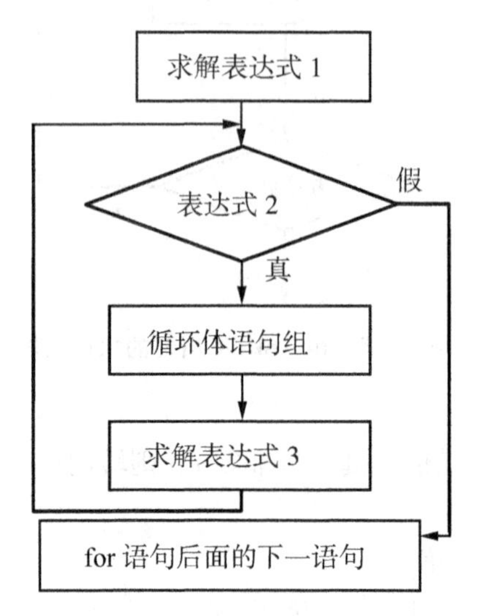

图 4－6　for 语句的执行流程

（1）求解表达式 1 的值。

（2）求解表达式 2 的值，若其值为“假”（即值为 0），则结束循环，转到第（4）步；若其值为“真”（即值为非 0），则执行 for 语句内嵌的循环体语句组。

（3）求解表达式 3，然后转回第（2）步。

（4）执行 for 语句后面的下一语句。

3. 说明

（1）“表达式 1”可以是任何类型，一般为赋值表达式，用于给控制循环次数的变量赋初值。

（2）“表达式 2”可以是任何类型，一般为关系或逻辑表达式，用于控制循环是否继续执行。

（3）“表达式 3”可以是任何类型，一般为赋值表达式，用于修改循环控制变量的值，以便使得某次循环后，表达式 2 的值为 0（假），从而退出循环。

（4）“循环体语句组”可以是任何语句，既可以是单独的一条语句，也可以是复合语句。

（5）“表达式 1”、“表达式 2”、“表达式 3”这三个表达式可以省略其中的 1 个、2 个或 3 个，但相应表达式后面的分号不能省略。

在实际应用中，一般用下面 for 语句最简单最易理解的形式：

for（循环变量赋初值；循环条件；循环变量增值）循环体语句组

循环变量赋初值总是一个赋值语句，它用来给循环控制变量赋初值；循环条件是一个关系表达式，它决定什么时候退出循环；循环变量增值，定义循环控制变量每循环一次后按什么方式变化。这 3 个部分之间用“;”分开。例如：

```
for(i=1; i<=100; i++)  sum=sum+i;
```

先给i赋初值1，判断i是否小于等于100，若是则执行语句，之后值增1。再重新判断，直到条件为“假”，即i>100时，结束循环。

例4-9　用for语句求1~100的和。

前面已经用while语句和do…while语句来做此题，下面用for语句来做。

```
#include <stdio.h>
main()
{
  int i=1, sum;
  for(sum=0, i=0; i<=100; i++)
       sum=sum+i;
  printf("sum=%d\n", sum);
}
```

例4-10　编写一个程序，输入10个整数，统计并输出其中正数、负数和零的个数。

```
#include <stdio.h>
main()
{
  int m, n, num1, num2, num3;
  num1=num2=num3=0;
  for(n=1; n<=10; n++)
  {
  printf ( "Please input No. %2d:", n);
  scanf("%d", &m);
  if (m>0)
      num1++;
  else if(m==0)
          num2++;
      else
          num3++;
  }
  printf("%d,%d,%d\n", num1, num2, num3);
}
```

程序的某次运行情况如下：

```
Please input No. 1: 8↙
Please input No. 2: 0↙
Please input No. 3: 23↙
Please input No. 4: -5↙
Please input No. 5: 67↙
Please input No. 6: -45↙
```

```
Please input No. 7: 76↙
Please input No. 8: 0↙
Please input No. 9: 13↙
Please input No. 10: -65↙
5, 2, 3
```

4.3.4 循环的嵌套

若循环语句中的循环体内又完整的包含另一个或多个循环语句，就称为循环嵌套。前面讲过的 while 语句、do…while 语句和 for 语句三种循环语句都可以相互嵌套。循环的嵌套可以多层，但每一层循环在逻辑上必须是完整的，相互之间绝对不允许交叉。

例如，二层循环嵌套（又称二重循环）结构如下：

```
for(;;)          ─────────────┐
{                              │
语句 1;                         │
while()                        │  外
{          ─────────┐          │  层
  循环体             │ 内层循环  │  循
}          ─────────┘          │  环
语句 2;                         │
}          ────────────────────┘
```

例 4-11 编程求 s=1!+2!+3!+…+10! 的和。

```
#include <stdio.h>
main()
{
   int i, j;
   long p, s=0;
   for(i=1; i<=10; i++)
   {
      p=1;
      for(j=1; j<=i; j++)
         p=p*j;
      s+=p;
   }
   printf("s=%ld\n", s);
}
```

读者可以思考一下，例 4-11 的程序可以在一个循环内完成。改进后的程序如下：

```
#include <stdio.h>
main()
{
```

```
    int i, j;
    long p = 1, s = 0;
    for(i = 1; i <= 10; i++)
    {
      p = p * i;
      s += p;
    }
    printf("s = %ld\n", s);
}
```

例 4－12　编程打印如图 4－7 所示图形。

```
    *
   ***
  *****
 *******
*********
```

图 4－7　例 4－12

程序如下：

```
#include <stdio.h>
main()
{
  int i, j, k;
  for(i = 1; i <= 5; i++)
  {
    for(j = 0; j < 5 - i; j++)
      printf(" ");             /* 打印一个空格 */
    for(k = 1; k <= 2 * i - 1; k++)
      printf("*");
    printf("\n");
  }
}
```

4.3.5　break 语句和 continue 语句

1. break 语句

（1）break 语句的一般形式：

break;

（2）功能：当 break 用于 switch 语句中时，可使程序跳出 switch 而执行 switch 以后的语句；当 break 语句用于 while、do…while 和 for 循环语句中时，可使程序终止本层循环而执行循环后面的语句。

（3）说明：

1）break 语句只能用在循环语句和 switch 语句中。

2）break 语句只能退出本层循环，若要从最内层循环退出外层循环，则必须用其他方法。

例 4-13 判断一个整数是否为素数。

```
#include < stdio. h >
main( )
{
  int i, num;
  printf("Input a number:");
  scanf("%d", &num);
  for(i = 2; i <= num; i ++ )
  {
    if(num%i == 0)
    {
      printf("%d isn't a prime \n", num);
      break;
    }
  }
  printf("%d is a prime! \n", num);
}
```

程序的运行结果为：

```
Input a number: 19↙
19 is a prime!
```

2. continue 语句

（1）continue 语句的一般形式：

```
continue;
```

（2）功能：停止本次循环，转去判断是否执行下次循环。

（3）说明：continue 语句只能用于循环语句中。

例 4-14 统计并输出 100～500 之间不能被 2 或 3 或 7 除尽的整数。

```
#include < stdio. h >
main( )
{
  int n;
  for(n = 100; n < 500; n ++ )
     if(n%2 == 0) continue;
       else if(n%3 == 0) continue;
         else if(n%7 == 0) continue;
             else printf("%5d", n);
}
```

小 结

1. if 语句的一般格式

```
if (表达式)
    {语句组1;}
[else
    {语句组2;}]
```

else 子句（可选）是 if 语句的一部分，必须与 if 配对使用，不能单独使用。if 语句嵌套时，else 子句与 if 的匹配原则是：与在它上面，距它最近且尚未匹配的 if 配对。为明确匹配关系，避免匹配错误，建议将内嵌的 if 语句一律用花括号括起来。

2. switch 语句用来实现多分支结构程序设计，其一般形式如下：

```
switch (表达式)
{
case 常量表达式1: 语句1; break;
case 常量表达式2: 语句2; break;
        ⋮
case 常量表达式n: 语句n; break;
default:          语句n+1;
}
```

case 后面的常量表达式仅起语句标号作用，并不进行条件判断。系统一旦找到入口标号，就从此标号开始执行，不再进行标号判断，所以必须加上 break 语句，以便结束 switch 语句。

3. 在三条循环语句中，while 循环是 for 循环的一种简化形式（缺省“循环变量赋初值”和“循环变量增值”表达式），所以，for 语句可以完全代替 while 语句。do…while 语句比较适用于处理“不论条件是否成立，先执行一次循环体语句组”的情况。除此之外，do…while 语句能实现的，for 语句也能实现，而且更简洁。

（1）for 语句的一般格式：

```
for ([循环变量赋初值]; [循环条件]; [循环变量增值])
    {循环体语句组;}
```

（2）while 语句的一般格式：

```
while (循环继续条件)
    {循环体语句组;}
```

（3）do…while 语句的一般格式：

```
do
    {循环体语句组;}
while (循环继续条件);      /* 本行的分号不能缺省 */
```

当循环体语句组仅由一条语句构成时，可以不使用复合语句形式。

4. break 语句：强行结束循环，转向执行循环语句下面的语句。

5. continue 语句：对于 for 循环，跳过循环体其余语句，转向循环变量增量表达式的计算；对于 while 和 do…while 循环，跳过循环体其余语句，但转向循环继续条件的判定。

思考与练习

1. C 语言中的语句有哪几类?

2. 输入一个整数，如果这个整数能被 3 整除，则输出该整数；否则，输出这个整数的平方。

3. 输入四个整数，要求按由小到大的顺序输出。

4. 编写程序，输入某个学生的百分制成绩时，输出相应的五分制信息：成绩在 90 ~ 100 之间的，输出“A”；成绩在 80 ~ 89 分的，输出“B”；成绩在 70 ~ 79 分的，输出“C”；成绩在60 ~ 69分的，输出“D”；成绩在 60 分以下的，输出“E”。要求分别用两种方法编写程序：

（1）用 if 语句编写程序；

（2）用 switch 语句编写程序。

5. 编写程序，计算个人工资所应缴纳的税额。纳税计算方法如下：

（1）1 600 元以内（包括 1 600 元）的不纳税，超过 1 600 元的部分为应纳税部分；

（2）应纳税部分 <=500 元时，税率为 5%；
　　500 元 <应纳税部分 <=2000 元时，税率为 10%；
　　2000 元 <应纳税部分 <=5000 元时，税率为 15%；
　　5000 元 <应纳税部分 <=20000 元时，税率为 20%；
　　应纳税部分 >20000 元时，税率为 25%。

6. 输入一行字符，分别统计出其中英文字母、空格、数字和其他字符的个数。

7. 求 1!+2!+3!+4!+ ··· +20!

8. 有一分数序列　2/1，3/2，5/3，8/5，13/8，21/13，···
求出这个数列的前 20 项之和。

9. 输出图 4 – 8 所示图形。

```
        *
      * * *
    * * * * *
  * * * * * * *
* * * * * * * * *
  * * * * * * *
    * * * * *
      * * *
        *
```

图 4 –8　题 9

第5章　数　组

迄今为止，我们使用的都是属于基本类型（整型、字符型和实型）的数据。现在有这样一个问题：一个班有40名学生，要求按英语成绩排名次。如果利用前面学习的变量类型表示学生成绩，需要设置40个简单变量来表示学生成绩，而且各个变量之间是相互独立的，在设计程序时就很难对这组数据进行统一处理。为了较方便地解决这类问题，C语言提供了数组类型。数组类型与结构体类型、共用体类型都属于构造数据类型。C语言提供了构造数据类型。构造数据类型是由基本数据类型按照一定规则组成的。

数组是一种最简单的构造数据类型，它是具有相同数据类型且按一定次序排列的数据的集合。用一个统一的数组名和下标来唯一确定数组中的元素。上例可定义一个有40个数组元素的数组s来存放学生的英语成绩。数组的特点是在程序中既可以对个别数组元素进行处理，也可以统一处理数组里的一批元素或者所有元素。

数组有一维数组和多维数组，常用的是一维数组和二维数组，至于三维数组，一般用的较少。因为字符数组是C语言中常用的数据类型，对它有些例外的约定，所以在本章中专门给予讨论。

5.1　一维数组

5.1.1　一维数组的定义

在C语言中，定义数组的方式和定义简单变量类似，但在定义时应指明数组元素的个数。定义的格式如下：

类型说明符　数组名[常量表达式]；

例如：

```
int a[10];
```

它表示数组名为a，此数组有10个元素，数组a的类型为整型。

定义存放学生英语成绩的数组s的语句如下：

```
float s[40];
```

说明：

（1）数组名也是标识符，其命名规则与简单变量名的命名规则相同。

（2）常量表达式表示数组元素的个数，即数组长度，其值必须大于等于1。

（3）数组名后的常量表达式是用方括号[ ]括起来的，不能使用圆括号。如下面的用法是非法的：

```
int a(10);
```

(4) 常量表达式中可以包括常量和符号常量，不能包含变量。也就是说，C不允许对数组的大小作动态定义，即数组的大小不依赖于程序运行过程中变量的值。

例如：

```
int n;
scanf("%d", &n);
int a[n];
```

数组定义语句中，数组a的长度为变量n，这种定义数组的方式是错误的。定义数组时，数组长度可以用符号常量表示。例如：

```
#define N 40
int s[N];
```

(5) 一个数组定义语句中可以定义多个相同类型的数组，也可以和其他相同类型的变量一起定义，用“,”隔开。例如：

```
int a[10], m[5], y;
```

例中定义了数组a、m和简单变量y，都是整型的。

5.1.2 一维数组元素的引用

1. 一维数组元素的引用 数组必须先定义，后使用。C语言规定只能逐个引用数组元素而不能一次引用整个数组。

一维数组元素的表示形式如下：

数组名[下标]

说明：

(1) 下标可以是整型常量、整型变量或整型表达式。

例如：

```
a[0] = a[1] + a[9] - a[2 * 3]
```

(2) 数组元素可以作为一个独立的简单变量来使用。

(3) 数组元素由数组名和该元素在数组中的位置（即下标）来表示。

C语言规定：数组元素下标从0开始，最大下标为数组长度减1。

例如，在int a[5]中，数组a有5个数组元素：a[0]，a[1]，a[2]，a[3]，a[4]。注意不能使用数组元素a[5]，其下标已越界，即超出了最大下标取值。

在编译和执行程序时，系统不检查数组的下标是否越界，因此在编程时，要注意下标越界问题，以免发生错误。

(4) 要注意数组定义和引用时的区别。例如，“int a[5];”是定义一个长度为5的数组，5是数组长度。而“a[5] = 10;”是给数组中下标为5的元素赋值为10，5是数组元素的下标。

2. 一维数组的存储形式 数组是具有相同数据类型且按一定次序排列的数据的集合。它在计算机内是怎样存储的呢？在编译时，系统就根据数组的定义为数组分配一个连续的存储区域，数组中的元素按照下标由小到大的次序连续存放，下标为0的元素排在前面，每个元素占据的存储空间大小与同类型的简单变量相同。

如前例“int a[5];”，数组a中每个元素在内存中占2个字节的存储空间，其示意图如图5-1所示。

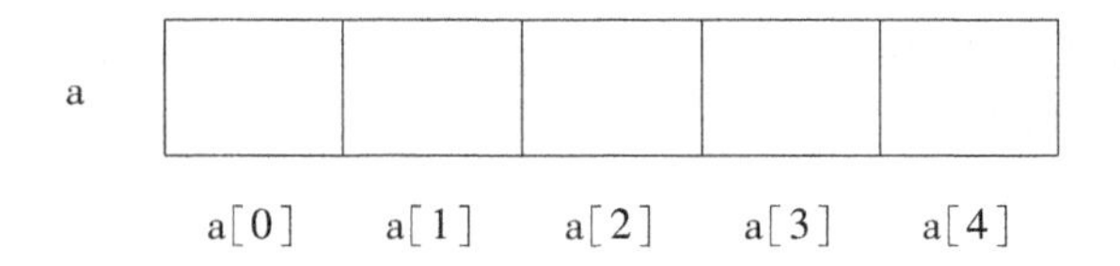

图5-1 一维数组存储示意

数组名的另一含义是代表数组的起始地址。

5.1.3 一维数组的初始化

数组的初始化就是给数组元素赋初始值，通常有两种方法。

1. 在定义数组时对数组元素赋初值　将各数组元素的初值写在花括号中，用逗号隔开，并从数组的0号元素开始依次赋值给数组的各个元素。

例如：

```
int a[10] = {0, 1, 2, 3, 4, 5, 6, 7, 8, 9};
```

经过上面的定义和初始化之后：

a[0] =0，a[1] =1，a[2] =2，a[3] =3，a[4] =4，a[5] =5，a[6] =6，a[7] =7，a[8] =8，a[9] =9。

说明：

（1）在定义数组时可以只给数组中的部分元素赋初值，未赋初值的数组元素的初值系统默认为0。例如：

```
int a[10] = {0, 1, 2, 3, 4};
```

其各元素初始值为：a[0] =0，a[1] =1，a[2] =2，a[3] =3，a[4] =4，a[5] ~a[9]均为0。

（2）为了方便编程，对全部数组元素赋初值时，可以不指定数组的长度。例如：

```
float m[5] = {1.0, 1.1, 1.2, 1.3, 1.4};
```

可以写成：

```
float m[ ] = {1.0, 1.1, 1.2, 1.3, 1.4};
```

在第二种写法中，花括号中有5个数，系统就会据此自动计算数组长度为5。但如果被定义的数组长度与提供的初值的个数不相同，则数组长度不能省略。例如，想定义数组长度为10而只提供5个初始值，就不能省略数组长度的定义，而必须写成：

```
float m[10] = {1.0, 1.1, 1.2, 1.3, 1.4};
```

即只初始化前5个元素，后5个元素为0。

（3）对静态数组和全局数组不赋初值时，系统默认各数组元素初值为0。

（4）当花括号内提供的初值个数多于数组元素的个数时，系统编译时将会出错。例如：

```
int x[3] = {1, 2, 3, 4};
```

当系统编译到此语句时，将有错误信息提示。

2. 利用赋值语句或输入语句给数组中的元素赋值　例如：

```
int a[5];
a[0] = a[1] = 6;
scanf("%d%d%d", &a[2], &a[3], &a[4]);
```

其中 a[0]、a[1]由赋值语句赋初值，a[2]、a[3]和 a[4]的初值由键盘输入。如果赋的值相同或有规律，则用循环较方便。例如：

```
for(i=0; i<5; i++)
a[i]=i+1;
```

5.1.4 一维数组的应用举例

例 5-1 求一个班 40 名同学的英语平均分。

```
#include <stdio.h>
main()
{
  int i;
  float average=0, sum=0, s[40];
  for(i=0; i<40; i++)
    scanf("%f", &s[i]);
  for(i=0; i<40; i++)
    sum=sum+s[i];
  average=sum/40;
  printf("The average is: %8.2f\n", average);
}
```

例 5-2 用数组处理 Fibonacci 数列问题。这个数列有如下特点：第1、第2 两个数为 1、1，从第 3 个数开始，该数是其前面两个数之和。即

$$f[1]=1,\ f[2]=1 \qquad (n=1,\ 2)$$

$$f[n]=f[n-1]+f[n-2] \qquad (n>2)$$

编程求出数列的前 20 项。

```
main()
{
  int n, f[21];
  f[1]=f[2]=1;
  for(n=3; n<=20; n++)
    f[n]=f[n-1]+f[n-2];
  for(n=1; n<=20; n++)
    {
     printf("%10d", f[n]);
     if(n%5==0) printf("\n");
    }
}
```

运行结果如下：

```
 1     1     2     3     5
 8    13    21    34    55
89   144   233   377   610
```

```
987    1597    2584    4181    6765
```

例5-2中为了和数列下标保持一致，定义数组f的长度为21，使用其中f[1]~f[20]的20个数组元素，没有使用数组元素f[0]。程序中产生输出结果的语句使用了一点小技巧，通过执行一个if语句，在输出5个元素后输出“换行”，使程序输出的结果每行只显示5个数据。

例5-3　一个班有40名学生，请按英语成绩由低到高的顺序排序。

设40个数放在数组s[40]中。将相邻两数s[0]和s[1]比较，若s[0]>s[1]，则两数交换；再将s[1]和s[2]比较，若s[1]>s[2]，则两数交换……这样依次处理，到最后两个数比较并处理完毕，一趟比较结束，使得最大的一个数移到最后一个位置。第二趟比较结束后，就可将第二大数移至倒数第二的位置上。……这样，40个数最多需要39趟即可按从小到大的顺序排好。这种排序方法称为冒泡排序。

如果有n个数，则要进行n-1趟比较。在第1趟比较中要进行n-1次两两比较，在第j趟比较中要进行n-j次两两比较。

```
main()
{
  int i, j;
  float s[40], temp;
  printf("\nInput 40 grades:");           /*输入40个学生的成绩*/
  for(i=0; i<40; i++)
    scanf("%f", &s[i]);
  printf("\n");
  for(i=1; i<40; i++)                     /*共进行39趟比较*/
    for(j=0; j<40-i; j++)                 /*每一趟要进行40-i次两两比较*/
      if(s[j]>s[j+1])                     /*将大数往后移*/
      {  temp=s[j];
         s[j]=s[j+1];
         s[j+1]=temp;
      }
  printf("The sorted grades: \n");        /*输出排序后的成绩，每行输出5个*/
  for(i=0; i<40; i++)
    {
      if(i%5==0) printf("\n");
      printf("%8.2f ", s[i]);
    }
}
```

5.2　二维数组

二维数组与一维数组没有本质上的差别，二维数组只是比一维数组多了一个下标，在引用数组元素时，通过两个下标进行。

5.2.1 二维数组的定义与引用

1. 二维数组的定义　二维数组定义的一般形式如下：

类型说明符　数组名[常量表达式1][常量表达式2];

例如：

```
int a[3][4], b[5][5];
```

定义 a 为 3×4（3 行 4 列）的数组，b 为 5×5（5 行 5 列）的数组。注意不要写成：

```
int a[3, 4], b[5, 5];
```

说明：

（1）二维数组的每一个元素的行下标和列下标均从 0 开始。第一维下标又称为行下标，第二维下标又称为列下标。

（2）二维数组元素的个数 = 常量表达式 1 × 常量表达式 2。如前面定义的数组 a 有 12 个元素，数组 b 有 25 个元素。

2. 二维数组的引用　二维数组元素的表示形式如下：

数组名[行下标][列下标]

例如：

```
a[2][3]
```

说明：

（1）下标可以是整型表达式，如 a[3-2][2*2-1]。

（2）数组元素可以出现在表达式中，也可以被赋值。例如：

```
a[2][3] = a[1][2]/2;
```

（3）在使用数组元素时，注意下标值应在已定义的数组大小的范围内。

常出现的错误是：

```
int a[3][4];
…
a[3][2] =1;
a[3][3] =3;
a[3][4] =5;
```

定义 a 为 3×4 的数组，它可用的行下标最大为 2，列下标值最大为 3。a[3][2]，a[3][3]，a[3][4] 超出了数组下标的范围。

3. 二维数组的存储形式　在 C 语言中，我们可以把二维数组看作是一种特殊的一维数组：它的元素又是一个一维数组。例如，a[3][4]可以把 a 看作是一个一维数组，它有三个元素：a[0]，a[1]，a[2]，每个元素又是一个包含 4 个元素的一维数组，如图 5-2 所示。

```
  ┌a[0] ——— a[0][0]    a[0][1]    a[0][2]    a[0][3]
a ┤a[1] ——— a[1][0]    a[1][1]    a[1][2]    a[1][3]
  └a[2] ——— a[2][0]    a[2][1]    a[2][2]    a[2][3]
```

图 5-2　二维数组的组成

可以把 a[0]，a[1]，a[2] 看作是三个一维数组的名字。上面定义的二维数组可以理解为定义了 3 个一维数组，此处把 a[0]，a[1]，a[2] 看作一维数组名，如图 5-2 所示。

C 语言的这种处理方法在数组初始化和用指针表示时显得很方便，这在以后将体会到。

在内存中，二维数组元素的存放顺序是：按行存放，即在内存中先顺序存放第一行的元素，再存放第二行的元素，依次类推。数组 a[3][4]中每个元素在内存中占 2 个字节的存储空间，其示意图如图 5-3 所示。

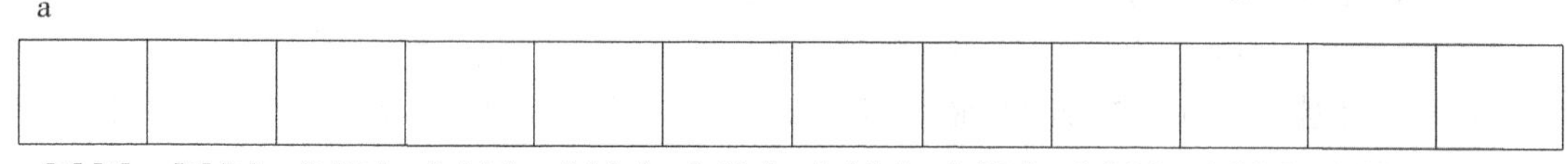

图 5-3　二维数组存储示意

5.2.2　二维数组的初始化

对二维数组的初始化，可使用以下一些方法。

（1）按行给二维数组赋初值。例如：

```
int a[3][4]={{1, 2, 3, 4}, {5, 6, 7, 8}, {9, 10, 11, 12}};
```

这种赋值方法比较直观，也不易搞错，把第 1 个花括号内的数据给第 1 行的元素，第 2 个花括号内的数据给第 2 行的元素……即按行赋初值。

（2）可以将所有数据写在一个花括号内，按数组元素的排列顺序对各元素赋初值。例如：

```
int a[3][4] = {1, 2, 3, 4, 5, 6, 7, 8, 9, 10, 11, 12};
```

效果与前例相同，但这种方法对于较大的二维数组，还要计算一下数组元素的个数，由于数据多，写成一片，容易遗漏，也不易检查错误。故以第 1 种方法为好，一行对一行，界限清楚。

（3）可以对数组的部分元素赋初值，其余元素自动为0。

```
int a[3][4] = {{1}, {5}, {9}};
```

它只对各行第一列的元素赋初值。赋初值后数组各元素如下：

a[0][0] =1, a[0][1] =0, a[0][2] =0, a[0][3] =0
a[1][0] =5, a[1][1] =0, a[1][2] =0, a[1][3] =0
a[2][0] =9, a[2][1] =0, a[2][2] =0, a[2][3] =0

也可以对各行中的某一元素赋初值：

```
int a[3][4] = {{1}, {0, 6}, {0, 0, 9}};
```

赋初值后数组各元素如下：

a[0][0] =1, a[0][1] =0, a[0][2] =0, a[0][3] =0
a[1][0] =0, a[1][1] =6, a[1][2] =0, a[1][3] =0
a[2][0] =0, a[2][1] =0, a[2][2] =9, a[2][3] =0

也可以只对某几行元素赋初值：

```
int a[3][4] = {{1}, {0}, {0, 0, 9}};
```

赋初值后数组各元素如下：

a[0][0] =1, a[0][1] =0, a[0][2] =0, a[0][3] =0
a[1][0] =0, a[1][1] =0, a[1][2] =0, a[1][3] =0

a[2][0]=0，a[2][1]=0，a[2][2]=9，a[2][3]=0

这种方法对非0元素少时比较方便，不必将所有的0都写出来，只需输入少量数据。

（4）如果对全部元素都赋初值，则定义数组时对第一维的长度可以不指定，但第二维的长度不能省。下面两种初始化方式是等价的：

```
int a[3][4]={1, 2, 3, 4, 5, 6, 7, 8, 9, 10, 11, 12};
int a[ ][4]={1, 2, 3, 4, 5, 6, 7, 8, 9, 10, 11, 12};
```

系统会根据数据的总数分配存储空间，一共12个数据，每行4列，当然可以确定为3行。

在定义时也可以只对部分元素赋初值而省略第一维的长度，但应分行赋初值。如：

```
int a[ ][4]={{0, 0, 1}, {0}, {0, 9}};
```

这样的写法，能通知编译系统，数组共有3行。

5.2.3 二维数组的应用举例

例5-4 将输入的10个整数存放在一维数组中，找出其中的最大数及此数在数组中的位置（下标）并输出，要求10个整数用scanf函数输入，查找过程中不能改变数据在数组中的位置。

```
main()
{
  int a[11];
  int i, p;       /*变量p用来存放最大数组元素的下标*/
  printf("Input 10 numbers please:\n");    /*输入10个整数*/
  for(i=1; i<=10; i++)
    scanf("%d", &a[i]);
  printf("\n");
  p=1;          /*初始假设下标为1的元素最大*/
  for(i=2; i<=10; i++)
    if(a[p]<a[i]) p=i;
  printf("The max element is: a[%d]=%d\n", p, a[p]);
}
```

运行情况如下：

```
Input 10 numbers please:
10  20  8  42  15  9  27  51  46  31
The max element is: a[8]=51
```

例5-5 有两个3×4的矩阵A和B，将两个矩阵相对应的数据相加，和放在矩阵C中。

```
#include <stdio.h>
main()
{
  int i, j;
  int a[3][4], b[3][4], c[3][4];        /*定义3个二维数组*/
```

```
    printf("Input array a: \n");                    /* 输入数组 a 的各元素 */
    for(i = 0; i < 3; i++)
      for(j = 0; j < 4; j++)
        scanf("%d", &a[i][j]);
    printf("Input array b: \n");                    /* 输入数组 b 的各元素 */
    for(i = 0; i < 3; i++)
      for(j = 0; j < 4; j++)
        scanf("%d", &b[i][j]);
    for(i = 0; i < 3; i++)                  /* 将数组 a 和 b 中相应的元素相加 */
      for(j = 0; j < 4; j++)
        c[i][j] = a[i][j] + b[i][j];
    printf("array c: \n");
    for(i = 0; i < 3; i++)                    /* 输出相加后放在 c 中的结果 */
      {
         for(j = 0; j < 4; j++)                /* 每行输出 4 个元素 */
           printf("%5d", c[i][j]);
         printf(" \n");
      }
  }
```

例 5－6　有一个 3×4 的矩阵，要求编写程序求出其中值最大的那个元素的值，以及其所在的行号和列号。

```
  main()
  {
    int i, j, row = 0, col = 0, max;
    int s[3][4] = {{5, 7, 2, 4}, {10, -6, 7, 9}, {1, 3, 12, -8}};
    max = s[0][0];
    for(i = 0; i < 3; i++)
      for(j = 0; j < 4; j++)
        if(s[i][j] > max)
        {
           max = s[i][j];
           row = i;
           col = j;
        }
      printf("max = %d, row = %d, col = %d\n", max, row, col);
  }
```

输出结果为：

```
  max = 12, row = 2, col = 2
```

例 5－7　计算某年某月某日是该年的第几天。

分析：首先应考虑到这一年是否为闰年，因为它涉及二月份的天数，这里使用了二维数组。在判别这一年是否为闰年时，根据天文计算，年份能被 4 整除，同时又不能被 100 整除；或者能被 400 整除的均为闰年。

（1）公历每月的天数是有规律的，只是闰年的二月为 29 天，平年（即非闰年）为 28 天。

（2）将前几月的天数加起来，再加上该月的日期就是该年的第几天。

```
main()
{
  int year, month, day;
  int leap, i, sum=0;
  int day_table[2][13]={{0, 31, 28, 31, 30, 31, 30, 31, 31, 30, 31, 30,
                        31},
                        {0, 31, 29, 31, 30, 31, 30, 31, 31, 30, 31,
                        30, 31}};
  printf("Input year, month, day:\n");          /*输入年，月，日*/
  scanf("%d,%d,%d", &year, &month, &day);
  if(year%4==0&&year%100!=0||year%400==0)  /*若为闰年，leap 置 1*/
    leap=1;
  else
    leap=0;                              /*否则 leap 置 0*/
  for(i=1; i<month; i++)                 /*将前几个月的天数加起来*/
    sum+=day_table[leap][i];
    sum=sum+day;                         /*再加上本月的日期*/
  printf("The day in year is %d.\n", sum);
}
```

运行结果为：

```
1994, 12, 10↙
The day in year is 345.
```

说明：

（1）二维数组 day_table[2][13]定义时就对它进行初始化。由于习惯上月份是从 1 至 12 月份，所以把数组定义为 day_table[2][13]。

（2）这里数组 day_table[2][13]每行的第一个元素都不用，以便使数组下标与月份数相同。

5.3 字符数组

5.3.1 字符数组的定义、引用及初始化

用来存放字符数据的数组是字符数组。字符数组中的一个元素存放一个字符。

1. 字符数组的定义　字符数组的定义和其他数组的定义相类似。类型说明符为 char。定义格式如下：

```
char　数组名[下标];
```

例如：

```
char b[10];
b[0] = 'T'; b[1] = 'h'; b[2] = 'a'; b[3] = 'n'; b[4] = 'k'; b[5] = ' ';
b[6] = 'y';
b[7] = 'o'; b[8] = 'u'; b[9] = '!';
```

此例中用赋值语句给字符数组赋初值。

字符数组的每一个元素只能存放一个字符（包括转义字符），数组在内存中的存储状态如图5－4所示。

b[0]	b[1]	b[2]	b[3]	b[4]	b[5]	b[6]	b[7]	b[8]	b[9]
T	h	a	n	k		y	o	u	!

图5－4　字符数组存储示意

字符是以ASCII码的形式存储在内存中，字符数组的任一元素相当于一个字符变量。

2. 字符数组的引用

（1）可以引用字符数组中的一个元素，得到一个字符。

例5－8　输出一个钻石图形。

```
main()
{ char c[][5] ={{' ', '', '*'}, {' ', '*', ' ', '*'}, {'*', ' ',
' ', ' ', ' ', '*'}, {' ', '*', ' ', '*'}, {' ', ' ', '*'}};
  int i, j;
  for(i =0; i <5; i ++)
  {for(j =0; j <5; j ++)
      printf("%c", c[i][j]);
    printf("\n");
  }
}
```

运行结果：如图5－5所示。

```
  *
 * *
*   *
 * *
  *
```

图5－5　钻石图形

（2）可以将字符串一次输入输出。用"%s"格式符输出字符串。

例5－9　输出一个字符串。

```
void main()
{ char st[15];
  printf("input string: \n");
  scanf("%s", st);
  printf("%s\n", st);
}
```

说明：本例中由于定义数组长度为15，因此输入的字符串最大长度为14，以留出一个字节用于存放字符串结束标志'\0'。要注意的是，输出字符时不输出'\0'。

用“%s”格式符输出字符串时，printf 函数中的输出项是字符数组名，而不是数组元素名，不能写为：“printf(“%s”, st[ ]);”，因为在 C 语言中数组名代表该数组的起始地址。

对一个字符数组，如果不作初始化赋值，则必须说明数组长度。

还应该特别注意的是，当用 scanf( ) 函数输入字符串时，字符串中不能含有空格，否则将以空格作为串的结束符。

例如运行例 5 -9，当输入的字符串中含有空格时，运行情况：

```
input string: this is a book
this
```

从输出结果可以看出空格以后的字符都未能输出。为了避免这种情况，可多设几个字符数组分段存放含空格的串。程序可改写如下：

```
main()
{ char st1[6], st2[6], st3[6], st4[6];
  printf("input string:\n");
  scanf("%s%s%s%s", st1, st2, st3, st4);
  printf("%s %s %s %s\n", st1, st2, st3, st4);
}
```

本程序分别设了四个数组，输入的一行字符的空格分段分别装入四个数组。然后分别输出这四个数组中的字符串。在前面介绍过，scanf 的各输入项必须以地址方式出现，如 &a，&b 等。但在例 5 -9 中却是以数组名方式出现的，这是为什么呢？前面讲过，这是由于在 C 语言中规定，数组名就代表了该数组的首地址。整个数组是以首地址开头的一块连续的内存单元。如有字符数组 char c[10]，设数组 c 的首地址为 2000，也就是说 c[0] 单元地址为 2000，则数组名 c 就代表这个首地址。因此在 c 前面不能再加地址运算符 &。

如写成“scanf (“%s”, &c);”，则是错误的。在执行函数 printf(“%s”, c) 时，按数组名 c 找到首地址，然后逐个输出数组中各个字符直到遇到字符串终止标志‘\0’为止。

注意：如果一个字符数组中包含一个以上‘\0’，则遇到第一个‘\0’时输出就结束。

3. 字符数组的初始化　字符数组的初始化和数值型数组初始化的规则一样。

对字符数组初始化，最容易理解的方式是将字符逐个赋给数组中各元素。例如：

```
char b[10] = {'T', 'h', 'a', 'n', 'k', ' ', 'y', 'o', 'u', '!'};
```

把 10个字符依次赋值给 b[0]到 b[9] 的 10 个元素。

说明：

(1) 如果提供的字符个数小于数组长度，则只将这些字符赋给数组中前面那些元素，其余的元素自动为空字符（即‘\0’）。如：

```
char b[10] = {'T', 'u', 'r', 'b', 'o', ' ', 'C'};
```

数组状态如图 5 -6 所示。

b[0]	b[1]	b[2]	b[3]	b[4]	b[5]	b[6]	b[7]	b[8]	b[9]
T	u	r	b	o		C	\0	\0	\0

图5-6　数组状态

（2）如果提供的字符个数和预定的数组长度相同，则定义数组时也可以不写数组长度，系统会自动根据字符个数确定数组长度。例如：

char b[ ] = {‘T’，‘h’，‘a’，‘n’，‘k’，‘ ’，‘y’，‘o’，‘u’，‘!’}；

数组b的长度自动定为10。用这种方式可以不必人工去数字符的个数，尤其在赋值的字符个数较多时，比较方便。

（3）如果提供的字符个数大于数组长度，则按语法错误处理。

5.3.2　字符串及字符串处理函数

1. 字符串　在C语言中，不提供字符串数据类型，字符串是存放在字符数组中的。C语言规定：以‘\0’作为字符串结束标志。因此，在用字符数组存放字符串时，系统自动在最后一个字符后加上结束标志‘\0’，表示字符串到此结束。这样在定义字符数组时，数组长度至少要比字符串中字符个数多1，以便保存字符‘\0’。

有了结束标志‘\0’后，字符数组的长度就显得不那么重要了。在程序中往往依靠检测‘\0’的位置来判定字符串是否结束，而不是根据数组的长度来决定字符串的长度。当然，在定义字符数组时应估计实际字符串的长度，保证数组长度始终大于字符串实际长度。

注：‘\0’代表ASCII码为0的字符，它不是一个可以显示的字符，而是一个“空操作符”，即它什么也不做。用它来作为字符串结束标志，不会产生附加的操作或增加有效字符，只起一个供辨别的标志的作用。

这里补充一种字符数组初始化的方法：用字符串常量来使字符数组初始化。例如：

char b[11] = {“Thank you!”}；

也可以省略花括号，直接写成：

char b[11] =“Thank you!”；

则各数组元素的初值为：b[0] =‘T’、b[1] =‘h’、b[2] =‘a’、b[3] =‘n’、b[4] =‘k’、b[5] =‘ ’、b[6] =‘y’、b[7] =‘o’、b[8] =‘u’、b[9] =‘!’、b[10] =‘\0’。数组b的长度至少是11，而不是10。因为字符串的有效字符个数是10，还需要存储字符串结束标志‘\0’。用一个字符串（注意字符串的两端是用双引号而不是单引号括起来的）作为初值，这种方法直观、方便、符合人们的习惯。上面的初始化与下面的等价：

char b[11] = {‘T’，‘h’，‘a’，‘n’，‘k’，‘ ’，‘y’，‘o’，‘u’，‘!’，‘\0’}；

需要说明的是：字符数组并不要求它的最后一个字符为‘\0’，甚至可以不包含‘\0’。像以下这样写完全是合法的：

char b[10] = {‘T’，‘h’，‘a’，‘n’，‘k’，‘ ’，‘y’，‘o’，‘u’，‘!’}；

是否需要加‘\0’，完全根据需要决定。但是由于系统对字符串常量自动加一个‘\0’。因此，人们为了使处理方法一致，便于测定字符串的实际长度，以及在程序中作相应的处理，在字符数组初始化时也常常人为地加上一个‘\0’。

2. 字符串处理函数　C语言的库函数中提供了多种用于字符串的函数，使得处理字符串的操作十分简单方便。这里介绍几种常用的字符串处理函数，字符串处理函数原型在

string. h 中。

（1）单个字符的输入输出：

1）用标准输入输出函数 scanf( )和 printf( )，使用格式符“% c”，实现逐个输入输出字符。

2）用字符输入输出函数 getchar( )和 putchar( )。

例 5－10 从键盘输入一个字符串，按逆序在屏幕上输出该字符串。

```
#include  < stdio. h >
main( )
{
  int i =0;
  char aa[20];
  do
    {
        scanf("% c", &aa[i]);
        i ++;
    } while(i <20&&aa[i]! = '\0');
  for(i =19; i >=0; i --)
      printf("% c", aa[i]);
}
```

上例也可以写成：

```
#include < stdio. h >
main( )
{
  int i =0;
  char aa[20];
  do
  {
      aa[i] = getchar( );
      i ++;
  } while(i <20&&aa[i]! = '\0');
  for(i =19; i >=0; i --)
    putchar(aa[i]);
}
```

运行程序，从键盘输入：

you are happy!

则输出结果为：

!yppah era uoy

程序中字符数组长度为 20，所以从键盘输入的字符串长度最大为 19，且遇回车结束输入。

（2）整个字符串输入输出：

1）用标准输入输出函数 scanf( ) 和 printf( )，使用格式符“% s”，实现整个字符串一次性的输入输出。

例 5－11　从键盘输入一个字符串，并在屏幕上输出该字符串。

```
main( )
{
  char aa[20];
  scanf("%s", aa);
  printf("%s", aa);
}
```

运行程序，从键盘上输入一个字符串：

Happy!

则输出结果为：

Happy!

再次运行程序，从键盘上输入：

Happy New Year!

则输出结果为：

Happy

2）用 gets( ) 函数和 puts( ) 函数实现字符串的输入输出。

A. gets( ) 函数

格式：gets(字符数组名)

作用：从终端读入一个字符串到字符数组，直到遇到换行符，换行符不进入字符串，它被转换为‘\0’，并作为字符串的结束标志。

函数值：操作成功返回字符数组的起始地址，否则返回空指针。

B. puts( ) 函数

格式：puts(字符数组名或字符串常量)

作用：将一个字符串（必须以‘\0’作为结束标志）输出到终端，一次只能输出一个字符串。

函数值：调用成功时，返回换行（即输出字符串后换行），否则返回 EOF。

3）说明：

A. 用“% s”格式为字符数组输入字符串时，系统会自动在输入的有效字符后面附加一个‘\0’作为字符串结束标志。

B. 用 scanf( ) 函数输入字符串时，在遇到空格、换行符时结束输入；而用 gets( ) 函数时，只以换行作为输入结束，即用 gets( ) 输入的字符串中可以包含空格。

C. scanf( ) 函数和 printf( ) 函数的输入/输出项是字符数组名，而不是数组元素名。

D. 如果一个字符数组中有多个字符串结束标志‘\0’，则遇到第一个‘\0’时输出就结束。要想输出第一个‘\0’之后的字符，只能用 printf( ) 函数的“% c”格式逐个字符输出。

例如：

```
char s[20] = {'I', ' ', 'a', 'm', '\0', ' ', 'f', 'i', 'n', 'e',
'\0'};
printf("%s", s);
```

输出结果为：

```
I am
```

若改为：

```
for(i=0; i<20; i++)
   printf("%c", s[i]);
```

则输出结果为：

```
I am fine
```

例 5-12 用不同的函数输入字符串，并在屏幕上输出。

```
#include <stdio.h>
main()
{
   char s1[20], s2[20];
   gets(s1);
   scanf("%s", s2);
   puts(s1);
   puts(s2);
   printf("s1:%s\ns2:%s\n", s1, s2);
}
```

运行程序，输入为：

```
Thank you!
Good morning!
```

则输出为：

```
Thank you!
Good
s1: Thank you!
s2: Good
```

（3）字符串连接 strcat( )函数：

格式：strcat(字符数组 1，字符数组 2)

作用：连接两个字符数组中的字符串，去掉字符串 1 的结束标志‘\0’，把字符串 2 接到字符串 1 的后面，结果放在字符数组 1 中。

函数值：返回字符数组 1 的首地址。

例如：

```
char str1[30] = {"Good"}, str2[10] = {" morning"};
strcat(str1, str2);
```

输出 str1 为：Good morning

说明：

1）字符数组1必须足够大，以便存放连接后的新字符串。

2）连接前两个字符串的后面都有一个‘\0’，连接时将字符串1后面的‘\0’取消，只在新串最后保留一个‘\0’。

（4）字符串拷贝函数strcpy()：

格式：strcpy(字符数组1，字符串2)

作用：将字符串2复制到字符数组1中。

函数值：返回字符数组1的首地址。

例如：

```
char str[30];
strcpy(str, "China");
```

说明：

1）字符数组1必须是一个字符数组名，字符串2可以是一个字符串常量，也可以是一个字符数组名。

2）字符数组1必须定义得足够大，以便容纳被复制的字符串。字符数组1的长度不应小于字符串2的长度。

3）复制时，连同字符串2的‘\0’一起复制到字符数组1中。

4）可用来实现两个字符数组间的整体赋值。

例如：

```
char str1[10], str2[] = "China";
strcpy(str1, str2);
```

将字符串str2赋给str1。

若将第二条语句写成："str1 = str2;"则是错误的。因为不能用赋值语句将一个字符串常量或字符数组直接赋给一个字符数组。

（5）字符串比较函数strcmp()：

格式：strcmp(字符串1，字符串2)

作用：将两个字符串按ASCII码值，从左至右逐个字符进行比较，直到出现不同的字符或遇到‘\0’为止。

函数值：当字符串1等于字符串2时，返回值为0；当字符串1大于字符串2时，返回值为一正整数；当字符串1小于字符串2时，返回值为一负整数。例如：

```
strcmp("China", "Korea");
```

由于串1和串2的第一个字符就不相同，且字符"K"的ASCII码值比字符"C"大，所以函数的返回值为一负整数。

注意：对两个字符串比较，不能用以下形式：

```
if(str1 == str2) printf("str1 = str2");
```

而只能用：

```
if(strcmp(str1, str2) == 0) printf("str1 = str2");
```

例5-13　输入两个字符串进行比较。

```
#include <stdio.h>
main()
```

```
{
  char str1[20], str2[20];
  printf("\nPlease input string1:");
  gets(str1);
  printf("Please input string2:");
  gets(str2);
  if(strcmp(str1, str2)>0)      printf("string1 > string2");
  if(strcmp(str1, str2)==0)     printf("string1 = string2");
  if(strcmp(str1, str2)<0)      printf("string1 < string2");
}
```

运行程序，若输入为：

    Please input string1: Beijing ↙
    Please input string2: Shanghai ↙

则输出为：

    string1 < string2

若输入为：

    Please input string1: Beijing ↙
    Please input string2: Beidaihe ↙

则输出为：

    string1 > string2

若输入为：

    Please input string1: Beijing ↙
    Please input string2: Beijing ↙

则输出为：

    string1 = string2

例 5－14 编制一个密码检验程序：当程序开始运行时提示输入密码，输入正确继续运行，否则终止程序的运行。

```
#include <stdio.h>
#include <string.h>
main()
{
  char pa[40];
  printf("Input password: \n");
  gets(pa);
  if(strcmp(pa, "pass")==0)        /* 设密码为 pass */
    printf("right password");
  else
    printf("invalid password");
}
```

(6) 字符串长度测试函数 strlen( ):

格式: strlen(字符数组)

作用: 用来测试以'\0'结束的字符串的长度, 结束标志'\0'不计在内。

函数值: 返回字符串的长度。

例如:

```
char s[10] = "China";
printf("%d", strlen(s));
```

输出结果不是10, 也不是6, 而是5。

也可以直接测试字符串常量的长度, 如

```
strlen("China");
```

5.3.3 字符数组应用举例

例5-15 编写一个程序, 将两个字符串连接起来。

方法一: 不使用字符串处理函数。

```
#include <stdio.h>
main()
{
  char s1[80], s2[40];
  int i, j;
  printf("\nInput string1:");
  gets(s1);
  printf("Input string2:");
  gets(s2);
  i=0;
  while(s1[i]!='\0') i++;          /*计算数组 s1 中字符串的长度*/
  j=0;
  while(s2[j]!='\0')          /*将字符串 s2 接在字符串 s1 的后面*/
    {
      s1[i]=s2[j];
      i++;
      j++;
    }
  s1[i]='\0';
  printf("The new string is:%s", s1);
}
```

方法二: 使用字符串连接函数 strcat( )。

```
#include <stdio.h>
#include <string.h>
main()
{
```

```
    char s1[80], s2[40];
    int i, j;
    printf(" \nInput string1:");
    gets(s1);
    printf("Input string2:");
    gets(s2);
    strcat(s1, s2);
    printf("The new string is:%s", s1);
}
```

运行结果为：

```
Input string1: country↙
Input string2: side↙
The new string is: countryside
```

例 5－16 从键盘输入三个字符串，找出其中最大者输出。

```
#include <stdio.h>
main()
{
    char str1[20], str2[20], str3[20], string[20];
    printf(" \nPlease input string1:");
    gets(str1);
    printf("Please input string2:");
    gets(str2);
    printf("Please input string3:");
    gets(str3);
    if(strcmp(str1, str2)>0)
        strcpy(string, str1);
    else
        strcpy(string, str2);
    if(strcmp(str3, string)>0)
        strcpy(string, str3);
    printf(" \nThe largest string is:%s\n", string);
}
```

运行结果为：

```
Please input string1: Beijing↙
Please input string2: Shanghai↙
Please input string3: Tianjin↙
The largest string is: Tianjin
```

小　结

本章主要介绍了数组的定义、初始化和使用。

1. 数组是具有相同数据类型且按一定次序排列的数据的集合。根据下标的个数，数组分为一维数组、多维数组，数组必须先定义后使用。

2. 数组在内存中按下标的次序连续存放，数组名是存储区的首地址。

3. 使用数组（主要是数值型数组）时，只能对数组元素进行操作，不能对数组进行整体引用。而字符型数组，除了可以对数组元素进行操作外，还可以整体的引用。

4. 给数组元素赋值的方法有两种：

（1）在数组定义时初始化。

对字符数组的元素，可以逐个字符赋值，也可用字符串赋值。

（2）用赋值语句或输入语句。

5. 字符数组和字符串是不同的概念。

字符串存放在字符数组中。字符串以‘\0’作为结束标志。当字符数组中存放的是字符串时，最后一个字符（不一定是最后一个数组元素）必须是‘\0’。定义字符数组时，数组长度至少要比字符串中字符个数多1，以便保存字符‘\0’。

6. 使用数组时，要防止下标越界。

思考与练习

1. 选择题

（1）若有以下语句，则下面（　　）是正确的描述。

char s1[ ] ="12345";

char s2[ ] = {'1', '2', '3', '4', '5'};

A. s1 数组和 s2 数组的长度相同　　B. s1 数组长度大于 s2 数组长度

C. s1 数组长度小于 s2 数组长度　　D. s1 数组等价于 s2 数组

（2）为了判断两个字符串 str1 和 str2 是否相等，应当使用（　　）。

A. if(str1 == str2)　　B. if(str1 = str2)

C. if(strcpy(str1, str2))　　D. if(strcmp(str1, str2) ==0)

（3）以下一维数组 a 的正确定义是（　　）。

A. int a(10);

B. int n =10, a[n];

C. int n;
   scanf("%d", &n);
   int a[n];

D. #define SIZE 10
   int a[SIZE];

（4）以下能对二维数组 s 进行正确初始化的语句是（　　）。

A. int s[2][ ] = {{1, 0, 1}, {5, 2, 3}};

B. int s[ ][3] = {{1, 2, 3}, {4, 5, 6}};

C. int s[2][4] = {{1, 2, 3}, {4, 5}, {6}};

D. int s[ ][3] = {{1, 0, 1}, { }, {1, 1}};

(5) 对以下说明语句的正确理解是（　　）。

int a[10] = {6, 7, 8, 9, 10};

A. 将 5 个初值依次赋给 a[1]至 a[5]

B. 将 5 个初值依次赋给 a[0]至 a[4]

C. 将 5 个初值依次赋给 a[6]至 a[10]

D. 因为数组长度与初值的个数不相同，所以此语句不正确

(6) 若有说明：“int a[ ][3] = {1, 2, 3, 4, 5, 6, 7};”，则 a 数组第一维的大小是（　　）。

A. 2　　B. 3　　C. 4　　D. 无确定值

(7) 若二维数组 a 有 m 列，则计算任一元素 a[i][j] 在数组中位置的公式为（　　）（假设 a[0][0] 位于数组的第一个位置上）。

A. i * m + j　　B. j * m + i　　C. i * m + j - 1　　D. i * m + j + 1

(8) 有两个字符数组 a[40], b[40]，则以下正确的输入语句是（　　）。

A. gets(a, b);　　B. scanf("%s%s", a, b);

C. scanf("%s%s", &a, &b);　　D. gets("a"); gets("b");

(9) 下面对字符数组的描述中错误的是（　　）。

A. 字符数组可以存放字符串

B. 字符数组中的字符串可以整体输入输出

C. 可以在赋值语句中通过赋值运算符“=”对字符数组整体赋值

D. 不可以用关系运算符对字符数组中的字符串进行比较

(10) 有下面程序段，则（　　）。

```
char a[3], b[ ] = "China";
a = b;
printf("%s", a);
```

A. 运行后将输出 China　　B. 运行后将输出 Ch

C. 运行后将输出 Chi　　D. 编译出错

(11) 定义以下变量和数组：

```
int i;
int x[3][3] = {1, 2, 3, 4, 5, 6, 7, 8, 9};
```

则下面语句的输出结果是（　　）。

```
for(i = 0; i < 3; i++)    printf("%d", x[i][2 - i]);
```

A. 1　5　9　　B. 1　4　7　　C. 3　5　7　　D. 3　6　9

(12) 不能把字符串“Hello!”赋给数组 b 的语句是（　　）。

A. char b[10] = {'H', 'e', 'l', 'l', 'o', '!', '\0'};

B. char b[10], b = "Hello!";

C. char b[10]; strcpy(b, "Hello!");

D. char b[10] = "Hello!";

(13) 当执行下面程序且输入“ABC”时，则输出的结果是（　　）。

```
#include <stdio.h>
#include <string.h>
main()
{ char ss[10] = "12345";
  strcat(ss, "6789");
  gets(ss);
  printf("%s\n", ss);
}
```

A. ABC　　B. ABC9　　C. 123456ABC　　D. ABC456789

（14）调用 strlen(“abcd\0ef\0g”) 的结果为（　　）。

A. 4　　B. 5　　C. 8　　D. 9

（15）已知：“char str1[10], str2[10] =“books”;”，则在程序中能够将字符串 books 赋给数组 str1 的正确语句是（　　）。

A. str1 = {“books”};　　B. strcpy(str1, str2);

C. str1 = str2;　　D. strcpy(str2, str1);

（16）若有说明“int a[10];”，则对数组元素的正确引用是（　　）。

A. a[10]　　B. a[3.5]　　C. a(5)　　D. a[10 - 10]

（17）已知：“int a[3][4];”，则对数组元素的非法引用是（　　）。

A. a[0][2 * 1]　　B. a[1][3]　　C. a[4 - 2][0]　　D. a[0][4]

（18）在 C 语言中，二维数组元素在内存中的存放顺序是（　　）。

A. 按行存放　　B. 按列存放

C. 由用户自己定义　　D. 由编译器完成

（19）下面是对 s 的初始化，其中错误的是（　　）。

A. char s[5] = {“abc”};　　B. char s[5] = {‘a’, ‘b’, ‘c’};

C. char s[5] = “ ”;　　D. char s[5] = “abcde”;

（20）下面的程序，其运行结果是（　　）。

```
char c[5] = {'a', 'b', '\0', 'c', '\0'};
printf("%s", c);
```

A. ‘a’ ‘b’　　B. ab

C. ab c　　D. 前三个答案均有错误

2. 填空题

（1）下面程序的运行结果是__________。

```
main()
{
  char a[3][10] = {"PC-286", "PC-386", "PC-486"};
  int i;
  for(i = 0; i <= 2; i++)
    printf("%s\n", a[i]);
}
```

（2）下面程序的运行结果是__________。

```
#include < stdio. h >
main( )
{
  char str[30];
  scanf("%s", str);
  printf("%s\n", str);
}
```

执行时输入：Fortran Language

（3）下面程序的运行结果是__________。

```
#include < stdio. h >
main( )
{
  char str[30];
  gets(str);
  printf("%s\n", str);
}
```

执行时输入：Fortran Language

（4）以下程序用于求出一个 3×4 矩阵中的最大元素值，以及其所在的行号和列号。

```
main( )
{
  int i, j, row, col, max;
  int a[3][4] = {{1, 2, 3, 4}, {9, 8, 7, 6}, {-10, 10, -5, 2}};
  max = a[0][0];
  row = ____(1)____; col = ____(2)____;
  for(i=0; i<=2; i++)
    for(j=0; j<=3; j++)
      if(____(3)____)
      {max = ____(4)____;
       row = ____(5)____;
       col = ____(6)____;
      }
    printf("max=%d, row=%d, col=%d\n", max, row , col);
}
```

（5）下面程序段的功能是输出两个字符串中对应相等的字符。

```
char x[ ] = "programming";
char y[ ] = "Fortran";
main( )
{
```

```
    int i =0;
    while(x[i]!='\0' &&y[i]!='\0')
      if(x[i]==y[i]) printf("%c", __________);
      else   i++;
}
```

（6）下面程序的运行结果是__________。

```
#include <stdio.h>
#include <string.h>
main()
{
    char a[ ] = "Monday";
    char b[ ] = "day";
    strcpy(a, b);
    printf("%s\n%s\n", a, b);
    printf("%c,%c\n", a[4], a[5]);
}
```

（7）下面程序以每行4个数据的形式输出数组a，请填空。

```
#define N 20
main()
{
    int a[N], i;
    for(i=0; i<N; i++)
        scanf("%d", ____(1)____);
    for(i=0; i<N; i++)
    {
      if(____(2)____)     ____(3)____;
      printf("%3d", a[i]);
    }
}
```

（8）下面程序的运行结果是__________。

```
main()
{
    static char a[ ] = "-12345";
    int k =0, symbol, m;
    if(a[k]=='+'||a[k]=='-')
      symbol=(a[k++]=='+')? 1: -1;
    for(m=0; a[k]>='0' &&a[k]<='9'; k++)
      m=m*10+a[k]-'0';
    printf("number=%d", symbol*m);
```

}

3. 编程题

（1）使用选择法，对输入的20个整数从小到大进行排序。20个整数用scanf函数输入。

（2）数组中的数已按升序排好，现从键盘输入一个数，插入数组后，数组中的数仍按升序排列。

（3）将一个数组中的数按逆序存放。例如，原来顺序为8，6，5，4，2，要求改为2，4，5，6，8。

（4）从键盘输入10个整型数据放到数组中，找出其中最大的元素及其所在的下标。

（5）一个数组有10个元素，将前5个数与后5个数的位置对换。

（6）将下面排好的数据存入数组a[4][3]，按行求元素之和并显示在每一行的最后。

25　13　32
10　20　45
22　31　15
11　40　26

（7）求一个4×4矩阵的对角线元素之和，并找出对角线元素中的最大值。

（8）找出五个字符串中最长的字符串。

（9）将字符串s2中的前m个字符存到字符数组s1中，并在结尾加上一个‘\0’。不能使用系统提供的strcpy字符串处理函数。

（10）输入一行字符，统计其中有多少个单词，单词之间用空格分隔开。

第6章　函　数

6.1　概述

通过前面的学习，我们已经掌握了简单程序设计的方法。但是，随着问题复杂程度的增加，简单的程序设计已经不能满足我们解决问题的需要。一般地，复杂问题的解决方法是采用模块化编程，在C语言中，模块化编程是用函数来实现的。函数是C语言中最重要的构成元素，可以说，C语言程序的运行就是靠函数调用来驱动的。

一个C语言程序可由一个主函数和若干个函数构成。由主函数调用其他函数，其他函数也可以互相调用。同一个函数可以被一个或多个函数调用任意多次。图6－1是程序设计中函数调用关系示意图。这种层次结构设计方法称为自顶向下、逐步细化的程序设计。

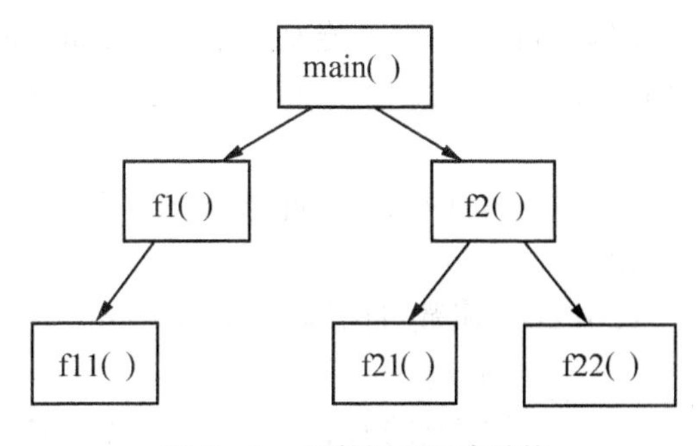

图6－1　函数调用层次结构

在程序设计中，经常将一些常用的计算或操作编写成函数放在函数库中，以供随时调用。利用函数，可以实现程序的模块化，程序设计得简单和直观，提高程序的易读性和可维护性。程序设计人员要善于利用函数，以减少重复编写程序段的工作量。

C语言函数设计的一般原则为：

（1）界面清晰。函数的处理任务明确，函数之间数据传递越少越好。

（2）大小适中。函数太大，处理任务复杂，导致结构复杂，程序可读性差；反之，若函数太小，则程序调用关系复杂，这样会降低程序的效率。

以下是一个简单的函数调用的例子。

例6－1　编写程序，求长方形的面积。

```
# include <stdio.h>
float area(float a, float b)          /* 输出长方形的面积函数 */
{ float s;
  s = a * b;
  return(s);
}
```

```
main()                              /* 主函数 */
{
  float a, b, s;
  scanf("%f,%f", &a, &b);
  s = area(a, b);                   /* 调用 area 函数 */
  printf("s = %f", s);
}
```

运行情况如下：

```
4, 5↙
s = 20.000000
```

area 是用户自定义的函数，用于实现长方形的面积算法，函数名前的 float 为函数类型，即函数结束时会返回一个 float 类型的数据，括号里为函数形式参数定义。其中 scanf 和 printf 函数为数据输入和输出函数，前面内容已经多次用到。

说明：

（1）程序中共包含两个函数 main 和 area 。一个 C 语言程序是由一个或多个函数组成，但必须有一个且只能有一个名为 main 的主函数，函数名是系统统一定义的，内容则是用户自己编写的。无论 main 函数位于程序的什么位置，C 语言程序总是从 main 开始执行的。

（2）C 语言中的函数都是独立、平等的，没有从属关系。函数不能嵌套定义，可以互相调用。

（3）main 函数可以调用其他任何一个函数，而其他函数不能调用 main 函数，main 函数由操作系统调用。

（4）一个完整的 C 语言程序可以由多个源文件组成。每个 C 文件可含有若干函数，但只能有一个含有 main 函数。编译以 C 文件为单位，而不是以函数为单位进行的。优点是，一个大的软件可划分成模块实现多人合作，分别编写、编译、调试，可将调试好的函数集中存放在一些 C 文件中，其他函数编译时它们不再参加编译。

（5）程序中使用的函数，从用户使用的角度看，分为两类。

1）标准库函数。由 C 系统提供，用户不需要定义而直接使用它们，也不必在程序中作类型说明，只需在程序前注明包含该函数原型的头文件，便可以在程序中直接调用。在前面各章的例题中反复用到的 printf、scanf、getchar、putchar、gets、puts 等函数均属此类，一般都包含在 stdio. h 文件中。C 语言提供了极为丰富的库函数（如 Turbo C、MS C 都提供了 300 多个库函数），按功能可分为：类型转换函数、字符判别与转换函数、字符串处理函数、标准 I/O 函数、文件管理函数、数学运算函数等，这些库函数分别在不同的头文件中声明（详细情况可参看附录 D）。使用库函数应知道其函数名及其功能。

2）用户定义函数。由用户根据需要编写的函数，对于用户自定义函数，不仅要在程序中定义函数本身，而且在主调函数模块中还必须对被调用函数进行类型说明，然后才能使用，即必须先定义后使用，如例 6－1 中的 area 函数。本章的内容主要是介绍如何定义函数和调用函数。

6.2　函数的定义和调用

在数学中，每个函数规定了对自变量实施的某些运算。例如平方根函数 $y=\sqrt{x}$，就是对自变量x进行开平方运算。C语言对函数的概念进行了拓展，不仅是对自变量进行某些运算，而且可对自变量进行某些操作（如打印输出），甚至根本没有自变量，完全是一个处理过程。因此，C语言中的“函数”实际上是“功能”的意思，当需要完成某种功能时，就用一个函数来实现它。C语言程序处理过程全部都是以函数形式出现的，最简单的程序至少也有一个main函数。函数必须先定义和声明后才能调用。

6.2.1　函数定义的一般形式

在C语言中，函数的定义形式分为无参函数定义形式和有参函数定义形式。

1. 无参函数的一般形式

```
类型说明符　函数名()
{ /* 函数体 */
  类型说明
  语句部分
}
```

说明：

(1) 类型说明符和函数名称为函数首部。类型说明符指明了本函数的类型，它实际上是函数返回值的类型。如果不要求函数有返回值，此时函数类型符可以写为void。

(2) 函数名是由用户定义的标识符，其规定与变量名规定相同，应简洁好记，见名知义。函数名后有一对圆括号，其中无参数，但括号不可少，在C语言中“()”一般是函数的标志。

(3) “{}”中的内容称为函数体。函数体由两部分组成，一是类型说明，即声明部分，是对函数体内部所用到的变量的类型说明；二是语句，即执行部分。

(4) 函数的定义位置必须在任意函数之外，且不能嵌套定义。

例如：

```
void Hello()
{
  printf ("hello, world! \n");
}
```

这里，Hello为函数名，Hello()是一个无参函数，当被其他函数调用时，输出“hello，world!”字符串。

2. 有参函数的一般形式

```
类型说明符　函数名（形式参数表）
{ /* 函数体 */
  类型说明
  语句部分
}
```

说明：

（1）有参函数比无参函数多了一个形式参数表（简称形参）。它可以有多个参数，每个参数之间必须用逗号隔开，每个形式参数必须说明其数据类型，数据类型和形参变量之间必须用空格隔开，即：参数类型　形参 1，参数类型　形参 2，…

（2）传统风格的形式参数表可以表示为如下形式：

```
类型说明符  函数名()
形式参数表列声明
{ /*函数体*/
  类型说明
  语句部分
}
```

对形参的声明，传统风格是在函数定义的第 2 行，不在第 1 行的括号内指定形参的类型，而是在括号外单独定义。这种格式不易于编译系统检查，一般不再采用。ANSI C 的新标准中把对形参的类型说明合并到形参表中，称为“现代格式”。现代格式在系统编译时易于对形参进行检查，从而保证了函数说明和定义的一致性。

例 6-2　定义一个函数，分别用现代风格和传统风格求两个数中的最大数。

```
int max(int a, int b)          /* 函数 max()定义和形参声明 */
{
  int c;                       /* 局部变量声明 */
  if(a>b)   c=a;               /* 执行语句 */
  else c=b;
  return(c);                   /* 返回语句 */
}
```

传统风格：

```
int max(a, b)                  /* 指定形参 */
int, int ;                     /* 指定形参数据类型 */
{
  int c;
  if(a>b)   c=a;
  else c=b;
  return(c);
}
```

函数的作用是：比较 a 和 b 两个数的大小，将最大的赋值给 c，其中 a 和 b 是形参，最后通过语句 return 返回最大值 c 给主调函数。在进行函数调用时，主调函数将实际参数的值传递给被调用函数的形式参数 a 和 b。

函数调用主程序如下：

```
#include <stdio.h>
main()
{
```

```
    int max(int a, int b);        /* 函数说明 */
    int x, y, z;
    printf("input two numbers: \n");
    scanf("%d,%d", &x, &y);
    z = max(x, y);                /* 函数调用实参 x 和 y 传递给形参 a 和 b */
    printf("max number = %d", z);
}
```

根据以上分析可以看出，函数定义分为两大部分：函数首部和函数体。函数首部由函数类型、函数名及参数表列组成；函数体部分由局部变量声明语句、语句序列及返回语句组成。

如果在定义函数时不指定函数类型，系统会隐含指定函数类型为 int 型。因此，上面定义的 max 函数左端的 int 可以省略。这是 C 原始版本的规定，为了增加清晰度，C99 和 C++都删除了这一隐含规则。

3. 空函数　空函数是既没有内部数据说明也没有执行语句的函数。例如：void dummy() { } 函数，即函数体为空。调用此函数时，什么也不做，没有任何实际作用。空函数的空是暂时的，起形式作用，声明这么一个函数的目的是等以后扩充函数功能时补充上具体内容，目前暂时先占一个位置。空函数在程序设计中是有实际意义，有利于模块化设计，使程序结构清晰，可读性好，防止遗漏，并有利于扩充。

6.2.2　函数调用

1. 函数调用的一般形式　函数定义一旦完成，我们就可以通过函数名来调用函数，执行函数体的内容，其过程与其他语言的子程序调用相似。C 语言中，函数调用的一般形式为：

函数名（实际参数表）；

如果是调用无参函数，则没有实际参数表，但括号不能省略。实际参数表中的参数可以是常量、变量或其他构造类型数据及表达式。如果实际参数表包含多个实参，则各实参之间用逗号分隔。实参与形参的个数应相等，类型应匹配。实参与形参按顺序一一对应传递数据。

2. 函数的调用方式　在 C 语言中，按照函数在程序中出现的位置，函数的调用方式有三种：

（1）函数表达式：函数作为表达式中的一项出现在表达式中，要求函数返回值参与表达式的运算。这种方式要求函数是有返回值的。例如：

```
c = 5 * max(a, b) + 10;
```

是一个赋值表达式，把 max 的返回值乘以 5，再加 10 后赋值变量 c。

（2）函数语句：把函数调用作为一个独立语句使用，仅进行某些操作而不返回函数值。例如：

```
printf("%d\n", a);
```

这时不要求函数有返回值，只要求函数完成一定的操作。

（3）函数实参：函数作为另一个函数调用的实际参数出现。这种情况是把该函数的返回值作为实参进行传送，因此要求该函数必须是有返回值的。例如：

```
printf("%d\n", max(a, b));
```

其中，max(a，b) 是一次函数调用，它的返回值又作为 printf 函数的实参来使用。

另外，在函数调用中还应该注意的一个问题是求值顺序的问题。所谓求值顺序，是指对实参表中各量是自左至右使用还是自右至左使用。

例 6-3 实参求值顺序。

```
#include <stdio.h>
main()
{
  int i = 8;
  printf("%d%4d%4d%4d\n", ++i, --i, i++, i--);
}
```

如果按照自右至左的顺序求值。例 6-3 的运行结果应为：

```
8   7   7   8
```

如果对 printf 语句中的 ++i，--i，i++，i-- 从左至右求值，运行结果应为：

```
9   8   8   9
```

应特别注意的是，无论是自左至右求值，还是自右至左求值，其输出顺序都是不变的，即输出顺序总是和实参表中实参的顺序相同，不同的是求值顺序。由于 Turbo C 限定是自右至左求值，所以结果为“8　7　7　8”。

3. 函数的声明　在主调函数中调用另一函数（即被调用函数）需要满足如下条件：

（1）首先被调用的函数必须是已经存在的函数（是库函数或用户自己定义的函数）。

（2）如果使用库函数，一般还应该在本文件开头用#include 命令将调用有关库函数时所需用到的信息包含到本文件中来。例如，前面已经使用过的命令：

```
#include <stdio.h>
```

其中“stdio. h”是一个“头文件”。在“stdio. h”文件中含有输入输出库函数所用到的一些宏定义信息。如果不包含“stdio. h”文件中的信息，就无法使用输入输出库中的函数。例如，printf 函数、scanf 函数等。

（3）如果使用用户自己定义的函数，而且该函数与主调函数在同一个文件中，一般还应该在主调函数中对被调函数作声明，即向编译系统声明将要调用此函数，并将有关信息通知编译系统。如例 6-2，对被调用函数声明：

```
int max(int a, int b);
```

其实，在函数声明中也可以不写形参名，而只写形参的类型，如上面的声明可以写成：

```
int max(int, int );
```

编译系统只检查参数个数和函数类型，而不检查参数名。

在 C 语言中，以上的函数声明称为函数原型。在函数被调用之前首先用函数原型对函数进行声明，这与使用变量之前要先对变量进行说明是一样的。对于使用的库函数文件，用文本工具（如记事本）打开可以看到，其内容也是一些函数声明。

需要注意的是，对函数的“定义”和“声明”不是一回事。“定义”是指对函数功能的实现部分，包括指定函数名、函数值类型、形参及其类型、函数体等，它是一个完整的、独立的函数单位。而“声明”的作用是向编译系统声明将要调用此函数，并把函数的名字、函数类型以及形参的类型、个数和顺序等有关信息通知编译系统，以便在调用该函数时系统按此进行对照检查，例如函数名是否正确，实参与形参的类型和个数是否一致等。声明在前，没有函数体。

从程序中可以看到对函数的声明与函数定义首部基本上是相同的，只差一个分号，因此可以简单地照写已定义的函数的首部，再加一个分号，就成为了对函数的“声明”。

函数声明的一般形式为：

（1）函数类型　函数名（参数类型1，参数类型2，…，参数类型n）；

（2）函数类型　函数名（参数类型1　形参1，参数类型2　形参2，…，参数类型n　形参n）；

其中，第一种形式是基本的形式。为了便于阅读程序，也允许在函数原型中加上参数名，就成了第二种形式。但编译系统不检查参数名，因此参数名是什么都无所谓，并不要求和函数的定义处保持一致。

说明：

（1）应当保证函数原型与函数首部写法上的一致，即函数类型、函数名、参数个数、参数类型和参数顺序必须相同。函数调用时函数名、实参个数应与函数原型一致。实参类型必须与函数原型中的形参类型赋值兼容，如果不兼容，就按出错处理。

（2）以前的C版本的函数声明方式不是采用以上函数声明方式，而只声明函数名和函数类型。例如：

```
int max( );
```

其中不包括参数类型和参数个数，系统不检查参数类型和参数个数。现在也兼容这种用法。但不提倡这种用法，因为它未进行全面的检查。

（3）当被调用函数的定义出现在主调函数之前，可以不必加以声明。因为编译系统已经预先知道了已定义的函数类型，会根据函数首部提供的信息对函数的调用作正确性检查。例如，例6-2中如果将函数max的定义放在main函数之前，则在main函数中省去对max函数的函数声明：“int max(int a, int b);”。

（4）函数声明位置：

1）在所有函数定义之前。这是最清晰的一种表示方法，便于查找、管理，如程序1所示。因为在文件头部，第1~3行对f1、f2和f3函数事先作了说明，因此编译系统从声明中已经知道函数的有关信息，所以不必在以后各主调函数中再进行声明。

2）在所有函数的外部（或者说在函数与函数之间）、被调用函数之前，如程序2所示。

3）在调用函数的内部说明部分，如程序3所示。声明的函数可与同类变量写在同一行。

```
float f1(float x,float y);
float f2(float,float);
float f3(float a,float b);
main()
{
  float a=98.7,b=43.2;
  printf("s=%f",f1(a,b));
}
float f1(float x,float y)
{
return f2(x,y)*f3(x,y);
}
float f2(float g,float r)
{
  return g+r;
}
float f3(float u,float v)
{
  return u-v;
}
```

程序 1

```
float f1(float x,float y);
main()
{
float a=98.7,b=43.2
printf("s=%f",f1(a,b));
}
float f2(float,float);
float f3(float a,float b);
float f1(float x,float y)
{
  return f2(x,y)*f3(x,y);
}
float f2(float g,float r)
{
  return g+r;
}
float f3(float u,float v)
{
  return u-v;
}
```

程序 2

```
main()
{
float a=98.7,b=43.2
float f1(float x,float y);
printf("s=%f",f1(a,b));
}
float f1(float x,float y)
{
  float f2(float,float);
  float f3(float a,float b);
  return f2(x,y)*f3(x,y);
}
float f2(float g,float r)
{
  return g+r;
}
float f3(float u,float v)
{
  return u-v;
}
```

程序 3

（5）对库函数的调用不需要再声明，但必须把该函数声明所在的头文件用 include 宏命令包含在源文件的前部。

4. 程序举例

例 6-4 编写一函数，求 x 的 n 次方的值，其中 n 是整数。

分析：

（1）求任意 n 个 x 的乘积，可把 x 和 n 作为函数的形参，数据从主调函数里传递，以增加程序的灵活性，其程序流程图如图 6-2 所示。

（2）用循环结构来实现该算法。

```
#include <stdio.h>
double power(double, int);              /* 函数声明 */
main()                                  /* 主调用函数 */
{
  double x, f;
  int n;
  printf("Enter two numbers: x, n! \n");
  scanf("%lf,%d", &x, &n);
  f=power(x, n);                        /* 函数调用 */
  printf("Value=%6.2lf\n", f);
```

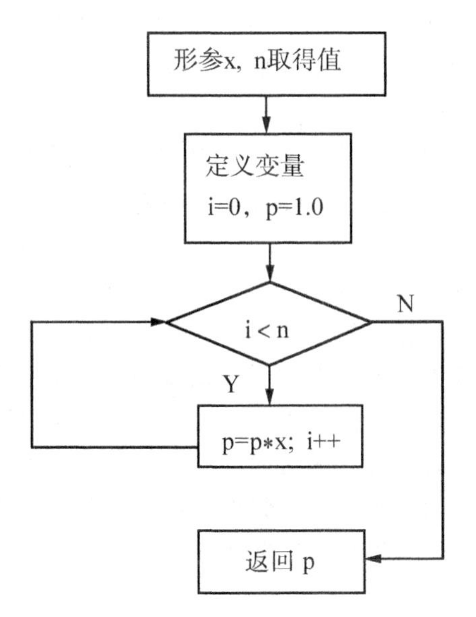

图6-2　求x的n次方的流程

```
}
/* 函数定义 */
double power(double x, int n)          /*  函数头  */
{ /*  函数体  */
   int i = 0;
   double p = 1.0;
   while (i < n)
  { p = p * x; i ++ ; }
   return(p);
}
```

注意：x，f定义为double类型，它的格式控制符为%lf，不要写成%f，以避免出错。

6.2.3　函数的参数和函数的值

1. 函数的形式参数与实际参数　因为无参函数没有形式参数，这里指的是有参函数。函数的参数分为两种：形式参数和实际参数。在函数定义的时候声明的参数称为形式参数，简称形参；在函数调用的时候使用到的参数称为实际参数，简称实参。

形参出现在函数定义中，在整个函数体内都可以使用，离开该函数则不能使用，它主要用来接收从主调函数传递过来的数据。实参出现在主调函数中，进入被调函数后，实参变量也不能使用。形参和实参的功能是实现数据传递，进行函数调用时，实际上就是主调函数把实参的值赋给形参，从而实现主调函数向被调函数的数据传送。例如：

```
被调函数首部      add(float x, float y)
                         ↑        ↑        单向数值传递
主调函数内部      add(     a,       b)       /*a, b为float型*/
```

关于形参与实参的说明：

（1）在定义函数中指定形参变量后，在未出现函数调用时，它们并不占内存中的存储单元。只有在发生函数调用时，函数中的形参才被分配内存单元。在调用结束后，形参所占的内存单元也被释放，不能再使用该形参。

（2）实参可以是常量、变量、表达式、函数等，无论实参是何种类型的变量，在进行调用时，它们都必须具有确定的值，以便在调用时将实参的值赋给形参，因此，实参在使用前必须事先赋值。

（3）实参和形参，名称可相同也可不同，但参数个数、对应顺序上必须保持一致，在类型上应相同或兼容，否则，会发生“类型不匹配”错误。

如果实参为整型而形参为实型或者相反，则按不同类型数值间赋值规则进行转换。例如，被调函数形参 x 为整型，实参 a = 12.45 时，x 得到的是 12。字符型与整型可以兼容，如实参是整型或字符型表达式，与它相对应的形参可以是整型变量或字符型变量，但一定要注意字符型和整型的数值范围不同。在数据传递时，整型数据传递给字符型变量的值必须在 0 ~ 255 之间，否则形参的值与实参的值有可能不同（形参变量截取实参的低 8 位数据）。

（4）实参向形参传递数据，有两种方式：

实参 $\xrightarrow{\text{数值传递}}$ 形参　　　　实参 $\xrightarrow{\text{地址传递}}$ 形参

数值传递，也称传数值，如常量值、变量值、表达式值、数组元素值、函数值等，这些值都是由用户程序决定。地址传递，也称传地址，如变量地址、指针、数组名所代表的地址等，值由系统分配决定，用户不能指定。当然，地址也是数值，但两者有本质的区别。

（5）实参变量对形参变量的数值传递属于单向传递，只由实参传给形参，而不能由形参传回来给实参。函数结束后，不会自动把新的 x，y 值传回给 a，b。要达到回传的效果，就采用地址传递的方式进行。例如，add(float &x, float &y)，在形参前加取地址符 &。详细内容参看后面有关章节。

（6）函数调用，如果是数值传递，传递后实参仍保留原值并不改变。如果是地址传递，传递后实参地址的值也不会改变，但地址的内容可能会改变。

例 6－5　编程实现将主函数中的两个变量的值传递给 swap 函数中的两个形参，交换两个形参的值。

```
#include <stdio.h>
void swap(int, int);
main( )
{
  int x, y;
  printf("Enter two numbers: x, y! \n");
  scanf("%d,%d ", &x, &y);
  printf("Before x = %d, y = %d\n", x, y);
  swap(x, y);
  printf("After x = %d, y = %d\n", x, y);
```

```
}
void swap(int a, int b)
{
    int tmp;
    tmp = a; a = b; b = tmp;
}
```

程序运行结果：

```
Enter two numbers: x, y!
4, 5↙
Before x = 4, y = 5
After x = 4, y = 5
```

从程序运行结果可知，x 和 y 值并没有达到交换的目的，在函数被调用时，给形参分配存储单元，并将实参对应的值拷贝给形参，实参单元仍保留并维持原值。因此，调用结束后，形参单元被释放，形参值的改变对实参不起作用。在内存中，实参单元与形参单元是不同的单元，即具有不同地址。执行过程如图 6－3 所示。

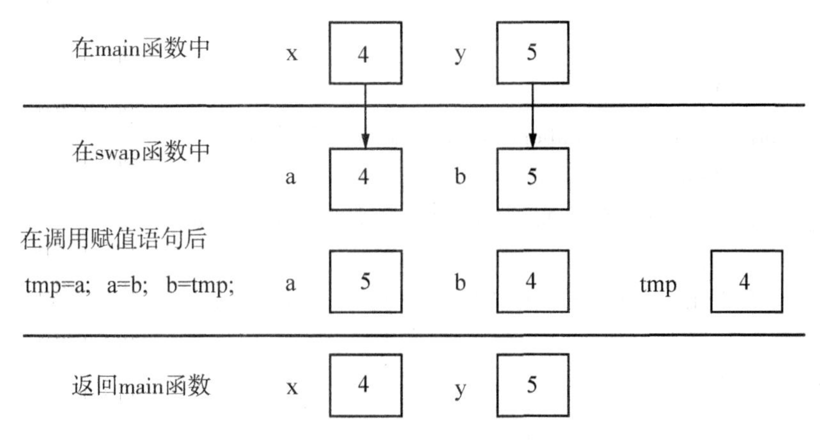

图 6－3　程序执行时变量的情况

这是一种"单向数值传递"方式。当函数调用结束后，形参的值无论是否发生变化，都不会将值赋给实参。如果形参是指针或数组名，则传递的是变量地址，形参和实参具有相同的内存单元，情况就不一样了，具体参看数组名作为函数参数及第八章指针内容。

2. 数组作为函数的参数　数组作函数参数包括两种情况，一种是数组元素作函数参数，另一种是数组名作函数参数。

（1）数组元素作函数实参：数组元素的使用与普通变量相同，因此它作为函数实参使用与普通变量是完全相同的，在发生函数调用时，把作为实参的数组元素的值传送给形参，实现单向的数值传送。可将例 6－5 改为数组元素作函数实参，其运行效果不变。

```
int a[2] = {3, 5};          /* 代替变量 x, y */
swap(a[0], a[1]);
```

（2）数组名作为函数参数：数组名作为函数参数时，要求实参和形参数组的类型相同，维数相同。在进行参数传递时是"地址传递"，也就是说是实参数组的起始地址传递给了形参数组，而不是将实参数组中的每一个元素一一传递给形参数组元素。其语法格式如下：

```
void swap(int a[])              /* []表示 a 为一维数组变量 */
void swap(int a[2])
void swap(int a[], int n)       /* 数组长度由 n 值动态地表示数组长度 a[n]*/
void score(int a[][])              /* [][] 表示 a 为二维数组变量 */
void score (int a[10][20])
void score (int a[][], int m, int n) /* 数组长度由 m, n 值动态地表示数组长
度 a[m], [n] */
```

多维数组格式依次类推。通过使用数组名作为函数参数实现了实参数组的值随着形参数组值的变化而变化。详细情况参看 8.8.2 数组名作为函数的参数内容，这里只作简单介绍。

例 6 -6 数组名作为函数参数。

```
#include <stdio.h>
void swap(int x[2]);
main()
{
  int a[2] = {3, 5};
  printf("Enter two numbers: a[0], a[1]! \n");
  scanf("%d,%d ", &a[0], &a[1]);
  printf("Before a[0] =%d, a[1] =%d\n", a[0], a[1]);
  swap(a);
  printf("After a[0] =%d,a[1] =%d\n", a[0], a[1]);
}
void swap(int x[2])
{
  int temp;
  temp =x[0]; x[0] =x[1]; x[1] =temp;
}
```

程序运行结果：

```
Enter two numbers: a[0], a[1]!
4, 5↙
Before a[0] =4, a[1] =5
After a[0] =5, a[1] =4
```

与例 6 -5 相比较，可以看出采用数组名作为函数参数时，在函数被调用后达到了数值交换的目的。

3. 函数的返回值　通常，希望通过函数调用使主调函数能得到一个确定的值，这就是函数的返回值（这与数学函数相类似）。下面对函数值作一些说明：

（1）return 语句：函数的返回值是通过 return 语句获得的。其基本语法格式：

return（表达式）；

return 语句将被调用函数中的一个确定值带回主调函数中，如果需要从被调用函数带回一个函数值（供主调函数使用），被调用函数中必须包含 return 语句。如果不需要从被调用函数带回函数值可以不要 return 语句。

1）return 语句后面的括弧也可以不要，如“return c;”与“return (c);”等价。

2）return 后面的值可以是一般的变量、常量，也可以是表达式，例如：

```
int max(int x, int y)
{ return (x > y? x:y); }
```

3）一个函数中可以有一个以上的 return 语句，执行到哪个语句，哪个语句起作用，并且要求每个 return 后面的表达式的类型应相同。

4）如果被调函数中没有 return 语句，并不带回一个确定的、用户所希望得到的函数值，但实际上，函数并不是不带回值，而只是不带回有用的值，带回的是一个不确定的值。

（2）函数值的类型。既然函数有返回值，这个值就应属于某一个确定的类型，应当在定义函数时指定函数值的类型。例如：

```
int max(int x, int y)        /* 函数值为整型 */
double min(int x, int y)     /* 函数值为双精度型 */
```

C 语言规定，凡不加类型说明的函数，一律自动按整型处理。为了便于以后代码在不同编译环境下重复使用，建议在定义时对所有的函数都要指定函数类型。

（3）在定义函数时指定的函数类型一般应该和 return 语句中的表达式类型一致。如果两者不一致，则以函数类型为准。对数值型数据，可以自动进行类型转换。即函数类型决定返回值的类型。

例 6-7　返回值与函数类型不同（变量的类型改动）。

```
#include <stdio.h>
int max(float a, float b);        /* 函数说明 */
main()
{
   float x, y;
   int z;
   printf("input two numbers:\n");
   scanf("%f%f", &x, &y);
   z = max(x, y);          /* 函数调用实参 x 和 y 传递给形参 a 和 b */
   printf("max number = %d", z);
}
int max(float a, float b)
{
   float c;
   if(a > b) c = a; else c = b;
   return(c);
```

```
}
```

运行结果如下：

3.5，4.5↙

max number =5

函数 max 定义为整型，而 return 语句中的 c 为实型，二者不一致，按上述规定，先将 c 转换为整型，然后 max 函数带回一个整型值 5 回主调函数 main。如果将 main 函数中的 z 定义为实型，用%f 格式符输出，则输出 5.000000。

（4）对于不带回值的函数，应当使用“void”定义为“空类型”。这样，系统就保证在函数中不能使用 return 带回任何值。但系统仍然允许 void 类型函数使用 return 语句，此时语句的作用是结束函数的运行，返回到主调函数。例如：

```
void output(char ch)
{
    if(ch == '\0' || ch == '\n')
    {
      printf("Error output! \n");
      return;
    }
    putchar(ch);
}
```

6.3 函数的嵌套调用和递归调用

6.3.1 函数的嵌套调用

在定义一个函数时，其函数体内又包含另一个函数的完整定义，称为函数的嵌套定义，如图 6-4 所示。而在 C 语言中，函数定义都是互相平行、独立的模块，无隶属关系，只存在调用和被调用的关系，除了主函数不能被其他函数调用外，其他函数之间都可以互相调用。

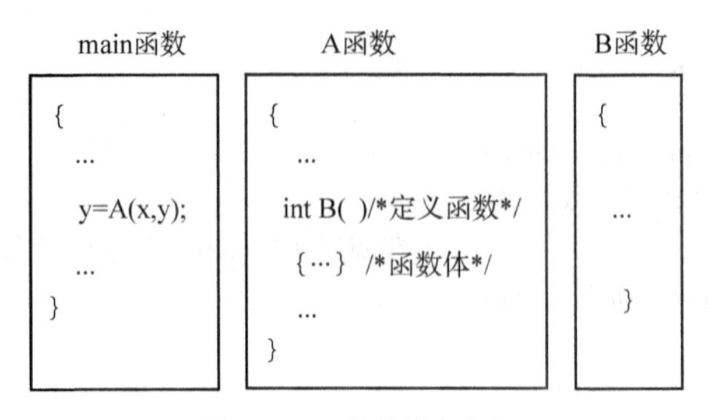

图 6-4 函数的嵌套定义

C 语言不允许函数嵌套定义，也就是说在定义函数时，一个函数内不能包含另一个函数，但可以在调用一个函数的过程中又调用另一个函数，这称为函数的嵌套调用。其关系表示如图6－5所示。

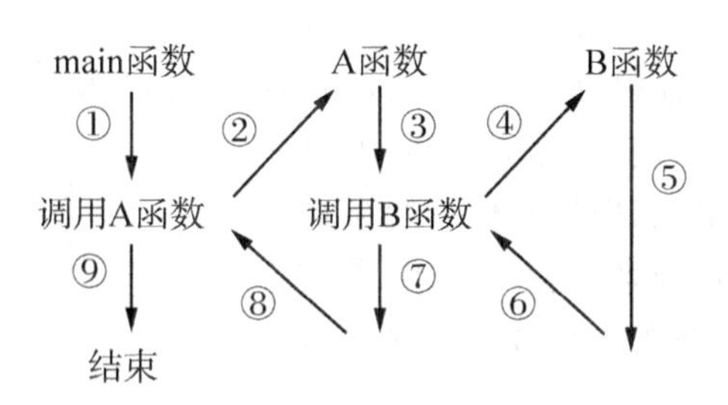

图6－5　函数的嵌套调用

图6－5表示的是两层嵌套，其执行过程是：①执行main函数的开头部分；②遇到调用A函数的操作语句，流程转去A函数；③执行A函数的开头部分；④遇到调用函数B的操作语句，流程转去函数B；⑤执行B函数，如果再无其他嵌套的函数，则完成B函数的全部操作；⑥返回B函数被调用处，即返回A函数；⑦继续执行A函数中尚未执行的部分，直到A函数结束；⑧返回main函数中A函数被调用处；⑨继续执行main函数的剩余部分直到结束。

例6－8　函数的嵌套调用。

```
#include <stdio.h>
int sub1(int n);
int sub2(int n);
main()
{
  int n=3;
  printf("%d\n", sub1(n));
}
int sub1(int n)
{
  int i, a=0;
  for (i=n; i>0; i--) a+=sub2(i);
  return (a);
}
int sub2(int n)
{
  return (n+1);
}
```

程序运行结果：9

主函数调用sub1函数，sub1函数又调用sub2函数，这就是函数的嵌套调用。

注意：

sub1函数既是被调函数又是主调函数。当主函数调用sub1函数后程序流程转到sub1函数执行；当sub1函数调用sub2函数时，程序流程转到sub2函数执行。当sub2函数执行到 return 语句时返回到主调函数 sub1 的调用点，接着执行 sub1 函数；在 sub1 函数执行到 return 语句时返回到主函数，接着执行主函数。

例 6－9　用弦截法求方程 $f(x)=x^3+2x^2+10x-20$ 的根。

分析：弦截法求解方程，根的收敛速度远不如牛顿切线法，但比牛顿切线法要求的条件低，不要求有一阶、二阶导数，只要求函数连续，在区间[x1，x2] 上函数值变号。程序设计思想按图 6－6 描述。

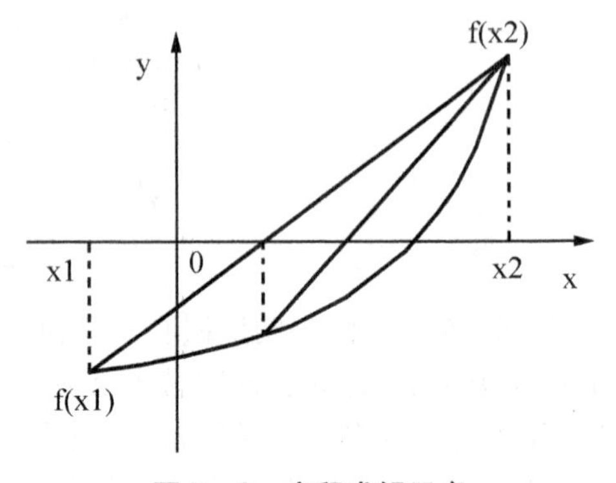

图 6－6　方程求解示意

(1) 试选小区间[x1，x2]，以保证根具有唯一性。如 f(x1)、f(x2) 异号，则[x1，x2]内必有根；如同号，修改 x1 或 x2，直到 f(x1)、f(x2) 异号为止。

(2) 连接 (x1，f(x1))、(x2，f(x2))，交 x 轴于 x。x 点的坐标可用下式求出：

$$x=\frac{x1f(x2)-x2f(x1)}{f(x2)-f(x1)}$$

可由 x 求出 f(x)。

(3) 如 f(x) 与 f(x1) 同号，则根在 [x，x2] 区间内，令 x = x1。如 f(x) 与 f(x2) 同号，则根在 [x，x1] 区间内，令 x = x2。

(4) 重复 (2)、(3)，直到 $|f(x)|<e$。e 是一个很小的正数。此时认为 $f(x)\approx 0$，x 就是方程的根。本程序设 e = 0.00001。

编程思想：用函数的嵌套调用实现方程求根。分别用以下几个函数来实现各部分的功能。

(1) 函数值计算函数：float f(float x)，用来计算 $f(x)=x^3+2x^2+10x-20$ 的值。

(2) 新根计算函数：float newx(float x1，float x2)，利用上面推出的公式，求弦与 x 轴的交点。

(3) 迭代求根函数：float root(float x1，float x2)，每次迭代都要调用函数 f 和 newx，直到满足误差要求。

(4) 主函数 main：接收键盘输入的求根区间 x1、x2，计算并显示 f(x1)、f(x2)，如同号，要求修改 x1、x2，重新输入，直到 f(x1)、f(x2) 异号，然后调用 root 函数。

在程序开头部分对 3 个函数进行原型声明。

```
#include <stdio.h>
#include <math.h>                        /* 用到绝对值函数，增加头文件 */
float f(float x);                        /* 3 个函数原型声明 */
float newx(float x1, float x2);
float root(float x1, float x2);
main()                                   /* 主函数 */
{
  float x1, x2, f1, f2;
```

```
do  {
    printf("input x1, x2:");              /* 输入估计的求根区间 */
    scanf("%f,%f", &x1, &x2);
    f1 = f(x1); f2 = f(x2);
    printf("\n f1(%f) = %f,f2(%f)  = %f\ n", x1, f1, x2, f2);   /* 向
    用户提示函数值 */
    }
    while(f1 * f2 > =0);                 /* 直到函数值异号 */
    printf("x = %10.5f\n", root(x1, x2));       /* 调用求根函数 */
}
float f(float x)                          /* 求根函数定义 */
{
  float x, y, y1;
  y1 = f(x1);
  do {
        x = newx(x1, x2);                 /* 计算新根 */
        y = f(x);
        if(y * y1 >0) { y1 = y; x1 = x;}        /* 修改根区间 */
        else x2 = x;
    }
  while(fabs(y) > =0.00001);              /* 直到函数值小于 0.00001 */
  return x;
}
float newx(float x1, float x2)            /* 求新根函数定义 */
{
  float y;
  y = (x1 * f(x2) - x2 * f(x1)) /(f(x2) - f(x1));
  return y;
}
float root(float x1, float x2)            /* 计算函数值的函数定义 */
{
  float y;
  y = ((x +2) * x +10) * x -20;
  return y;
}
```

由程序可看出，主调函数调用 f 函数 1 次，root 函数 1 次。root 函数调用 f(x)、newx 函数多次。newx 函数每被调用 1 次，调用 f 函数 4 次。

该程序具有普遍性，只要修改方程右侧表达式，即可求新方程的根。

6.3.2 递归调用

函数的递归调用实际上是函数嵌套调用的一种特殊情况。一个函数直接或间接地调用了它本身，就被称为函数的递归调用，前者称为直接递归，后者称为间接递归，即在调用函数 F1 过程中要调用 F2 函数，而在调用 F2 函数过程中又要调用 F1 函数。程序中常用的是直接递归。将这种在函数体内调用该函数本身的函数称为递归函数，如图 6－7 所示。

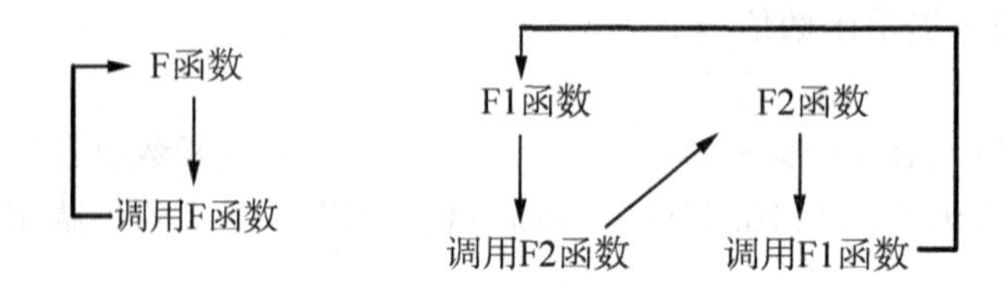

图 6－7　函数递归调用

C 语言允许函数的递归调用。在递归调用中，主函数又是被调函数，执行递归函数将反复调用其自身，每调用一次就进入新的一层。例如：

```
int fun(int x)
{
  int y;
  z = fun(y);
  return z;
}
```

这个函数是一个递归函数，但是运行该函数将无休止地调用其自身，这当然是不正确的。为了防止递归调用无终止进行，必须在函数内有终止递归调用的手段。常用的办法是加条件判断，满足某种条件后就不再作递归调用，然后逐层返回。下面举例说明递归调用的执行过程。

例 6－10　编一个递归函数求 n!。

思路：以求 4 的阶乘为例，4! = 4 * 3!，3! = 3 * 2!，2! = 2 * 1!，1! = 1，0! = 1，它的递归结束条件是当 n = 1 或 n = 0 时，n! = 1。用递归方法求 n!，归纳为下列递归公式：

$$n! = \begin{cases} 1 & (n = 0,\ 1) \\ n * (n-1)! & (n > 1) \end{cases}$$

程序如下：

```
#include <stdio.h>
long fact (int n)
{
  long f = 0;
  if(n < 0) printf("n < 0, input data error!");
  else if (n == 0 || n == 1)    f = 1;
    else f = fact(n - 1) * n;          /* 递归调用 */
    return (f);
}
```

```
main()
{
    int n;
    long y;
    printf("\nInput a integer number:\n");
    scanf("%d", &n);
    y = fact(n);                          /* 调用递归函数 */
    printf("%d! = %ld\n", n, y);
}
```

运行情况如下：

```
Input a integer number: 4↙
4! =24
```

程序执行过程如图 6－8 所示。

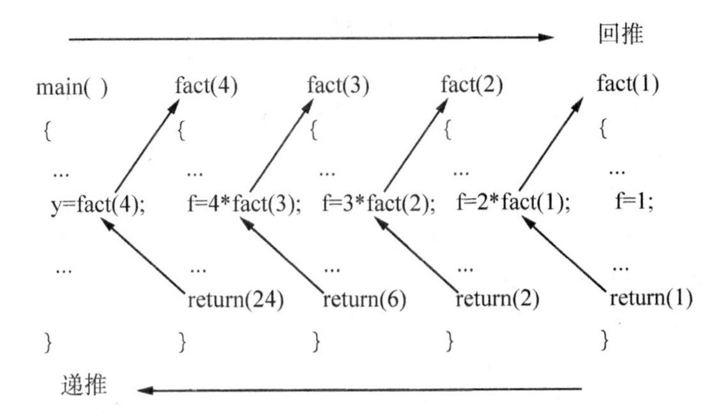

图 6－8　递归调用过程

递归过程分为两个阶段，第一阶段是“回推”阶段，即将求解4!变成求解4＊3!，3!变成求解3＊2!……直到1! =1为止；第二阶段是“递推”阶段，即根据2＊1!得到2!，再根据3＊2!得到3!，4＊3!得到4!，结果为24。显然，在一个递归过程中，回推阶段是有限的递归调用过程，这样就必须要有递归结束条件，否则会无限地递归调用下去。

本例的递归结束条件为：当n的值为0或为1时，fact(n)的值为1；n<0时，作为错误输入数据。

在递推阶段中，函数执行完后必定要返回主调函数，通过return语句将fact(n)的值带回到上一层fact(n)函数，一层一层返回，最终在主函数中得到fact(4)的结果。

例6－10　也可以不用递归的方法来完成。如可以用递推法，即从1开始乘以2，再乘以3……直到n。递推法比递归法更容易理解和实现。但是有些问题则只能用递归算法才能实现。典型的问题是Hanoi（汉诺）塔问题。

例6－11　Hanoi（汉诺）塔问题。

这是一个古典的数学问题，是一个只有用递归方法（而不可能用其他方法）解决的问题。问题是这样的：古代有一个梵塔，塔内有三个座A、B、C。开始时，A座上有64个大小不等的圆盘，大的在下，小的在上，如图 6－9 所示。有一个老和尚想把这 64 个圆盘从 A 座移动到 C 座上，每次只能移动一个圆盘，移动可以借助 B 座进行。但在任何时候，任何座上的圆盘都必须保持大盘在下，小盘在上。求移动的步骤。

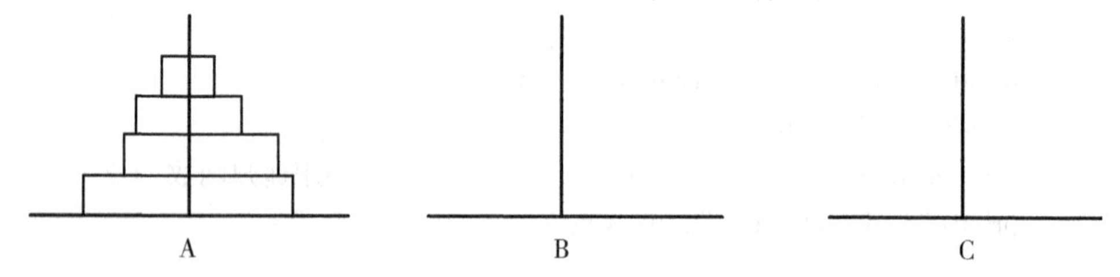

图 6－9　Hanoi 塔

本题算法分析如下，设 A 上有 n 个盘子。

如果 n＝1，则将圆盘从 A 直接移动到 C。

如果 n＝2，则：

（1）将 A 上的 n－1（等于 1）个圆盘移到 B 上；

（2）再将 A 上的一个圆盘移到 C 上；

（3）最后将 B 上的 n－1（等于 1）个圆盘移到 C 上。

如果 n＝3，则：

（1）将 A 上的 n－1（等于 2，令其为 n′）个圆盘移到 B（借助于 C），步骤如下：

a. 将 A 上的 n′－1（等于 1）个圆盘移到 C；

b. 将 A 上的一个圆盘移到 B；

c. 将 C 上的 n′－1（等于 1）个圆盘移到 B。

（2）将 A 上的一个圆盘移到 C。

（3）将 B 上的 n－1（等于 2，令其为 n′）个圆盘移到 C（借助 A），步骤如下：

a. 将 B 上的 n′－1（等于 1）个圆盘移到 A；

b. 将 B 上的一个盘子移到 C；

c. 将 A 上的 n′－1（等于 1）个圆盘移到 C。

直此，完成了三个圆盘的移动过程。

从上面分析可以看出，当 n 大于等于 2 时，移动的过程可分解为三个步骤：

第一步：把 A 上的 n－1 个圆盘移到 B 上；

第二步：把 A 上的一个圆盘移到 C 上；

第三步：把 B 上的 n－1 个圆盘移到 C 上，其中第一步和第三步是类同的。

当 n＝3 时，第一步和第三步又分解为类同的三步，即把 n－1 个圆盘从一个座移到另一个座上，这里的 n＝n－1。显然这是一个递归过程，据此算法可编程如下：

```
#include <stdio.h>
move(int n, int a, int b, int c)      /* 递归函数 */
{
    if(1 == n)    printf("%c --> %c\n", a, c);
    else {
```

```
        move(n-1, a, c, b);      /* A借助C到B */
        printf("%c-->%c\n", a, c);
        move(n-1, b, a, c);    /* B借助A到C */
    }
}
main()
{
    int n;
    printf("\ninput number:");
    scanf("%d", &n);
    printf("the step to moving %2d diskes:\n", n);
    move(n, 'A', 'B', 'C');
}
```

从程序中可以看出，move函数是一个递归函数，它有四个形参n、a、b、c。n表示圆盘数，a、b、c分别表示三个座。move函数的功能是把a上的n个圆盘移到c上。当n==1时，直接把a上的圆盘移到c上，输出A-->C。如果n!=1则分为三步：递归调用move函数，把n-1个圆盘从a移到b；递归调用move函数，把n-1个圆盘从b移到c。在递归调用过程中n=n-1，故n的值逐次递减，最后n=1时终止递归，逐层返回。当n=3时程序运行结果如图6-10所示。

```
input number: 3↙
the step to moving 3 diskes:
A-->C
A-->B
C-->B
A-->C
B-->A
B-->C
A-->C
```

图6-10　例6-11程序运行结果

最后对递归函数作如下概括：

（1）有些问题既可以用递归的方法解决，也可以用递推的方法解决。有些问题不用递归是难以得到结果的，如汉诺塔。某些问题，特别是与人工智能有关的问题，本质上是递归的。

（2）递归函数算法清晰，代码简练。如汉诺塔问题可谓复杂，程序却极为简单。

（3）从理论上讲，递归函数似乎很复杂，其实它是编程中一类问题的算法，最为直接。一旦熟悉了递归，它就是处理这类问题的最清晰的方法。

（4）C编译系统对递归函数的自调用次数没有限制，但当递归层次过多时，可能会引起内存不足而造成运行出错，尤其是函数内部定义较多的变量和较大的数组时。

（5）函数递归调用时，在栈上为局部变量和形参分配存储空间，并从头执行函数代码。递归调用并不复制函数代码，只是重新分配相应的变量，返回时再释放存储空间。递归需要保存变量、断点、进栈、出栈，增加许多额外的开销，会降低程序的运行效率，所以程序设计中又有一个递归消除的问题。

6.4　局部变量和全局变量

在讨论函数的形参变量时曾经提到，形参变量只在被调用期间才分配内存单元，调用结束立即释放。这一点表明，形参变量只有在被调用函数内才是有效的，离开该函数就不

能再使用了。将变量在程序中可以被使用的有效范围称为变量的作用域。不仅对于形参变量，C 语言中所有的变量都有自己的作用域。变量说明的方式不同，其作用域也不同。

C 语言中的变量，按作用域范围可分为两种，即局部变量和全局变量。

6.4.1 局部变量

局部变量也称为内部变量，该变量是在一个函数内部定义说明的，其作用域仅限于函数内有效，即只有在本函数内才能使用它们，在此函数以外是不能使用的，称之为“局部变量”。例如：

```
int f1(int a)        /* 函数 f1 */
{
int b, c;                 a, b, c 作用域
…
}
int f2(int x, int y)     /* 函数 f2 */
{
   int z;                 x, y, z 作用域
   …
}
main()
{
   int m, n;              m, n 作用域
   …
}
```

在函数 f1 内定义了 3 个变量，a 为形参，b、c 为一般变量。在 f1 函数的范围内 a，b，c 有效，或者说 a，b，c 变量的作用域仅限于函数 f1 内。同理，x，y，z 的作用域仅限于 f2 内，m，n 的作用域仅限于 main 函数内。

例 6-12 局部变量的使用。

```
#include <stdio.h>
void f1()
{
   int c=2;
   a*=c;
   b/=c;                     /* 引用主函数中的变量是非法的 */
}
main()
{
   int a, b;
   printf("Enter a, b: ");
   scanf("%d,%d", &a, &b);   /* 输入两个数，分别存入变量 a 和 b 中 */
```

```
    f1();                        /* 调用函数 f1 */
    printf("a=%d, b=%d", a, b);
}
```

结果程序在编译时提示出错：Undefined symbol ‘a’ 和 Undefined symbol ‘b’，说明 main 函数中定义的 a 和 b 在 f1 中不能使用。

关于局部变量的作用域还要说明以下几点：

（1）主函数 main 中定义的变量 m、n 也只能在主函数中有效，不能在其他函数中使用。同时，主函数中也不能使用其他函数中定义的变量。因为主函数也是一个函数，它与其他函数是平行关系。这一点是与其他语言不同的，应予以注意。

（2）形参变量是属于被调函数的局部变量，实参变量是属于主调函数的局部变量。

（3）不同函数中可以使用相同的变量名，它们代表不同的对象，分配不同的内存单元，互不干扰，也不会发生混淆。例如：在 f1 函数中定义了变量 b、c，倘若在 f2 函数中也定义变量 b、c 是完全允许的，它们的作用域仅限于自己所在的函数。

（4）在一个函数内部，可以在复合语句中定义变量，这些变量只在复合语句中有效。这种复合语句也称为“分程序”或“程序块”。例如：

```
main()
{
  int x, a;          ┐
  …                  │
  {                  │
    int b;    ┐      │
    x=a+b;    │ b的作用域  │ x, a 作用域
    …         │      │
  }           ┘      │
  …                  ┘
}
```

例 6-13　复合语句的举例。

```
#include <stdio.h>
main()
{
    int i=2, j=3, k;
    k=i+j;
    {
      int k=8;
      if(2==i) { i=3; printf("k1=%d\n", k); }
    }
    printf("i=%d\nk2=%d\n", i, k);
}
```

程序运行结果：

k1 =8
i =3
k2 =5

分析：程序在 main 中定义了 i、j、k 三个变量，其中 k 未赋初值。而在复合语句内又定义了一个变量 k，并赋初值为 8。应该注意，这两个 k 不是同一个变量。在复合语句外由 main 定义的 k 起作用，而在复合语句中由复合语句内定义的 k 起作用。因此程序第 5 行的 k 为 main 所定义，其值应为 5。第 8 行输出 k 值，该行在复合语句内，由复合语句内定义的 k 起作用，其初值为 8，故输出值为 8。第 10 行输出 i、k 值。i 在整个程序中有效，第 8 行对 i 赋值为 3，故输出为 3。而第 10 行已在复合语句之外，输出的 k 应为 main 所定义的 k，此 k 值由第 4 行已获得为 5，故输出为 5。

6.4.2 全局变量

全局变量也称为外部变量，该变量在函数外部定义说明。它不属于哪一个函数，而属于一个源程序文件，故全局变量可以为本文件中其他函数所共用。全局变量的位置可以在文件的开头（如下列程序中的 a、b），也可以在两函数之间（如下列程序中的 x、y），甚至在文件的末尾。但其作用域为从定义变量的位置开始到本源文件结束。

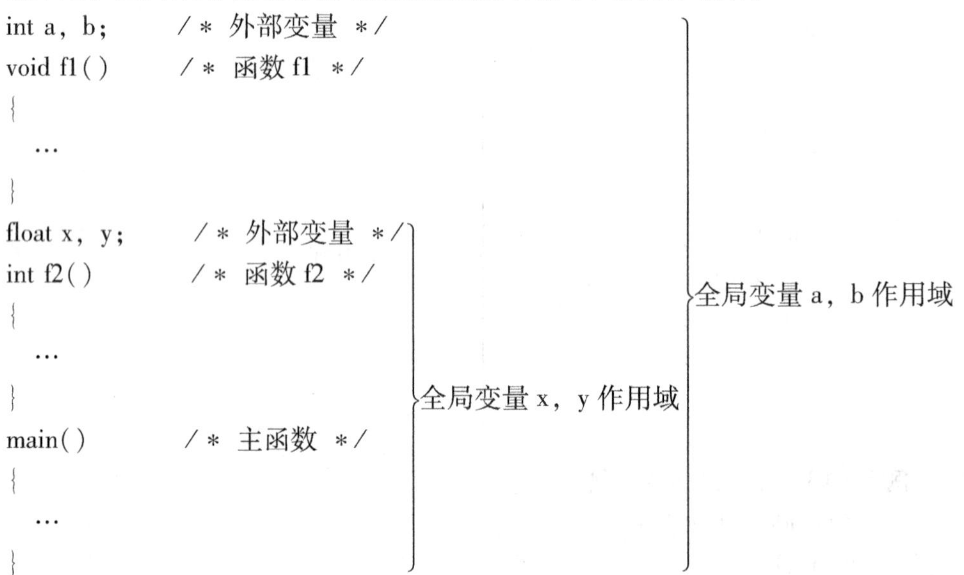

从上例可以看出，a、b、x、y 都是在函数外部定义的外部变量，都是全局变量。但 x、y 定义在函数 f1 之后，而在 f1 内没有对 x、y 的说明，所以在 f1 内不能使用。a、b 定义在源程序最前面，因此在 f1、f2 及 main 内不加说明也可使用。在一个函数中既可以使用本函数中的局部变量，又可以使用有效的全局变量。

关于全局变量的作用域还要说明以下几点：

（1）全局变量可加强函数模块之间的数据联系。由于同一文件中的所有函数都能引用全局变量的值，因此如果在一个函数中改变了全局变量的值，就能影响到其他函数，相当于各个函数间有直接的传递通道。由于函数的调用只能带回一个返回值，因此有时可以利用全局变量增加与函数联系的渠道，从函数中得到一个以上的返回值。

为了便于区别全局变量与局部变量，在 C 语言程序设计人员中有一个不成文的约定

(但非规定)，将全局变量名的第一个字母用大写表示。

例6-14　用一维数组存放10个学生成绩，写一个函数，求出平均分、最高分和最低分。

```
#include <stdio.h>
float Max=0, Min=0;                        /* 定义全局变量 */
float average(float array[], int n)        /* 定义函数，形参为数组 */
{
    int i;
    float aver, sum=array[0];              /* aver为平均分，sum为成绩和 */
    Max=Min=array[0];                      /* Max为最大分，Min为最小分 */
    for(i=1; i<n; i++)
    {
      if(array[i]>Max) Max=array[i];
      else if(array[i]<Min) Min=array[i];
      sum=sum+array[i];
    }
    aver=sum/n;
    return(aver);                          /* 返回平均分 */
}
main()
{
   int i;
   float ave, score[10];
   for(i=0; i<10; i++)
     scanf("%f", &score[i]);
   ave=average(score, 10);                 /* 调用函数 */
   printf("max=%6.2f\nmin=%6.2f\naverage=%6.2f\n", Max, Min, ave);
}
```

程序运行结果：

```
99 45 78 97 100 67.5 89 92 66 43 ↙
max=100.00
min=43.00
average=77.65
```

函数average和全局变量之间的联系如图6-11所示。可以看出，形参array和n的值由主函数实参score和10传递，函数average中aver的值通过return语句带回主函数。Max和Min是全局变量，是公用的，它的值可以供各函数使用，如果在一个函数中，改变了它们的值，在其他函数中也可以使用这个已改变的值。

由此看出，可以利用全局变量以减少函数实参与形参的个数，从而减少内存空间以及传递数据时的时间消耗。

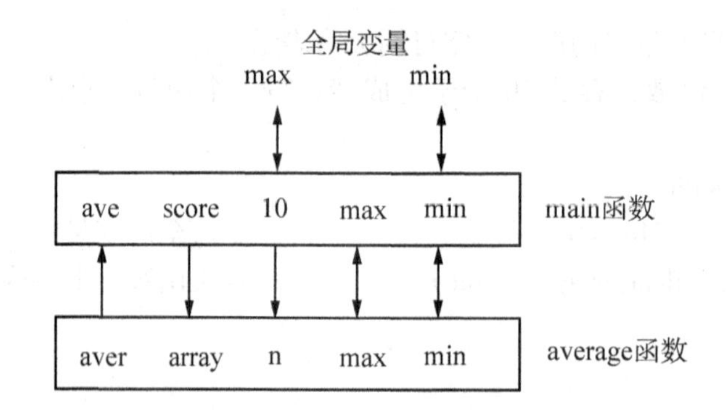

图 6－11 函数 average 和全局变量之间的联系

（2）建议在不必要时不要使用全局变量，因为：

1）全局变量在程序的整个执行期间都占用内存，而不是仅在需要时才开辟内存单元。

2）它使函数的通用性降低了，因为函数在执行时要依赖于其所在的外部变量。如果一个函数移到另一个文件中，还要将有关的外部变量及其值一起移过去。但若该外部变量与其他文件的变量同名时，就会出现问题，降低了程序的可靠性和通用性。在程序设计中，划分模块时要求模块的“内聚性”强、与其他模块的“耦合性”弱。即模块的功能要单一（不要把许多互不相干的功能放到一个模块中），与其他模块的相互影响要尽量少，而使用全局变量是不符合这个原则的。一般要求把 C 语言程序中的函数做成一个封闭体，除了可以通过“实参—形参”的渠道与外界发生联系外，没有其他渠道。这样的程序移植性好，可读性强。

3）使用全局变量过多，会降低程序的清晰性，人们往往难以清楚地判断出每个瞬时各个外部变量的值。在各个函数执行时都可能改变外部变量的值，程序容易出错。因此，要限制使用全局变量。

（3）在同一源文件中，允许全局变量和局部变量同名。在局部变量的作用域内，全局变量被“屏蔽”，即不起作用。

例 6－15 全局变量与局部变量同名。

```
#include <stdio.h>
int a=3, b=5;            /* a、b 为外部变量 */
max(int a, int b)        /* a、b 为形参局部变量 */
{
  int c;
  c=a>b? a: b;                 } 形参 a、b 作用范围
  return(c);
}
main()
{
  int a=8;    /* a 为局部变量 */    局部变量 a 作用范围
  printf("%d", max(a, b));          全局变量 b 作用范围
}
```

程序运行结果：8

我们故意重复使用a、b作变量名，请读者区别不同的a、b的含义和作用范围。第2行定义了外部变量a、b，并使之初始化。第3行开始定义函数max、形参a和b，形参也是局部变量。函数max中的a、b不是外部变量a、b，它们的值是由实参传给形参的，外部变量a、b在max函数范围内不起作用。最后4行是main函数，它定义了一个局部变量a，因此全局变量a在main函数范围内不起作用，而全局变量b在此范围内有效。因此printf函数中的max(a，b)相当于max(8，5)，程序运行后得到结果为8。

6.5　变量的存储类别

在介绍变量的存储类别之前，首先了解一下变量的存储属性。

1. 变量的存储属性与变量的生存期　根据上一节介绍，从变量的作用域（即从空间）角度来分，可以分为全局变量和局部变量。从变量值存在的时间（即生存期）角度来分，可以分为静态存储方式和动态存储方式。

所谓静态存储方式，是指在程序运行期间分配固定的存储空间的方式。而动态存储方式则是在程序运行期间根据需要进行动态的分配存储空间的方式。

实际上，在内存中供用户使用的存储空间可分为程序代码区、静态存储区和动态存储区三部分，如图6－12所示。其中程序代码区用于存放程序，静态存储区和动态存储区用于存放程序中使用的数据。

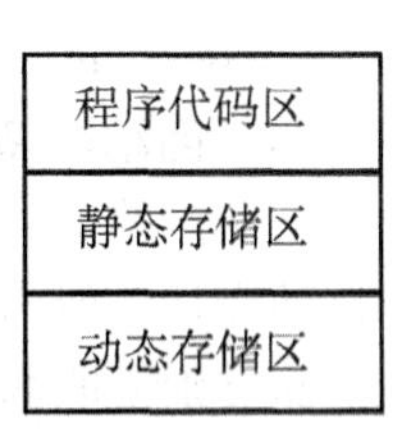

图6－12　存储空间

变量的生存期是指变量在内存中占据存储空间的时间。有些变量在程序运行期间始终占据内存空间，而有些变量只在程序运行时的某段时间内占据存储空间。前者是分配在静态存储区中的变量，后者是分配在动态存储区或CPU的寄存器中的变量。

（1）静态存储变量：分配在内存静态存储区中的变量称为静态存储变量。对于这类变量，如全局变量，编译时系统在静态存储区给它分配固定的存储空间。在程序的运行期间变量的值始终存在，程序运行结束时，静态存储变量所占的存储空间才被释放。因此，静态存储区中的变量其生存期是整个程序的执行期。由于是在编译时分配存储空间，因此，如果在定义静态存储变量的同时给变量赋初值，这个初值是在编译时赋的，程序执行时不再赋初值。如果在定义静态存储变量时没赋初值，编译系统给静态变量赋初值为0。

（2）动态存储变量：分配在内存动态存储区中的变量称为动态存储变量。对于这类变量，典型的例子是函数的形式参数，系统是在函数被调用时在内存的动态存储区中为其分配存储空间，函数执行结束，它们所占的存储空间即刻释放，也就不能再引用这些变量了。如果一个函数被多次调用，则反复分配和释放形参变量的存储单元。因此，这类变量的生存期是函数执行期。如果在定义变量时没赋初值，则初值不确定。

生存期和作用域是从时间和空间这两个不同角度来描述变量的特性，这两者既有联系，又有区别，一个变量究竟属于哪一种存储方式，并不能仅从其作用域来判断，还应明确其存储类型说明。

2. 变量的存储类别　C语言中每一个变量都有两个属性：变量的数据类型和变量的存储类别。对于数据类型，读者已熟悉，在定义一个变量或数组时首先定义数据类型，实际上，还应该定义它的存储类别。变量的存储类别决定了变量的生存期以及给它分配在哪个存储区。存储类别指的是变量在内存中的存储方式。

C 语言共有 4 种存储类别标识符：

auto：自动变量

register：寄存器变量

extern：外部变量

static：静态变量

自动变量和寄存器变量属于动态存储方式，外部变量和静态变量属于静态存储方式。在介绍了变量的存储类别之后，可以知道对一个变量的说明不仅应说明其数据类型，还应说明其存储类别。因此变量定义的完整形式如下：

存储类别说明符　数据类型说明符　变量名 1，变量名 2，…；

例如：

```
static int a, b;                    /* 说明 a，b 为静态整型变量 */
auto char c1, c2;                   /* 说明 c1，c2 为自动字符变量 */
static int a[5] = {1, 2, 3, 4, 5};  /* 说明 a 为静态数组变量 */
extern int x, y;                    /* 说明 x，y 为外部整型变量 */
```

6.5.1 自动存储类型

自动变量的类型说明符为 auto，这种存储类型是 C 语言程序中使用最广泛的一种类型。自动变量一般为函数或复合语句内定义的变量（包括形参）。C 语言规定，函数内凡未加存储类别说明的变量均视为自动变量，也就是说自动变量可省去说明符 auto。在前面各章的程序中所定义的变量凡未加存储类别说明符的都是自动变量。例如，在函数内有如下定义：

```
auto int x, y;
```

等价于：

```
int x, y;
```

自动变量具有如下特点：

（1）自动变量是局部变量，作用域仅限于函数或复合语句内。在函数中定义的自动变量，只在该函数内有效，在复合语句中定义的自动变量只在该复合语句中有效。例如：

```
int f1(int a)
{
   auto int x, y;
   {
      auto char c;   } c 的作用域   } a, x, y 的作用域
   }
   ...
}
```

（2）自动变量属于动态存储方式，只有在定义该变量的函数被调用时才给它分配存储单元，开始它的生存期，函数调用结束，释放存储单元，结束生存期。因此函数调用结束

之后，自动变量的值不能保留。

例6-16　多次调用同一函数，测试自动变量的值变化情况。

```
#include <stdio.h>
int count(int n);
main()
{
    int i;
    for(i=1; i<=2; i++)
    count(i);
}
int count(int n)
{
    int x=0;
    x++;
    printf("%d: x=%4d\n", n, x);
}
```

程序运行结果：

```
1: x=    1
2: x=    1
```

两次调用count函数，每次调用都重新给x分配存储单元，调用结束后空间释放，故每次x的初值都为0，x++后，x的值都为1。

（3）由于自动变量的作用域和生存期都局限于定义它的个体内（函数或复合语句内），因此不同的个体中允许使用同名的变量而不会混淆。即使在一个函数内定义的自动变量，也可以与该函数内部的复合语句中定义的自动变量同名。

例6-17　分析程序运行结果。

```
#include <stdio.h>
main()
{
    auto int  a, s=100, p=100;
    printf(" \ninput a number: \n");
    scanf("%d", &a);
    if(a>0)
    {
      auto int s, p;
      s=a+a; p=a*a;
      printf("s=%d p=%d\n", s, p);
    }
    printf("s=%d p=%d\n", s, p);
}
```

程序运行结果：

```
input a number:
5↙
s=10 p=25
s=100 p=100
```

在 main 函数和复合语句内两次定义了变量 s、p 为自动变量。按照 C 语言的规定，在复合语句内应由复合语句中定义的 s、p 起作用，故 s 的值应为 a+a，p 的值为 a*a。退出复合语句后的 s、p 应为 main 所定义的 s、p，其值在初始化时给定，均为 100。从输出结果可以看出，两个 s 和 p 虽然变量名相同，但却是两个不同的变量。

（4）在对自动变量赋值之前，它的值是不确定的。定义变量时若没给自动变量赋初值，变量的初值不确定；如果赋初值，则每次函数被调用时执行一次赋值操作。例如：

```
main()
{
  int i;
  printf("i=%d\n", i);
}
```

程序运行结果：

```
i=55
```

这里，55 是一个不可预知的数，由 i 所在的存储单元中当时的状态决定。因此，对于自动变量，必须对其赋初值后才能引用它。

6.5.2 寄存器存储类型

一般情况下，变量的值是存放在内存中的。当程序中用到哪一个变量的值时，由控制器发出指令将内存中该变量的值送到运算器中。经过运算器运算，如果需要存储，再将数据从运算器送到内存存放。如果有些变量被频繁访问，必须反复读写内存单元，从而花费大量的存取时间。

为此，C 语言提供了另一种变量，即寄存器变量。这种变量值存放在 CPU 的寄存器中，使用时不需要访问内存，寄存器的读写速度比内存读写速度快，因此，可以将程序中使用频率高的变量（如控制循环次数的变量）定义为寄存器变量，这样可提高程序的执行速度。寄存器变量用关键字 register 作存储类别标识符。

例 6-18 寄存器变量的使用。

```
#include <stdio.h>
main()
{
    long int sum=0;
    register int i;
    for (i=1; i<=1000; i++)sum+=i;
    printf("sum=%ld\n ", sum);
}
```

程序运行结果：

sum = 500500

程序循环 1000 次，i 和 sum 都将频繁使用，因此可以定义为寄存器变量。

对寄存器变量还要说明以下几点：

（1）只有局部自动变量和形式参数才可以定义为寄存器变量，因为寄存器变量属于动态存储方式。凡需要采用静态存储方式的变量不能定义为寄存器变量。

（2）由于 CPU 中寄存器的个数有限，所以，一个程序中可以定义的寄存器变量的数目也是有限的。当寄存器没有空闲时，系统将寄存器变量当作自动变量处理。因此，寄存器变量的生存期与自动变量相同。在 Turbo C、MS C 下使用 C 语言，实际上把寄存器变量当自动变量处理，允许使用寄存器变量只是为了与标准 C 保持一致。

（3）有些系统受寄存器长度的限制，寄存器变量一般是 char、int 和指针类型的变量。

6.5.3　外部存储类型

外部变量（即全局变量）是在函数的外部定义的，它的作用域为从变量的定义处开始，到本程序文件的末尾。在此作用域内，全局变量可以为程序中各个函数所引用。编译时将外部变量分配在静态存储区。用 extern 声明外部变量。

对于局部变量的定义和声明可以不加以区分，而对于外部变量则不然，外部变量定义和外部变量的声明并不是一回事。外部变量定义必须在所有的函数之外，且只能定义一次。其一般形式为：

[extern]　类型说明符　变量名 1，…，变量名 n；

其中方括号内的 extern 一般省去不写。

而外部变量的声明一般格式为：

extern　类型标识符　变量名 1，…，变量名 n；

下面介绍如何使用 extern 来声明外部变量，以扩展外部变量的作用域。

1. 在一个文件内声明外部变量　如果外部变量不在文件的开头定义，其有效的作用范围只限于定义处到文件末尾。如果在定义点之前的函数想引用该外部变量，则应该在引用之前用关键字 extern 对该变量作“外部变量声明”。表示该变量是一个已经定义的外部变量。有了此声明，就可以从“声明”处起，合法使用该外部变量。例如：

例 6－19　用 extern 声明外部变量，扩展程序文件中的作用域。

```
#include <stdio.h>
int max(int x, int y)          /* 定义 max 函数 */
{
  int z;
  z = x > y? x: y;
  return(z);
}
main()
{
    extern int A, B;           /* 外部变量声明 */
    printf("%d", max(A, B));
}
```

```
int A=13, B=-6;          /* 定义外部变量 */
```

程序运行结果：

```
13
```

在本程序文件的最后 1 行定义了外部变量 A、B，但由于外部变量定义的位置在函数 main 之后，因此本来在 main 函数中不能引用外部变量 A 和 B，但现在我们在 main 函数中用 extern 对 A 和 B 进行“外部变量声明”，表示 A 和 B 是已经定义的外部变量（但定义的位置在后面），这样在 main 函数中就可以合法使用全局变量 A 和 B 了。如果不作 extern 声明，编译时出错，系统不会认为 A、B 是已定义的外部变量。一般做法是外部变量的定义放在引用它的所有函数之前，这样可以避免在函数中多加一个 extern 声明，如放在定义 max 函数之前。

需要注意以下几点：

（1）外部变量声明必须用关键字 extern，而外部变量的定义一般不用 extern 定义。

（2）定义外部变量时，系统要给变量分配存储空间；而对外部变量声明时，系统不分配存储空间，只是让编译系统知道该变量是一个已经定义过的外部变量，与函数声明的作用类似。

（3）外部变量在定义时，如果没有赋初值，系统编译时，会自动赋初值为 0。因此，对外部变量声明时不能再赋初始值，只表示将要使用此外部变量，否则提示声明错误。

2. 在多文件的程序中声明外部变量　一个 C 语言程序可以由一个或多个源程序文件组成。如果程序只由一个源文件组成，使用外部变量的方法如前所述，如果程序由多个源程序文件组成，那么在一个文件中想引用另一个文件中已定义的外部变量，有什么办法呢？

如果一个程序包含两个文件，在两个文件中都要用到同一个外部变量 Num，不能分别在两个文件中各自定义一个外部变量 Num，否则在进行程序连接时会出现“重复定义”的错误。正确的做法是：在任一个文件中定义外部变量 Num，而在另一文件中用 extern 对 Num 作“外部变量声明”。

在编译和连接时，系统就会知道 Num 是一个已在别处定义的外部变量，并将在另一文件中定义的外部变量的作用域扩展到本文件，在本文件中可以合法引用外部变量 Num。

例 6-20　用 extern 将外部变量的作用域扩展到其他文件。

一个源程序由源文件 file1.c 和 file2.c 组成，其中 file1.c 文件中程序如下：

```
#include <stdio.h>
#include "file2.c"               /* 与外部文件联译 */
int i;
void f1(), f2(), f3();           /* 函数声明 */
main()
{
  i=1;
  f1(); printf("\tmain: i=%d", i);
  f2(); printf("\tmain: i=%d", i);
  f3(); printf("\tmain: i=%d\n", i);
```

```
}
void f1()
{  i++;    printf("\nf1: i=%d", i); }
file2.c 文件中程序如下:
extern int i;         /* 对外部变量 i 进行声明 */
void f2()
{ int i=3;   printf("\nf2: i=%d", i);}
void f3()
{  i=3;   printf("\nf3: i=%d", i);}
```

程序运行结果:

```
f1: i=2 main: i=2
f2: i=3 main: i=2
f3: i=3 main: i=3
```

该程序存放在两个文件中，其中，file1.c 文件中定义了一个外部变量 i，它在 main 函数和 f1 函数中有效。而 file2.c 文件的开头有一个对外部变量 i 的声明语句，这使得 file1.c 中定义的外部变量 i 的作用域扩展到 file2.c 中，因而，在 file2.c 中的 f2 函数和 f3 函数都可以引用外部变量 i。但由于 f2 函数中又定义了同名变量 i，因此，在 f2 函数中所使用的变量 i 是局部变量，外部变量 i 暂时不起作用。在 f3 函数中所使用的变量 i 是外部变量。此例也可以将外部变量声明语句放在 f3 函数体中，这样，外部变量的作用域只扩展到 f3 函数，在 file2.c 的其他函数中无效。

但是用这样的全局变量应十分慎重，因为在执行一个文件中的函数时，可能会改变该全局变量的值，它会影响到另一文件中的函数执行结果。

有的读者可能会问：extern 既可以用来扩展外部变量在本文件中的作用域，又可以使外部变量的作用域从一个文件扩展到程序中的其他文件，那么系统怎么区别处理呢？实际上，在编译时遇到 extern 时，先在本文件中找外部变量的定义，如果找到，就在本文件中扩展作用域。如果找不到，就在连接时从其他文件中找外部变量的定义，如果找到，就将作用域扩展到本文件；如果找不到，按出错处理。

6.5.4　静态存储类型

静态变量的类型说明符是 static。静态变量属于静态存储方式，但是属于静态存储方式的变量不一定就是静态变量，例如外部变量虽属于静态存储方式，但不一定是静态变量，只有用 static 加以定义后才能成为静态外部变量，或称静态全局变量。对于自动变量，前面已经介绍它属于动态存储方式。但是也可以用 static 定义它为静态自动变量，或称静态局部变量，从而成为静态存储方式。

由此看来，一个变量由 static 进行再说明，将改变其原有的存储方式。

1. 静态局部变量　在局部变量的说明前加上 static 说明符就构成静态局部变量。

例如:

```
static int a, b;
```

例 6-21　静态局部变量程序分析。

```
#include <stdio.h>
```

```
main()
{
  int i;
  int count(int n);
  for(i=1; i<=2; i++)
  count(i);
}
int count(int n)
{
  static int x=0;
  x++;
  printf("%d: x=%4d\n", n, x);
}
```

本程序是将例6－16中的变量x改成局部静态变量。编译时系统为x在静态存储区分配存储单元，并给x赋初值为0。第一次调用count函数后，x的值是1。第二次调用count函数后，x的值是2，即输出值是累加的结果，故两次输出不再均是1。

静态局部变量属于静态存储方式，它具有以下特点：

（1）静态局部变量在函数内定义，但不像自动变量那样，当调用时就存在，退出函数时就消失。静态局部变量始终存在着，也就是说它的生存期为整个源程序。

（2）静态局部变量的生存期虽然为整个源程序，但是其作用域仍与自动变量相同，即只能在定义该变量的函数内使用该变量。退出该函数后，尽管该变量还继续存在，但不能使用它。

（3）对静态局部变量是在编译时赋初值的，即只赋初值一次，在程序运行时它已有初值。以后每次调用函数时不再重新赋初值而只是保留上次函数调用结束时的值。而对自动变量赋初值，不是在编译时进行的，而是在函数调用时进行。每调用一次函数重新给一次初值，相当于执行一次赋值语句。

（4）对基本类型的静态局部变量若在说明时未赋以初值，则系统自动赋予0值。而对自动变量不赋初值，则其值是不定的。对构造类静态局部量（如数组），若未赋以初值，则由系统自动赋以0值。

例6－22 利用局部静态变量求1！～5！。请读者自己分析该程序。

```
#include <stdio.h>
int fact(int n )
{
   static int f=1;    /* f是局部静态变量 */
   f*=n;
   return(f);
}
main()
{
```

```
    int i;
    for (i=1; i<=5; i++)
        printf("%d! =%d", i, fact(i));
    printf(" \n");
}
```

程序运行结果：

　　1! =1　　2! =2　　3! =6　　4! =24　　5! =120

2. 静态全局变量　在函数外定义的变量若没有用 static 说明，则是全局变量（外部变量）。全局变量的说明之前再加以 static 就构成了静态的全局变量。全局变量本身就是静态存储方式，两者在存储方式上相同。两者的区别在于非静态全局变量的作用域是整个源程序，当一个源程序由多个源文件组成时，非静态的全局变量在各个源文件中都是有效的。而静态全局变量则限制了其作用域，即只在定义该变量的源文件内有效，在同一源程序的其他源文件中不能使用它。

从以上分析可以看出，static 对局部变量和全局变量的作用是不同的。对局部变量来说，它使变量由动态存储方式改变为静态存储方式，即改变了它的生存期。对全局变量来说，static 的含义已不是指存储方式，而是指它的作用域，即限制变量使用范围只局限于本文件内。因此 static 这个说明符在不同的地方所起的作用是不同的，应予以注意。

6.5.5　归纳变量分类

1. 变量的完整说明

<存储类别> <限定词> <数据类型>< * ><变量名> = <初值>

其中，<限定词>用来限定（或称修饰）数据类型，可以是 const（常数说明符）、long（长整型说明符）、unsigned（无符号说明符）等，“ * ”号用于说明指针类型。应用时各部分可根据需要缺省。

变量的 6 个属性是：数据类型、地址、值、作用域、生存期、存储类别。

2. 按作用域分

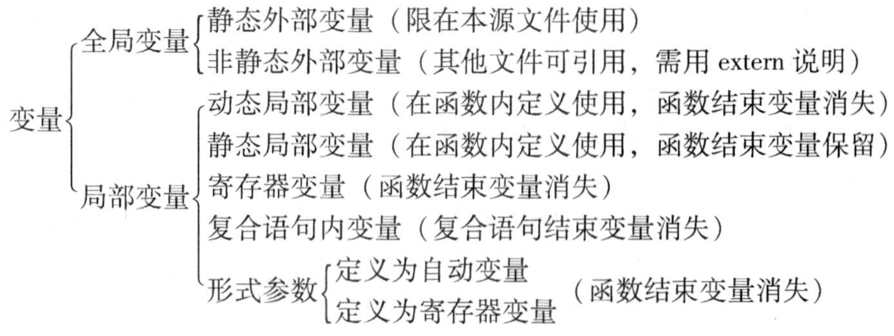

3. 按生存期分

- 变量
  - 动态存储
    - 自动变量（本函数内有效）
    - 寄存器变量（本函数内有效）
    - 形式参数（本函数内有效）
  - 静态存储
    - 静态局部变量（本函数内有效）
    - 静态外部变量（本文件内有效）
    - 外部变量（其他文件可引用，需用 extern 说明）

4. 按存储位置区域分

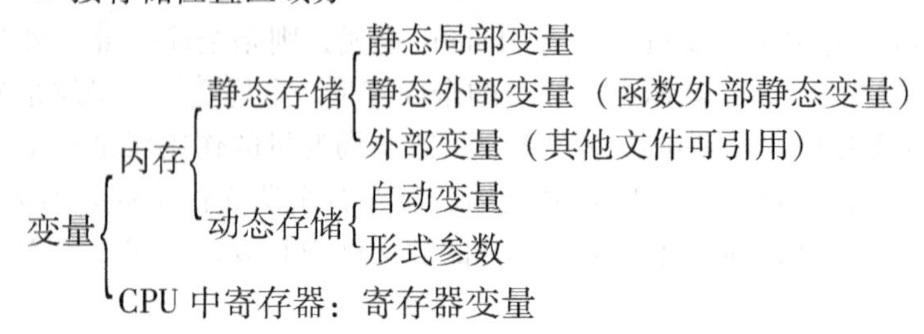

6.6 内部函数与外部函数

函数一旦被定义就可被其他函数调用，即函数本质上是全局的。但当一个源程序由多个源文件组成时，根据在一个源文件中定义的函数能否被其他源文件中的函数调用，C 语言又把函数分为内部函数和外部函数。

6.6.1 内部函数

如果在一个源文件中定义的函数只能被本文件中的函数调用，而不能被同一源程序其他文件中的函数调用，这种函数称为内部函数。定义内部函数的一般形式为：

static 类型说明符 函数名（形参表）

例如：

```
static int fun(int a, int b)
```

内部函数又称为静态函数，但此处静态 static 的含义已不是指存储方式，而是指对函数的调用范围只局限于本文件。因此，将函数定义为静态的，既可以禁止被其他文件中的函数调用，同时也可以避免不同文件中因存在同名函数而引起混淆，即不同文件中的静态函数可以同名。这使得多人同时编制一个大型程序时非常方便。只要该函数不和其他文件共用，给函数起名时就不用考虑其他文件是否有同名函数。

6.6.2 外部函数

如果一个函数既可以被本文件中的函数调用，又允许被本程序其他文件中的函数调用，则可将这样的函数称为外部函数。定义外部函数的一般形式为：

extern 类型说明符 函数名(形参表)

例如：

```
extern int fun(int a, int b)
```

说明：

（1）如在函数定义中没有说明 extern 或 static，则隐含为 extern。在前面例题中定义过的函数除了主函数以外都可以被其他函数所调用，都是外部函数。

（2）在需要调用此函数的文件中，用 extern 对函数进行声明，表示该函数是在其他文件中定义的外部函数。

例如：

```
file1. C （源文件1）
extern int fun1(int i);    /* 外部函数声明，表示fun1函数在其他源文件中 */
main()
{
    extern int fun2(int i);    /* 外部函数声明，表示fun2函数在其他源文件中 */
    …
}
file2. C （源文件2）
extern int fun1(int i);    /* 外部函数定义 */
{…}
extern int fun2(int i);    /* 外部函数定义 */
{…}
```

对函数的声明类似于对外部变量的声明，可以放在函数内，也可以放在函数外。放在函数内是局部的，放在函数外则是全局的。

小　结

在C语言中，可将函数分为标准库函数和用户定义函数。本章主要介绍了函数的定义和调用，并讨论在多函数组成的程序中变量和函数的存储属性及其影响。

1. 函数的定义与调用

（1）掌握函数定义和函数调用的基本概念，理解并掌握函数调用过程中数据的传递方式。

（2）掌握函数嵌套调用，了解递归函数的概念与递归调用的过程。

用户自定义函数包括：有参函数、无参函数和空函数。定义函数时，对参数的说明有两种方式：传统风格格式和现代风格格式。

函数调用过程中通过参数和返回值进行主调函数和被调函数之间的数据传递。

调用有参函数时，实参与形参的类型、个数必须一一对应，实参的求值顺序为从右到左。进行函数调用时，实参向形参传递数据，有两种方式：数值传递和地址传递。如果是数值传递，传递后实参仍保留原值并不改变；如果是地址传递，传递后实参地址的值也不会改变，但地址的内容可能会改变。

函数的返回值是函数调用的结果，通过return语句返回主调函数。函数类型决定了函数返回值的类型。通常将没有返回值的函数的类型定义为空类型（void）。函数返回时总是返回到主调函数的调用处。

C语言中函数不能嵌套定义，但可以嵌套调用。一个函数直接或间接地调用了它本身，就称此函数为递归函数，调用递归函数称为递归调用。编制递归函数时，首先要搞清楚是数值问题还是非数值问题，然后建立递归模型，确立递归结束条件，并将递归模型转换为递归函数。

2. 变量定义和函数定义对其存储属性和作用的影响

（1）掌握变量定义与变量作用域和生存期的有关概念及它们之间的关系。

（2）理解变量定义中的存储类别描述对变量存储方式的影响和作用。

（3）了解函数的存储类别与作用域。

按照变量定义语句位置的不同，可将变量分为局部变量和全局变量。局部变量的作用域是定义它的函数或复合语句。全局变量的作用域是从定义变量的位置开始到本源文件结束。

如果在全局变量的作用域内又定义了同名局部变量，则在该局部变量的作用域内，同名全局变量暂时不起作用。

变量的存储类别包括 auto、static、register 及 extern 4 种。将存放变量值的存储区划分为静态存储区和动态存储区，分别存储不同存储类别的变量。

静态存储区中存放外部变量、全局静态变量和局部静态变量。若没赋初值，则它们的初值为 0；若赋初值，则仅在编译时赋初值一次。它们的生存期是整个程序执行期间。对于多文件组成的程序，全局静态变量只可在本文件内使用，而外部变量可以在所有文件中使用。

动态存储区中存放自动变量和形参。若没赋初值，它们的初值不确定；若赋初值，每次函数调用时均赋初值。它们的生存期是函数或分程序的执行期间。

静态函数（也称为内部函数）只能被本文件中的函数调用；外部函数既可以被本文件中的函数调用，又允许被本程序的其他文件中的函数调用。

思考与练习

1. 单项选择题

（1）下述函数定义正确的是（　　）。

A. double fun(int x, int y)
{z = x + y; return z;}

B. fun(int x, y)
{int z; return z;}

C. fun(x, y)
{int x, y; double z;
z = x + y; return z;}

D. double fun(int x, int y)
{double z;
z = x + y; return z;}

（2）关于函数参数说法正确的是（　　）。

A. 实参与其对应的形参各自占用独立的内存单元

B. 实参与其对应的形参共同占用一个内存单元

C. 只有当实参和形参同名时才占用同一个内存单元

D. 形参是虚拟的，不占用内存单元

（3）一个函数的返回值由（　　）确定。

A. return 语句中的表达式

B. 调用函数的类型

C. 系统默认的类型

D. 被调用函数的类型

（4）若有以下函数调用语句：

fun(a + b, (x, y), ab(n + k, d, (a, b)));

则在此函数调用语句中实参的个数是（　　）。

A. 5　　B. 6　　C. 3　　D. 4

（5）以下叙述中不正确的是（　　）。

A. 在不同的函数中可以使用相同名字的变量

B. 函数中的形参是局部变量

C. 在一个函数内定义的变量只在本函数范围内有效

D. 在一个函数内的复合语句中定义的变量在本函数范围内有效

（6）在C语言中，形参的隐含存储类别是（　　）。

A. 自动（auto）　　B. 静态（static）

C. 外部（extern）　　D. 寄存器（register）

（7）以下叙述中不正确的是（　　）。

A. 函数中的自动变量可以赋初值，每调用一次，赋一次初值

B. 在调用函数时，实参和对应形参的类型要一致

C. 全局变量的隐含类别是自动存储类别

D. 函数形参可以说明为register变量

（8）C语言规定，除main函数外，程序中各函数之间（　　）。

A. 既允许直接递归调用也允许间接递归调用

B. 不允许直接递归调用也不允许间接递归调用

C. 允许直接递归调用不允许间接递归调用

D. 不允许直接递归调用允许间接递归调用

（9）在一个被调用函数中，关于return语句使用的描述，（　　）是错误的。

A. 被调用函数中可以不用return语句

B. 被调用函数中，可以使用多个return语句

C. 被调用函数中，如果有返回值，就一定要有return语句

D. 被调用函数中，一个return语句可以返回多个值给调用函数

（10）在一个C源程序文件中，若要定义一个只允许本源文件中所有函数使用的全局变量，则该变量使用的存储类别是（　　）。

A. extern　　B. register　　C. auto　　D. static

（11）下面程序的输出结果是（　　）。

```
#include <stdio.h>
int w = 3;
int fun(int k)
{ if (0 == k) return w;
  return (fun(k - 1) * k);
}
main()
{   int w = 10; printf("%d\n", fun(5) * w);   }
```

A. 360　　B. 3600　　C. 1080　　D. 1200

（12）以下程序的输出结果是（　　）。

```
#include < stdio. h >
int fun(int a, int b);
{   static int m =0, i =2;
     i += m +1;
     m = i + a + b;
     return (m);
}
main()
{ int k =4, m =1, p;
   p = func(k, m);    printf("%d,", p);
   p = func(k, m);    printf("%d\n", p);
}
```

A. 8, 15　　B. 8, 16　　C. 8, 17　　D. 8, 8

2. 填空题

(1) C 语言程序中定义一个函数由两部分组成，即__________和__________。

(2) 无返回值的函数应定义为__________类型。函数可以嵌套调用，不可以嵌套__________。

(3) 在 C 语言中，按照函数在程序中出现的位置来分，函数的三种主要调用方式是__________、__________和__________。

(4) 有参函数中，在定义函数时函数名后面括弧中的变量名称为__________；在主调函数中调用一个函数时，函数名后面括弧中的参数称为__________。在调用时将__________的值传给__________。

(5) 从变量的作用域来分，变量分__________变量和__________变量，从变量值存在的时间来看，变量分为__________存储方式和__________存储方式。

(6) 函数中的局部变量的值在函数调用结束后不消失而保留原值，即其占用的存储单元不释放，那么这个变量为__________变量。用关键字__________进行声明。

(7) 以下程序的功能是：求 x 的 y 次方，填空将程序补充完整。

```
double fun(int x, int y)
{  int i;    double z;
   for (i =1, z = x; i < y; i ++)    z = z * __________;
   return z;
}
main()
{ int x, y;
  scanf("%d%d", &x, &y);
  printf("%.2f ", __________);
}
```

(8) 下面函数的功能是根据以下公式返回满足精度 e 要求的 p 值。根据算法要求，补足所缺语句。

$\pi/2 = 1 + \frac{1}{3} + \frac{1}{3} \times \frac{2}{5} + \frac{1}{3} \times \frac{2}{5} \times \frac{3}{7} + \frac{1}{3} \times \frac{2}{5} \times \frac{3}{7} \times \frac{4}{9} + \cdots$

```
double fun(double e)
{
    double m =0.0, t =1.0;
    int n;
    for (__________; t >e; n ++)
    {
        m +=t; t =t * n/2(2 * n +1);
    }
    return (2.0 * __________);
}
```

（9）以下程序的功能是计算 $s = \sum_{k=0}^{n} k!$，补足所缺语句。

```
#include <stdio.h>
long fun(int n)
{
    int i; long m;
    m = __________;
    for(i =1; i <=n; i ++) m = __________;
    return m;
}
main()
{
    long m;
    int k, n;
    scanf("%d", &n);
    m = __________;
    for (k =0; k <=n; k ++) m =m + __________;
    printf("%ld\n", m);
}
```

（10）下面程序能够统计主函数调用 count 函数的次数（用字符“#”作为结束输入的标志），补足所缺语句。

```
#include <stdio.h>
void count(char c);
main( )
{
    char ch;
    while(__________);
```

```
    {
        scanf("%ls", &ch);
        count(__________);
        if(__________) break;
    }
}
void count (char c)
{
    static int i=0;
    i++;
    if(__________) printf("count=%d\n", i);
}
```

3. 阅读程序，写出结果

(1)
```
#include <stdio.h>
int fun(int a, int b, int c)
{ return (a+b+c);}
main()
{   int x=10, y=20, z=30, n;
    n=fun(x, y, z);
    printf("%d,%d,%d,%d\n", z, y, x, n);
}
```

(2)
```
#include <stdio.h>
void fun(int i, int j)
{   int x, y, g;
    g=8; x=7; y=2;
    printf("g=%d; i=%d; j=%d\n", g, i, j);
    printf("x=%d, y=%d; \n", x, y);
}
main()
{
    int i, j, x, y, n, g;
    i=2; j=3; g=x=5; y=9; n=7;
    fun(n, 6);
    printf("g=%d, i=%d; j=%d; \n", g, i, j);
    printf("x=%d, y=%d; \n", x, y);
    fun(n, 6);
}
```

(3)
```
#include <stdio.h>
int d=1;
```

```
    fun(int p)
    {   int d=5;
        d+=p++;
        printf("%d", d);
    }
    main()
    {   int a=3;
        fun(a);
        d+= ++a;
        printf("%d\n", d);
    }
(4) #include <stdio.h>
    int f()
    {   static int i=0;
        int s=1;
        s+ =i; i+ =2;
        return s;
    }
    main ()
    {   int i, a=0;
        for (i=0; i<3; i++) a+=f();
        printf("%d\n", a);
    }
(5) #include <stdio.h>
    int fun2 (int a, int b);
    int fun1(int a, int b)
    {   int c;
        a+=a; b+=b;
        c=fun2(a, b);
        return c*c;
    }
    int fun2(int a, int b)
    {   int c;
        c=a*b%3;
        return c;
    }
    main()
    {   int x=5, y=12;
        printf ("The result is : %d\n", fun1(x, y));
```

```
    }
```

(6)
```
#include <stdio. h>
pic(int len, char c)
{
  int k;
  for (k =1; k <= len; k ++)    putchar(c);
}
main( )
{   int i =4, j;
    for(j =0; j <i; j ++)
      pic(28 -j, ' ');
    pic(i +2 * j, ' * ');
      putchar(' \n');
      for(j =2; j >=0; j --)
      {
           pic(30 -j, ' ');
           pic(i +2 * j, ' * ');
           putchar( ' \ n');
      }
  }
```

(7)
```
#include <stdio. h>
sub(int n)
{
  int a;
  if(1 == n) return 1;
  a = n + sub(n -1);
  return(a);
}
main( )
{
  int i =5;
  printf("% d \n", sub(i));
}
```

4. 编程题

(1) 写两个函数，分别求两个整数的最大公约数和最小公倍数，用主函数调用这两个函数，并输出结果。两个整数由键盘输入。

(2) 编写一个函数，统计一字符串中字母、数字、空格和其他字符的个数，在主函数中输入字符串并输出上述结果。

(3) 编写一个函数，其功能是将字符串中的大写字母改为小写字母，其他字符不变。

（4）编写一个函数，其功能是删除字符串中的字符‘d’。

（5）编写一个函数，求任意整数的逆序数，例如当 n = 1234 时，函数值为 4321。

（6）用递归方法编写下面的函数（x，n 为形参）。

$$f(x, n) = \sqrt{n + \sqrt{(n-1) + \sqrt{(n-2) + \sqrt{\cdots + \sqrt{2 + \sqrt{1 + x}}}}}}$$

（7）编写一个函数，求 N 个数的最大公约数和最小公倍数。

（8）编写一个函数，用“泡沫法”对输入的 10 个数字由小到大顺序排列。

（9）在主函数中输入 N 个人的某门课程的成绩，分别用函数求：①平均分、最高分和最低分；②分别统计 90 ~ 100 分的人数、80 ~ 89 分的人数、70 ~ 79 分的人数、60 ~ 69 分的人数及 59 分以下的人数。结果在主函数中输出。

第 7 章　编译预处理

在前面各章中，已多次使用过以“#”号开头的预处理命令，如包含命令#include、宏定义命令#define 等。在源程序中这些命令都放在函数之外，而且一般都放在源文件的前面，它们称为预处理部分。

所谓预处理，是指在进行编译的第一遍扫描（词法扫描和语法分析）之前所做的工作。预处理是 C 语言的一个重要功能，由预处理程序负责完成。当对一个源文件进行编译时，系统将自动引用预处理程序对源程序中的预处理部分作处理，处理完毕自动进入对源程序的编译。

预处理命令不是 C 语言本身的组成部分，不能直接对它们进行编译（因为编译程序不能识别它们），必须在对程序进行通常的编译（包括词法和语法分析、代码生成、优化等）之前，先对程序中这些特殊的命令进行“预处理”，即根据预处理命令对程序作相应的处理。

经过预处理后的程序不再包括预处理命令了，最后再由编译程序对预处理后的源程序进行通常的编译处理，得到可供执行的目标代码。现在使用的许多 C 编译系统都包括了预处理、编译和连接等部分，在进行编译时一气呵成，因此不少用户误认为预处理命令是 C 语言的一部分，甚至以为它们是 C 语句，这是不对的。必须正确区别预处理命令和 C 语句，区别预处理和编译，才能正确使用预处理命令。C 语言与其他高级语言的一个重要区别是可以使用预处理命令和具有预处理的功能。

C 语言提供的预处理功能主要有以下 3 种：①宏定义；②文件包含；③条件编译。它们分别用宏定义命令、文件包含命令、条件编译命令来实现。为了与一般 C 语句相区别，这些命令以符号“#”开头。

7.1　宏定义

7.1.1　不带参数的宏

用一个指定的标识符（即名字）来代表一个字符串，它的一般格式为：

#define　标识符　字符串

这就是已经介绍过的定义符号常量，例如：

#define　PI　3.1415926

它的作用是在本程序文件中用指定的标识符 PI 来代替“3.1415926”这个字符串，在编译预处理时，将程序中在该命令以后出现的所有的 PI 都用“3.1415926”代替。这种方法使用户能以一个简单的名字代替一个长的字符串，因此把这个标识符（名字）称为

"宏名"，在预编译时将宏名替换成字符串的过程称为"宏展开"。#define 是宏定义命令。

例7-1 使用不带参数的宏定义。

```
#include <stdio.h>
#define PI 3.1415926
 void main()
  { float l, s, r, v;
    printf("input radius:");
    scanf("%f", &r);
    l=2.0*PI*r;
    s=PI*r*r;
    v=4.0/3*PI*r*r*r;
    printf("l=%10.4f\ns=%10.4f\nv=%10.4f\n", l, s, v);
  }
```

运行情况如下：

```
input radius: 4↙
l=␣␣␣25.1327
s=␣␣␣50.2655
v=␣␣268.0826
```

例7-2 在宏定义中引用已定义的宏名。

```
#include <stdio.h>
#define R 3.0
#define PI 3.1415926
#define L 2*PI*R
#define S PI*R*R
void main()
{
  printf("L=%f\nS=%f\n", L, S);
}
```

运行情况如下：

```
L=18.849556
S=28.274333
```

经过宏展开后，printf 函数中的输出项 L 被展开为 2*3.1415926*3.0，S 展开为 3.1415926*3.0*3.0，printf 函数调用语句展开为：

printf("L=%f\nS=%f\n", 2*3.1415926*3.0, 3.1415926*3.0*3.0);

说明：

（1）宏名一般习惯用大写字母表示，以便与变量名相区别，但这并非规定，也可用小写字母。

（2）用宏名代替一个字符串，可以减少程序中重复书写某些字符串的工作量。使用宏定义，可以提高程序的通用性。

（3）宏定义是用宏名代替一个字符串，也就是作简单的置换，不作正确性检查。如写成#define PI 3.1415926，即使把数字 1 写成小写字母 l，预处理时也照样代入，不管是否符合用户原意，也不管含义是否有意义。预编译时不作任何语法检查，只有在编译已被宏展开后的源程序时才会发现语法错误并报错。

（4）宏定义不是 C 语句，不必在行末加分号。如果加了分号则会连分号一起进行替换。

（5）#define 命令出现在程序中函数的外面，宏名的有效范围为定义命令之后到本源文件结束。通常，#define 命令写在文件开头，函数之前，作为文件一部分，在此文件范围内有效。

（6）可以用#undef 命令终止宏定义的作用域。

（7）在进行宏定义时，可以引用已定义的宏名，可以层层置换。

（8）对程序中用双引号括起来的字符串内的字符，即使与宏名相同，也不进行置换。例如例 7-2 中的 printf 函数内有两个 L 字符，一个在双引号内，它不被宏置换；另一个在双引号外，被宏置换展开。

（9）宏定义是专门用于预处理命令的一个专用名词，它与定义变量的含义不同，只作字符替换，不分配内存空间。

7.1.2 带参数的宏

带参数的宏定义不是进行简单的字符串替换，还要进行参数替换。其定义的一般形式为：

#define 宏名（参数表）字符串

字符串中包含在括号中所指定的参数。

对带参数的宏定义是这样展开置换的：在程序中如果有带实参的宏，则按#define 命令行中指定的字符串从左到右进行置换。如果串中包含宏中的形参，则将程序语句中相应的实参（可以是常量、变量或表达式）代替形参。如果宏定义中的字符串中的字符不是参数字符，则保留。这样就形成了置换的字符串。

例 7-3 使用带参数的宏。

```
#include <stdio.h>
#define PI 3.1415926
#define S(r) PI*r*r
void main()
{
    float a, area;
    a=3.6;
    area=S(a);
    printf("r=%f\narea=%f\n", a, area);
}
```

运行结果如下：

```
r=3.600000
area=40.715038
```

赋值语句“area = S(a);”经宏展开后为：

area = 3.1415926 * a * a;

说明：

（1）对带参数的宏的展开只是将语句中的宏名后面括号内的实参字符串代替#define命令行中的形参。

（2）在宏定义时，在宏名与带参数的括号之间不应加空格，否则将空格以后的字符都作为替代字符串的一部分。

有些读者容易把带参数的宏和函数混淆。的确，它们之间有一定类似之处，在调用函数时也是在函数名后的括号内写实参，也要求实参与形参的数目相等。但是带参数的宏定义与函数是不同的。主要有：

1）函数调用时，先求出实参表达式的值，然后代入形参。而使用带参数的宏只是进行简单的字符替换。

2）函数调用是在程序运行时处理的，为形参分配临时的内存单元。而宏展开则是在编译前进行的，在展开时并不分配内存单元，不进行值的传递处理，也没有“返回值”的概念。

3）对函数中的实参和形参都要定义类型，二者的类型要求一致，如不一致，应进行类型转换。而宏不存在类型问题，宏名无类型，它的参数也无类型，只是一个符号代表，展开时代入指定的字符串即可。宏定义时，字符串可以是任何类型的数据。例如：

#define CHARl CHINA（字符）

#define A 3.6（数值）

CHARl 和 A 不需要定义类型，它们不是变量，在程序中凡遇 CHARl 均以 CHINA 代之；凡遇 A 均以 3.6 代之，显然不需定义类型。同样，对带参数的宏：

#define S(r) PI * r * r

r 也不是变量，如果在语句中有 S(3.6)，则展开后为 PI * 3.6 * 3.6，语句中并不出现 r。当然也不必定义 r 的类型。

4）调用函数只可得到一个返回值，而用宏可以设法得到几个结果。

5）使用宏次数多时，宏展开后源程序变长，而函数调用不会使源程序变长。

6）宏替换不占运行时间，只占编译时间，而函数调用则占运行时间（分配单元、保留现场、值传递、返回）。

一般用宏来代表简短的表达式比较合适。有些问题，用宏和函数都可以。例如：

```
#define MAX(x,y) (x) > (y)? (x):(y)
void main()
{ int a,b,c,d,t;
  …
  t = MAX(a + b,c + d);
  …
}
```

赋值语句展开后为：

t = (a + b) > (c + d)? (a + b): (c + d);

注意：MAX 不是函数，这里只有一个 main 函数，在 main 函数中就能求出 t 的值。

这个问题也可以用函数来解决。可以定义求两个数中大者的函数 max：

```
int max(int x, int y)          /* 定义 max 函数 */
{ return(x > y? x:y);}
```

在主函数中调用 max 函数：

```
void main()
{  int a,b,c,d,t;
   …
   t = max(a + b,c + d);        /* 调用 max 函数 */
   …
}
```

请仔细分析以上两种方法。

如果善于利用宏定义，可以实现程序的简化，可以事先将程序中的“输出格式”定义好，以减少在输出语句中每次都要写出具体输出格式的麻烦。在写复杂程序时，这样做是很方便的。

7.2 “文件包含”处理

所谓“文件包含”处理，是指一个源文件可以将另外一个源文件的全部内容包含进来，即将另外的文件包含到本文件之中。C 语言提供了#include 命令用来实现“文件包含”的操作。其一般形式为：

```
#include“文件名”
```

或

```
#include <文件名>
```

图 7-1 所示为“文件包含”的含义。图 7-1（a）为文件 filel. c，它有一个#include <file2. c>命令，然后还有其他内容（以 A 表示）。图 7-1（b）为另一文件 file2. c，文件内容以 B 表示。在编译预处理时，要对#include 命令进行“文件包含”处理：将 file2. c 的全部内容复制插入到#include <file2. c>命令处，即 file2. c 被包含到 filel. c 中，得到图 7-1（c）所示的结果。在编译时，对将经编译预处理的 filel. c[图 7-1（c）] 作为一个源文件单位进行编译。

“文件包含”命令是很有用的，它可以节省程序设计人员的重复劳动。例如，某单位的人员往往使用一组固定的符号常量（如 g = 9. 81，pi = 3. 1415926，e = 2. 718……），可以把这些宏定义命令组成一个头文件，然后各人都可以用#include 命令将这些符号常量包含到自己所写的源文件中。这样每个人就可以不必重复定义这些符号常量，相当于工业上的标准零件，拿来就用。

一个被包含文件中又可以包含另一个被包含文件，即文件包含是可以嵌套的，如图 7-2所示。它的作用与图 7-3 相同。

在#include 命令中，文件名可以用双引号或尖括号括起来，如可以在 file1. c 中用

```
#include <file2. h>
```

或

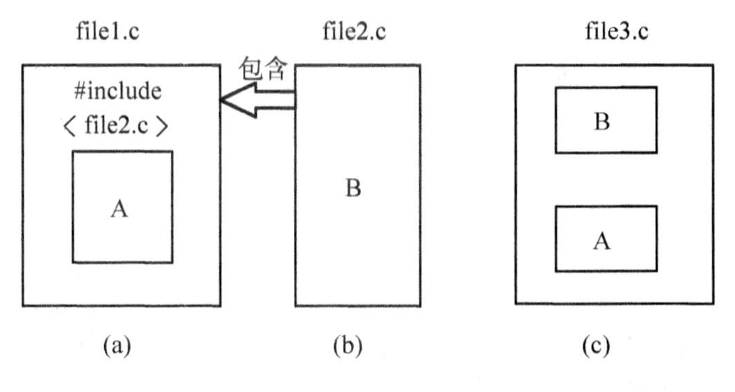

图7－1　“文件包含”的含义

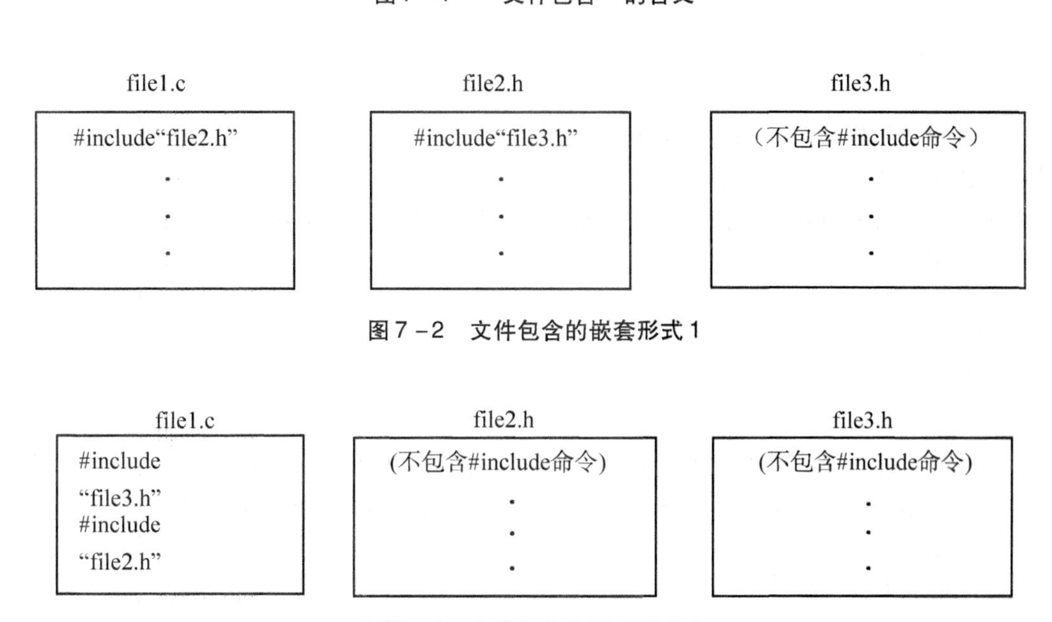

图7－2　文件包含的嵌套形式1

图7－3　文件包含的嵌套形式2

#include “file2. h”

两种写法都是合法的。二者的区别是用尖括号（如 < stdio. h > 形式）时，系统到存放C库函数头文件的目录中寻找要包含的文件，这称为标准方式。用双引号（如“stdio. h”形式）时，系统先在用户当前目录中寻找要包含的文件，若找不到，再按标准方式查找。一般来说，如果为调用库函数而用#include 命令来包含相关的头文件，则用尖括号，以节省查找时间。如果要包含的是用户自己编写的文件（这种文件一般都在用户当前目录中），一般用双引号。若文件不在当前目录中，在双引号内应给出文件路径（如#include “C：\li \ file2. h”）。

7.3　条件编译

一般情况下，源程序中所有行都参加编译。但是有时希望程序中一部分内容只在满足一定条件时才进行编译，也就是对这一部分内容指定编译的条件，这就是“条件编译”。

有时，希望在满足某条件时对某一组语句进行编译，而当条件不满足时则编译另一组语句。

条件编译命令有以下几种形式：

1. #ifdef 标识符
   程序段 1
#else
   程序段 2
#endif

它的作用是，若所指定的标识符已经被#define 命令定义过，则在程序编译阶段编译程序段 1；否则编译程序段 2。其中#else 部分可以没有，即

#ifdef 标识符
   程序段 1
#endif

这里的“程序段”可以是语句组，也可以是命令行。这种条件编译对于提高通用性是很有好处的。如果一个 C 源程序在不同计算机系统上运行，而不同的计算机又有一定的差异，这样往往需要对源程序作必要的修改，这就降低了程序的通用性。

2. #ifndef 标识符
   程序段 1
#else
   程序段 2
#endif

只是第一行与第一种形式不同：将“ifdef”改为“ifndef”。它的作用是，若标识符未被定义过则编译程序段 1；否则编译程序段 2。这种形式与第一种形式的作用相反。

3. #if 表达式
   程序段 1
#else
   程序段 2
#endif

它的作用是，当指定的表达式值为真（非零）时就编译程序段 1；否则编译程序段 2。可以事先给定条件，使程序在不同的条件下执行不同的功能。

例 7-4 输入一行字母字符，根据需要设置条件编译，使之能将字母全改为大写输出，或全改为小写字母输出。

```
#include <stdio.h>
#define LETTER 1
void main()
{ char str[20] = "C Language", c;
  int i;
  i=0;
  while((c=str[i])!='\0')
```

```
  { i++;
    #if LETTER
    if(c>='a' &&c<='z')
      c=c-32;
    #else
    if(c>='A' &&c<='Z')
      c=c+32;
    #endif
    printf("%c",c);
  }
  printf("\n");
}
```

运行结果为：

C LANGUAGE

现在先定义 LETTER 为 1，这样在对条件编译命令进行预处理时，由于 LETTER 为真（非零），则对第一个 if 语句进行编译，运行时使小写字母变为大写。如果将程序第一行改为：

#define LETTER 0

则在预处理时，对第二个 if 语句进行编译处理，使大写字母变成小写字母。此时运行情况为：

c language

有的读者可能会问，不用条件编译命令而直接用 if 语句也能达到要求，用条件编译命令有什么好处呢？的确，对这个问题完全可以不用条件编译处理而用 if 语句处理，但那样做，目标程序长（因为所有语句都编译），运行时间长（因为在程序运行时对 if 语句进行测试）。而采用条件编译，可以减少被编译的语句，从而减少目标程序的长度，减少运行时间。当条件编译段比较多时，目标程序长度可以大大减少。以上举例是最简单的情况，只是为了说明怎样使用条件编译，有人会觉得其优越性不太明显，但是如果程序比较复杂而且善于使用条件编译，其优越性是比较明显的。

本章介绍的预编译功能是 C 语言特有的，有利于程序的可移植性，增加程序的灵活性。

小　结

1. "编译预处理"是 C 编译系统的一个组成部分。

2. C 语言允许在程序中使用几种特殊的命令（它们不是一般的 C 语句），在 C 编译系统对程序进行通常的编译之前，先对程序中这些特殊的命令进行"预处理"，然后将预处理的结果和源程序一起再进行通常的编译处理，以得到目标代码。

3. C 语言提供的预处理功能主要有以下 3 种：宏定义、文件包含、条件编译。分别用宏定义命令、文件包含命令、条件编译命令来实现。为了与一般 C 语句相区别，这些命令以符号“#”开头。

4. 宏定义有：不带参数的宏定义和带参数的宏定义。

5. 所谓“文件包含”处理，是指一个源文件可以将另外一个源文件的全部内容包含进来，即将另外的文件包含到本文件之中。C 语言提供了#include 命令用来实现“文件包含”的操作。

6. 一般情况下，源程序中所有行都参加编译。但是有时希望程序中一部分内容只在满足一定条件时才进行编译，也就是对这一部分内容指定编译的条件，这就是“条件编译”。

思考与练习

1. 定义一个带参数的宏，使两个参数的值互换，并写出程序，输入两个数作为使用宏时的实参。输出已交换后的两个值。

2. 输入两个整数，求它们相除的余数。用带参数的宏来实现，编程序。

3. 输入长方体的长、宽、高，并利用带参数的宏定义，求出长方体的体积。

4. 请设计输出实数的格式，实数用“%6.2f”格式输出。要求：

(1) 一行内输出 1 个实数；

(2) 一行内输出 2 个实数；

(3) 一行内输出 3 个实数。

5. 分别用函数和带参数的宏，从 3 个数中找出最大数。

6. 试述“文件包含”和程序文件的连接（link）的概念，二者有何不同？

第8章　指　针

指针是C语言中广泛使用的一种数据类型。运用指针编程是C语言最主要的风格之一。利用指针变量可以表示各种数据结构；能很方便地使用数组和字符串；并能像汇编语言一样处理内存地址，从而编出精练而高效的程序。指针极大地丰富了C语言的功能。学习指针是学习C语言中最重要的一环，能否正确理解和使用指针是我们是否掌握C语言的一个标志。同时，指针也是C语言中最为困难的一部分，在学习中除了要正确理解基本概念，还必须要多编程，上机调试。只要做到这些，指针也是不难掌握的。

8.1　指针的概念

为了掌握指针的基本概念，巧妙而恰当地使用指针，必须了解计算机硬件系统的内存地址、指针和变量的间接访问之间的关系。

8.1.1　变量的地址与变量的内容

1. 内存地址　计算机的每一个内存存储器单元（以字节为单位）都有唯一的编号，这个编号就是存储单元的“地址”。类似于教学楼中的每一个教室需要一个编号（按楼层、顺序编号）。例如，对16位机，DOS环境下的应用程序，由于地址总线只有20位，其寻址范围为$2^{20}=1$ MB的寻址空间，即0x00000～0xfffff。也就是说，程序中的某一变量，对应0x00000～0xfffff范围内的某些存储单元。一个应用程序包括代码段、数据段与堆栈段等，而存放地址的寄存器是16位的，所以段内寻址范围为$2^{16}=64$ KB，即0x0000～0xffff。

2. 变量的地址和变量的内容　在程序中定义变量时，计算机就按变量的类型，为其分配一定长度的存储单元。例如：

```
int    x, y;
float    z;
```

计算机在内存中就为变量x和y各分配了2个字节，为z分配4个字节的存储单元。不妨设它们所对应的内存首地址分别为2000、2002和2004。

当执行赋值语句：

```
x = 10;
y = x+2;
z = 5.6;
```

后，对应内存单元的状态如图8-1所示。

对于C语言中所定义的变量，它所占用的内存单元的首地址即为变量的地址，从该地址开始的内存单元所存放的内容即为变量的值。

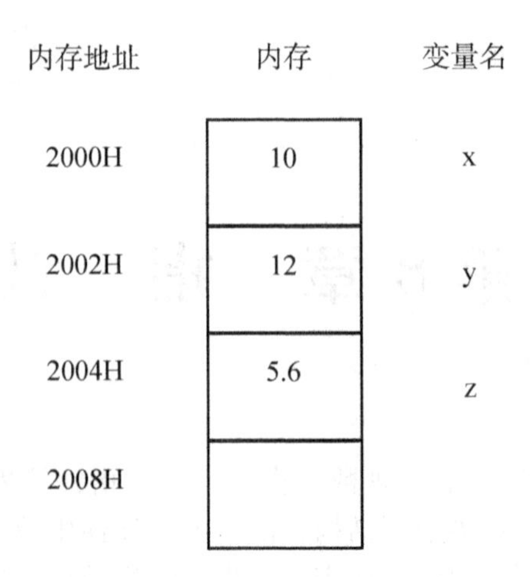

图8－1　内存单元的状态

8.1.2　直接访问与间接访问

如图8－1所示，假设程序已定义了变量x、y、z，编译时系统分配2000和2001给x，2002和2003字节给y，2004，2005，2006，2007给z。在内存中已没有x、y、z这些变量名了，对变量存取都是通过地址进行的。例如，printf（"%d"，x）的执行结果是这样的：根据变量名与地址的对应关系，找到变量x的地址2000，然后从2000开始的两个字节中取出数据（即变量的值10），把它输出。输入时如果用scanf（"%d"，&x），在执行时，就把从键盘输入的值送到地址为2000开始的整型存储单元中。这种按变量地址存取变量值的方式称为"直接访问"方式。

还可以采用另一种称之为"间接访问"的方式，将变量x的地址存放在另一个内存单元中。C语言规定可以在程序中定义整型变量、实型变量、字符变量等，也可以定义这样一种特殊变量，它是存放地址的。假设我们定义了变量p是存放整型变量的地址的，它被分配为3010，3011字节。可以通过下面语句将x的地址值放到p中，即

```
p = &x;
```

这时，p的值就是2000，即变量x所占单元的起始地址。要存取变量x的值，也可以采取间接方式：先找到存放"x的地址"的单元地址，从中取出x的地址（2000），然后到2000，2001字节取出x的值。

打个比方，为了打开抽屉A，有两种办法，一种是将A钥匙带在身上，需要时直接找出该钥匙打开抽屉，取出所需东西。另一种办法是：为安全起见，将该钥匙（A）放到另一抽屉B中锁起来。如果需要打开抽屉A，就需要先找出B钥匙，打开抽屉B取出A钥匙，再打开抽屉A，取出抽屉A中之物，这就是间接访问。

8.1.3　变量的指针与指针变量

1. 变量的指针　一个变量的首地址称该变量的指针，记作&x。即在变量名前加取地址运算符"&"。例如，变量x的首地址是2000，我们就说x的指针是2000。

2. 指针变量　专门用来存放变量首地址的变量称指针变量。当指针变量中存放着另一个变量的地址时，就称这个指针变量指向那一变量。

例如，假设px是指针变量，并存放x的地址2000，如图8－2（a）所示，简称为px

指向 x，用图 8－2（b）表示。

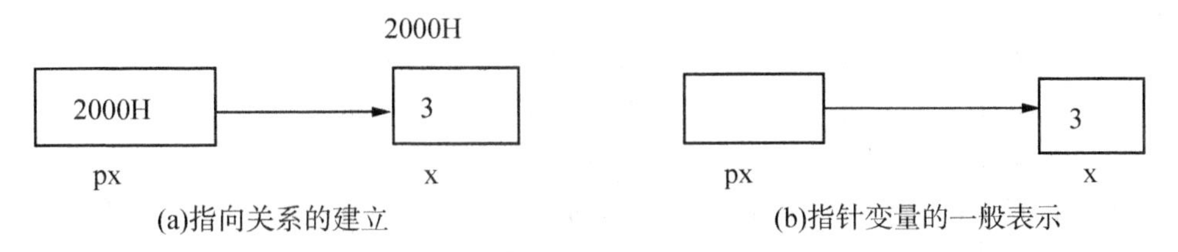

(a)指向关系的建立　　(b)指针变量的一般表示

图 8－2　指向关系的建立与指针变量的表示

3. 指针变量与它所指向的变量的关系

（1）指针变量也是变量，具有变量的特征，在内存中也占用一定的存储单元，也有"地址"和"值"的概念。但指针变量的"值"不同于一般变量的"值"，指针变量的"值"是另一实体（变量、数组或函数等）的地址。

（2）指针变量 px 与它所指向的变量 x 的关系，用指针运算符"＊"表示为：

```
*px
```

即＊px 等价于变量 x，因此，下面两个语句的作用相同，都是将 100 赋给变量 x：

```
x = 100;          /* 将 100 直接赋给变量 x */
*px = 100;        /* 将 100 间接赋给变量 x */
```

4. 指针变量的长度　指针变量的长度可以是 2 个字节或 4 个字节，这取决于引用者和被引用者之间的距离，通常由系统自动决定。

8.2　指针变量的定义与引用

8.2.1　指针变量的定义

与简单变量一样，指针变量也是先定义后使用。下面我们先看几个指针变量定义的例子：

```
int      *p1;      /* 定义指向 int 型变量的指针 p1 */
float    *p2;      /* 定义指向 float 型变量的指针 p2 */
char     *p3;      /* 定义指向 char 型变量的指针 p3 */
```

从这三个例子中可以看出，指针的定义与普通变量的定义基本类似，所不同的是在变量名前多了一个星号"＊"。

对指针变量的定义包括三个内容：

（1）指针类型说明，即定义变量为一个指针变量；

（2）指针变量名；

（3）变量值（指针）所指向的变量的数据类型。

指针的定义方式：

类型标识符　　＊指针变量名；

其中，＊表示这是一个指针变量，变量名即为定义的指针变量名，类型标识符表示本指针变量所指向的变量的数据类型。

例如，声明语句

```
int *p1;
```

就定义 p1 是一个整型指针变量。

再如：

```
int *p2;        /*p2 是指向整型变量的指针变量 */
float *p3;      /*p3 是指向浮点变量的指针变量 */
char *p4;       /*p4 是指向字符变量的指针变量 */
```

应该注意的是，一个指针变量只能指向同类型的变量，如 p3 只能指向浮点变量，不能时而指向一个浮点变量，时而又指向一个字符变量。

8.2.2 指针变量的引用

指针变量同普通变量一样，使用之前不仅要说明，而且必须赋予具体的值。未经赋值的指针变量不能使用，否则将造成系统混乱，甚至死机。指针变量的赋值只能赋予地址，决不能赋予任何其他数据，否则将引起错误。在 C 语言中，变量的地址是由编译系统分配的，对用户完全透明，用户不知道变量的具体地址。

两个有关的运算符：

（1）&：取地址运算符。

（2）*：指针运算符（或称“间接访问”运算符）。

C 语言中提供了地址运算符 & 来表示变量的地址。

其一般形式为：

&变量名

如 &a 表示变量 a 的地址，&b 表示变量 b 的地址。变量本身必须预先说明。

设有指向整型变量的指针变量 p，如要把整型变量 a 的地址赋予 p 可以有以下两种方式：

（1）指针变量初始化的方法：

```
int a;
int *p = &a;
```

（2）赋值语句的使用方法：

```
int a;
int *p;
p = &a;
```

不允许把一个数赋予指针变量，故下面的赋值是错误的：

```
int *p;
p = 1000;
```

被赋值的指针变量前不能再加“*”说明符，如写成 *p = &a 也是错误的。

假设：

```
int i = 200, x;
int *p;
```

我们定义了两个整型变量 i、x，还定义了一个指向整型数的指针变量 p。i、x 中可存放整数，而 p 中只能存放整型变量的地址。我们可以把 i 的地址赋给 p：

```
p = &i;
```

此时指针变量 p 指向整型变量 i，假设变量 i 的地址为 1800，这个赋值可形象理解为如图 8－3 所示的联系。

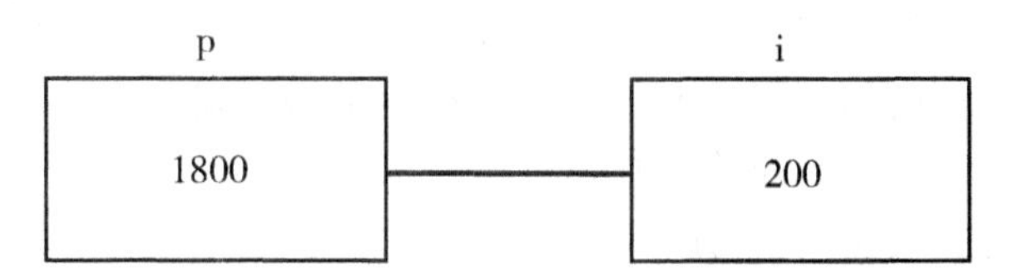

图 8－3　指针变量和指针的指向关系

以后我们便可以通过指针变量 p 间接访问变量 i，例如：

```
x = * p;
```

运算符 * 访问以 p 为地址的存储区域，而 p 中存放的是变量 i 的地址，因此，* p 访问的是地址为 1800 的存储区域（因为是整数，实际上是从 1800 开始的两个字节)，它就是 i 所占用的存储区域，所以上面的赋值表达式等价于

```
x = i;
```

另外，指针变量和一般变量一样，存放在它们之中的值是可以改变的，也就是说可以改变它们的指向，假设

```
int i, j, * p1, * p2;
i = 'a';
j = 'b';
p1 = &i;
p2 = &j;
```

则建立如图 8－4 所示的联系。

这时赋值表达式：

```
p2 = p1
```

就使 p2 与 p1 指向同一对象 i，此时 *p2 就等价于 i，而不是 j，如图 8－5 所示。

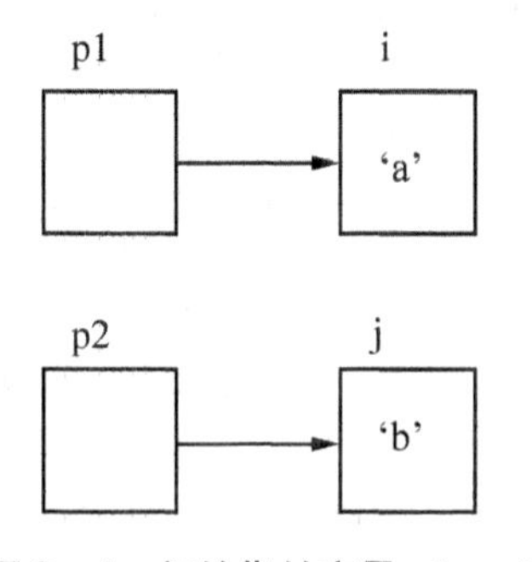

图 8－4　初始指针变量 p1，p2

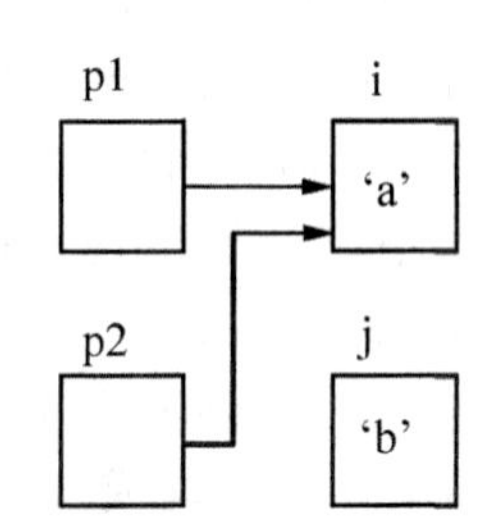

图 8－5　p2 = p1 执行结果

如果执行如下表达式：

```
*p2 = *p1;
```

则表示把 p1 所指对象的内容赋给 p2 所指对象，如图 8－6 所示。

通过指针访问它所指向的一个变量是以间接访问的形式进行的，所以比直接访问一个变量要费时间，而且不直观，因为通过指针要访问哪一个变量，取决于指针的值（即指

向)，例如“*p2 = *p1;”实际上就是“j = i;”，前者不仅速度慢而且目的不明。但由于指针是变量，我们可以通过改变它们的指向，以间接访问不同的变量，这给程序员带来灵活性，也使程序代码编写更为简洁和有效。

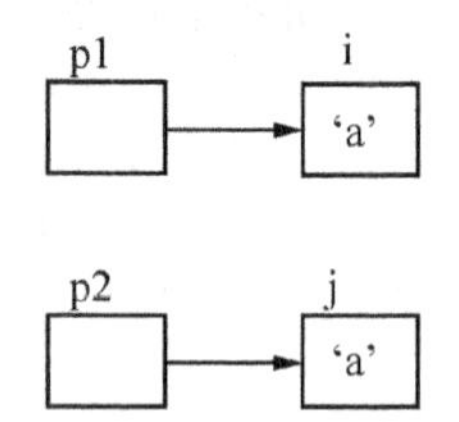

图 8－6　* p2 = * p1 执行结果

指针变量可出现在表达式中，设

```
int x,y,  *px = &x;
```

则指针变量 px 指向整数 x，则 * px 可出现在 x 能出现的任何地方。例如：

```
y = *px + 5;    /* 表示把 x 的内容加 5 并赋给 y */
y = ++ *px;     /* px 的内容加上 1 之后赋给 y， ++ * px 相当于 ++( * px)  */
y = *px ++ ;    /* 相当于 y = * px; px ++ ;  */
```

例 8－1　指针的应用。

```
main( )
{ int a,b;
  int * pointer_1, * pointer_2;
  a = 100; b = 10;
  pointer_1 = &a;
  pointer_2 = &b;
  printf("%d,%d\n",a,b);
  printf("%d,%d\n", * pointer_1, * pointer_2);
}
```

程序说明：

（1）在开头处虽然定义了两个指针变量 pointer_1 和 pointer_2，但它们并未指向任何一个整型变量。只是提供两个指针变量，规定它们可以指向整型变量。程序第 5、第 6 行的作用就是使 pointer_1 指向 a，pointer_2 指向 b，如图 8－7 所示。

pointer_1　a　&a　*pointer_1
pointer_2　b　&b　*pointer_2

图 8－7　初始指针变量

（2）最后一行的 * pointer_1 和 * pointer_2 就是变量 a 和 b。最后两个 printf 函数作用是相同的。

（3）程序中有两处出现 * pointer_1 和 * pointer_2，请区分它们的不同含义。

（4）程序第 5、第 6 行的“pointer_1 = &a;”和“pointer_2 = &b;”不能写成“ * pointer_1 = &a;”和“* pointer_2 = &b;”。

请对下面关于“&”和“ * ”的问题进行考虑：

1）如果已经执行了“pointer_1 = &a;”语句，则 & * pointer_1 是什么含义？

2） * &a 含义是什么？

3）(* pointer_1) ++ 和 * pointer_1 ++ 的区别？

例 8－2　输入 a 和 b 两个整数，按先大后小的顺序输出 a 和 b。

```
main( )
```

```
{ int  * p1 , * p2,  * p, a,b;
  scanf("%d,%d", &a,&b);
  p1 = &a; p2 = &b;
  if(a < b)
     {p = p1; p1 = p2; p2 = p;}
  printf(" \na = %d, b = %d \n", a, b);
  printf("max = %d, min = %d \n", * p1, * p2);
}
```

8.3 指针的运算

指针变量可以进行某些运算，但其运算的种类是有限的。它只能进行赋值运算和部分算术运算及关系运算。

8.3.1 指针赋值运算

指针变量的赋值运算有以下几种形式。

（1）指针变量初始化赋值，前面已作介绍。

（2）把一个变量的地址赋予指向相同数据类型的指针变量。例如：

```
int a, * pa;
pa = &a;        /* 把整型变量 a 的地址赋予整型指针变量 pa */
```

（3）把一个指针变量的值赋予指向相同类型变量的另一个指针变量。例如：

```
int a, * pa = &a, * pb;
pb = pa;          /* 把 a 的地址赋予指针变量 pb */
```

由于 pa, pb 均为指向整型变量的指针变量，因此可以相互赋值。

（4）把数组的首地址赋予指向数组的指针变量。例如：

```
int a[5], * pa;
pa = a;
```

数组名表示数组的首地址，故可赋予指向数组的指针变量 pa。也可写为：

```
pa = &a[0]; /* 数组第一个元素的地址也是整个数组的首地址，也可赋予 pa */
```

当然也可采取初始化赋值的方法：

```
int a[5],  * pa = a;
```

（5）把字符串的首地址赋予指向字符类型的指针变量。例如：

```
char  * pc;
pc ="C Language";
```

或用初始化赋值的方法写为：

```
char * pc ="C Language";
```

这里应说明的是并不是把整个字符串装入指针变量，而是把存放该字符串的字符数组的首地址装入指针变量。在后面还将详细介绍。

（6）把函数的入口地址赋予指向函数的指针变量。例如：

```
int(* pf)();
pf = f;          /* f 为函数名 */
```

8.3.2 指针的算术运算

指针的算术运算仅有指针变量值加或减一个整数的操作，也就是说，只能用算术运算符“+”、“-”、“++”、“--”对指针加或减一个整数的处理，而不允许对指针做乘法或除法运算，不允许对两个指针进行相加或移位运算，也不允许对指针加上或减去一个float类型或double类型的数据。

1. 对指针变量值加或减一个整数的操作　指针变量与一个整数的加或减的操作实质上是一种地址运算。这里以一个指向数组的指针为例来说明该操作的应用。如在下列语句中：

```
static int a[5] = {1,2,3,4,5};
int *p;
p = a;
p ++;
p +=3;
p --;
```

指针变量p指向数组a的第一个元素a[0]，即该数组的起始地址，这时 *p 的值是1。若指针变量加1，则指针指向数组的下一个元素a[1]，这时 *p 的值是2。若指针变量的值再加3，则指针指向数组的第5个元素a[4]，这时 *p 的值为5。接着指针变量减去1，则指针指向数组的上一个元素a[3]，这时 *p 的值是4。即指针每递增一次，就指向后一个数组元素的内存单元，指针每递减一次，就指向前一个数组元素的内存单元。

2. 两指针变量相减　只有指向同一数组的两个指针变量之间才能进行相减运算，否则运算毫无意义。

两指针变量相减所得之差是两个指针所指数组元素之间相差的元素个数。实际上是两个指针值（地址）相减之差再除以该数组元素的长度（字节数）。例如pf1和pf2是指向同一浮点数组的两个指针变量，设pf1的值为2010H，pf2的值为2000H，而浮点数组每个元素占4个字节，所以pf1 - pf2的结果为（2010H - 2000H)/4 =4，表示pf1和pf2之间相差4个元素。两个指针变量不能进行加法运算。例如，pf1 + pf2毫无实际意义。

8.3.3 指针的关系运算

指向同一数组的两指针变量进行关系运算时，可表示它们所指数组元素之间的关系。例如：pf1 == pf2表示pf1和pf2指向同一数组元素；pf1 > pf2表示pf1处于高地址位置；pf1 < pf2表示pf1处于低地址位置。

指针变量还可以与0比较：设p为指针变量，则p ==0表明p是空指针，它不指向任何变量；p! =0表示p不是空指针。

空指针是由对指针变量赋予0值而得到的。

例如：

```
#define NULL 0
int *p = NULL;
```

对指针变量赋0值和不赋值是不同的。指针变量未赋值时，可以是任意值，是不能使用的，否则将造成意外错误。而指针变量赋0值后，则可以使用，只是它不指向具体的变量而已。

例8-3 指针的运算。

```
main()
{
  int a=10,b=20,s,t,*pa,*pb;     /*说明pa,pb为整型指针变量*/
  pa=&a;                    /*给指针变量pa赋值，pa指向变量a*/
  pb=&b;                     /*给指针变量pb赋值，pb指向变量b*/
  s=*pa+*pb;             /*求a+b之和(*pa就是a,*pb就是b)*/
  t=*pa**pb;              /*本行是求a*b之积*/
  printf("a=%d\nb=%d\na+b=%d\na*b=%d\n",a,b,a+b,a*b);
  printf("s=%d\nt=%d\n",s,t);
}
```

例8-4 求最大值和最小值。

```
main()
{
  int a,b,c,*pmax,*pmin;              /*pmax,pmin为整型指针变量*/
  printf("input three numbers:\n");   /*输入提示*/
  scanf("%d%d%d",&a,&b,&c);           /*输入三个数字*/
  if(a>b){                            /*如果第一个数字大于第二个数字*/
    pmax=&a;                          /*指针变量赋值*/
    pmin=&b;}                         /*指针变量赋值*/
  else {
    pmax=&b;                          /*指针变量赋值*/
    pmin=&a;}                         /*指针变量赋值*/
  if(c>*pmax) pmax=&c;                /*判断并赋值*/
  if(c<*pmin) pmin=&c;                /*判断并赋值*/
    printf("max=%d\nmin=%d\n",*pmax,*pmin); /*输出结果*/
}
```

8.4 指针和数组

一个变量有一个地址，一个数组包含若干元素，每个数组元素都在内存中占用存储单元，它们都有相应的地址。所谓数组的指针，是指数组的起始地址，数组元素的指针是数组元素的地址。

8.4.1 指针与一维数组

1. 数组的指针　数组的指针是指数组在内存中的起始地址，数组元素的指针是数组元素在内存中的起始地址。

例如：int data[6];

(1) 数组名data是指针常量，它代表的是数组的首地址，也就是数组第一个分量data[0]元素的首地址。

(2) data+i就是data[i]的首地址（i=0, 1, 2, 3, 4, 5），即data+i与&data[i]等

价。data[i] 的首地址 &data[i] 就称 data[i] 的指针。data + i 又称为指向 data[i] 的指针，简称为 data + i 指向 data[i]。

引用数组元素时，可用 * data、*(data + 1)、*(data + 2)、*(data + 3)、*(data + 4)、*(data + 5) 的方式，如图 8 - 8 (a) 所示。

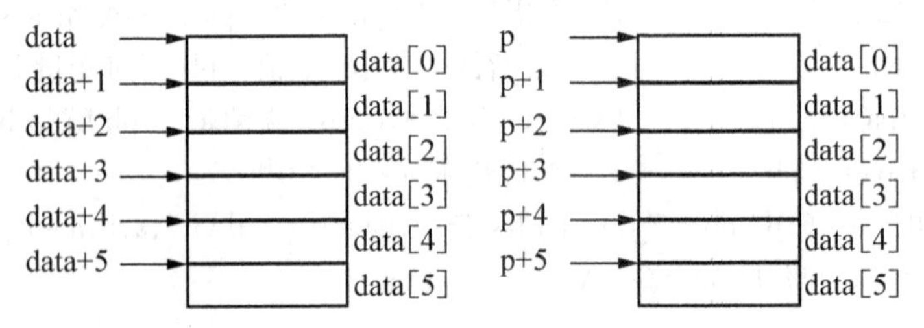

(a)数组指针与数组元素的关系　(b)指向数组的指针与数组关系

图 8 - 8　用指针引用数组元素

2. 指向数组的指针变量

```
int data[6];        /* 定义 data 为包含 6 个整型数据的数组 */
int *p ;            /* 定义 p 为指向整型变量的指针变量 */
```

则语句：

```
p = &data[0]; (或 p = data;)
```

就把 data[0] 元素的地址赋给指针变量 p，即 p 指向 data 数组的第 0 号元素。同样，语句

```
p = &data[i];
```

就使 p 指向 data 数组的第 i 号元素。

(1) 如果 p 的初值为 &data[0]，则 p + i 就是 data[i] 的地址 &data[i] (i = 0, 1, 2, 3, 4, 5)。

(2) 如果 p 指向数组中的一个元素，则 p + 1 就指向同一数组的下一个元素。p + 1 所代表的地址实际上是从 p 所指位置移动 d 个内存单元，d 是数组中元素所占字节数（对整数型，d = 2；对实型，d = 4；对字符型，d = 1），如图 8 - 8 (b) 所示。

3. 数组元素的引用　若有定义

```
int  data[6];
int  *p = data;
```

则指针和数组之间有如下恒等式：

(1) data + i == &data[i] == p + i　(i = 0, 1, 2, 3, 4, 5)

(2) data[i] == *(data + i) == *(p + i) == p[i]　(i = 0, 1, 2, 3, 4, 5)

引用数组第 i 个元素，有以下访问方式：

1) 下标法：

数组名下标法：data[i]

指针变量下标法：p[i]

2) 指针法：

数组名指针法：*(data + i)

指针变量指针法：*(p+i)

例如，下面4条语句的作用都是将20赋给data[5]元素。

data[5]=20；*(data+5)=20；

*(p+5)=20；p[5]=20；

例8-5 用下标法和指针法引用数组元素。

```
main()
{ int data[6]={0,3,6,9,12,15}, *p=data, i;
  for(i=0; i<6; i++)
    printf(i==5 ?"%d\n" :"%d ", data[i]);        /* 数组名下标法 */
  for(i=0; i<6; i++)
    printf(i==5 ?"%d\n" :"%d ", *( data+i));     /* 数组名指针法 */
  for(i=0; i<6; i++)
    printf(i==5 ?"%d\n" :"%d ", p[i]);           /* 指针变量下标法 */
  for(i=0; i<6; i++)
    printf(i==5 ?"%d\n" :"%d ", *(p+i));         /* 指针变量指针法 */
}
```

运行结果为：

```
0 3 6 9 12 15
0 3 6 9 12 15
0 3 6 9 12 15
0 3 6 9 12 15
```

8.4.2 指针与二维数组

1. 二维数组的地址 设有整型二维数组a[3][4]如下：

0 1 2 3

4 5 6 7

8 9 11 12

它的定义为：

int a[3][4]={{0,1,2,3},{4,5,6,7},{8,9,11,12}}

设数组a的首地址为1000，各下标变量的首地址及其值如图8-9所示。

1000 0	1002 1	1004 2	1006 3
1008 4	1010 5	1012 6	1014 7
1016 8	1018 9	1020 11	1022 12

图8-9 下标变量的首地址及其值

前面介绍过，C语言允许把一个二维数组分解为多个一维数组来处理。因此数组a可分解为三个一维数组，即a[0]，a[1]，a[2]。每一个一维数组又含有四个元素。

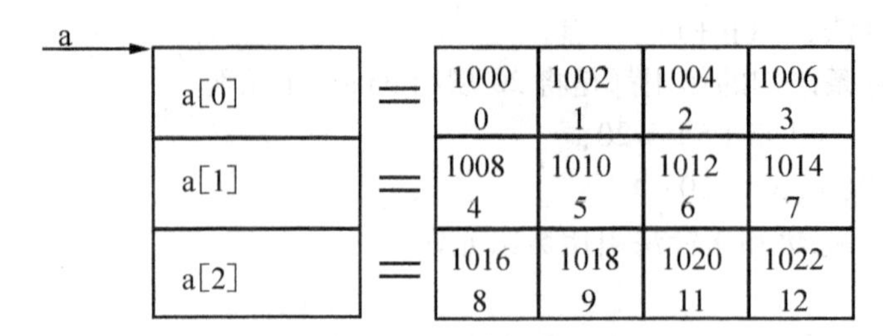

图 8－10 二维数组的组成

例如 a[0] 数组，含有 a[0][0]，a[0][1]，a[0][2]，a[0][3] 四个元素。

数组及数组元素的地址表示如下：从二维数组的角度来看，a 是二维数组名，a 代表整个二维数组的首地址，也是二维数组 0 行的首地址，等于 1000。a＋1 代表第一行的首地址，等于 1008，如图 8－11 所示。

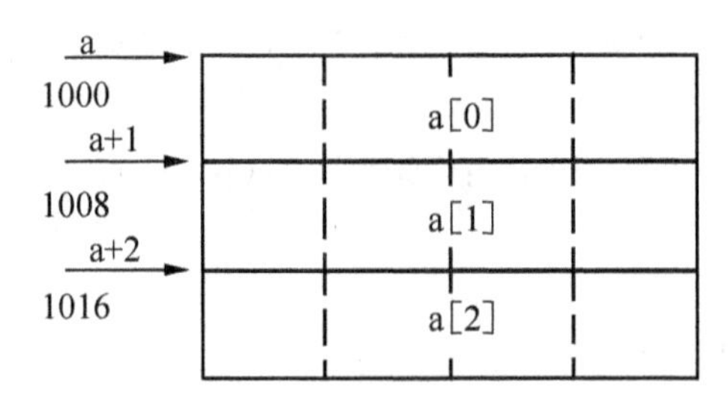

图 8－11 二维数组的行指针

a[0] 是第一个一维数组的数组名和首地址，因此也为 1000。*(a＋0) 或 *a 是与a[0]等效的，它表示一维数组 a[0] 的 0 号元素的首地址，也为 1000。&a[0][0] 是二维数组 a 的 0 行 0 列元素首地址，同样是 1000。因此，a，a[0]，*(a＋0)，*a，&a[0][0] 是等同的。

同理，a＋1 是二维数组 1 行的首地址，等于 1008。a[1] 是第二个一维数组的数组名和首地址，因此也为 1008。&a[1][0] 是二维数组 a 的 1 行 0 列元素地址，也是 1008。因此 a＋1，a[1]，*(a＋1)，&a[1][0] 是等同的。

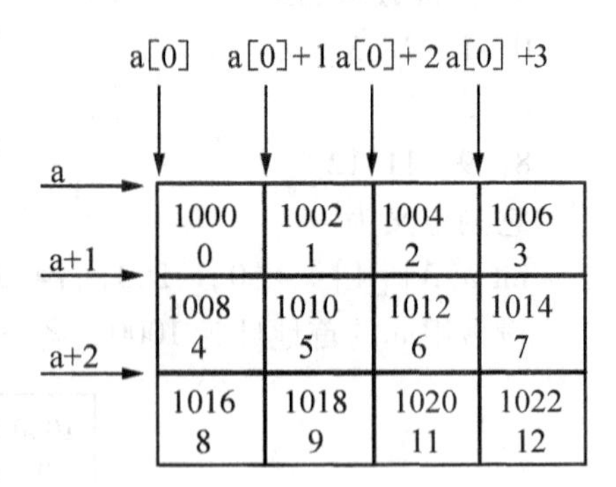

图 8－12 二维数组元素的地址

由此可得出：a＋i，a[i]，*(a＋i)，&a[i][0] 是等同的。

此外，&a[i] 和 a[i] 也是等同的。因为在二维数组中不能把 &a[i] 理解为元素 a[i] 的地址，不存在元素 a[i]。C 语言规定，它是一种地址计算方法，表示数组 a 第 i 行首地址。由此，我们得出：a[i]，&a[i]，*(a＋i) 和 a＋i 也都是等同的。

另外，a[0] 也可以看成是 a[0]＋0，是一维数组 a[0] 的 0 号元素的首地址，而a[0]＋1 则是 a[0]的 1 号元素首地址，由此可得出 a[i]＋j 则是一维数组 a[i]的 j 号元素首地址，它等于 &a[i][j]。

由 a[i]＝*(a＋i) 得 a[i]＋j＝*(a＋i)＋j。由于 *(a＋i)＋j 是二维数组 a 的 i 行 j 列

元素的首地址，所以，该元素的值等于 *(*(a+i)+j)。

例8-6 二维数组元素的地址。

```
main()
{ int a[3][4]={0,1,2,3,4,5,6,7,8,9,11,12};
  printf("%d,",a);
  printf("%d,", *a);
  printf("%d,",a[0]);
  printf("%d,",&a[0]);
  printf("%d\n",&a[0][0]);
  printf("%d,",a+1);
  printf("%d,", *(a+1));
  printf("%d,",a[1]);
  printf("%d,",&a[1]);
  printf("%d\n",&a[1][0]);
  printf("%d,",a+2);
  printf("%d,", *(a+2));
  printf("%d,",a[2]);
  printf("%d,",&a[2]);
  printf("%d\n",&a[2][0]);
  printf("%d,",a[1]+1);
  printf("%d\n", *(a+1)+1);
  printf("%d,%d\n", *(a[1]+1), *( *(a+1)+1));
}
```

2. 指向一维数组的指针变量 把二维数组 a 分解为一维数组 a[0], a[1], a[2] 之后，可定义：

```
int (*p)[4]
```

它表示 p 是一个指针变量，它指向包含 4 个元素的一维数组。若指向第一个一维数组 a[0]，其值等于 a, a[0] 或 &a[0][0] 等。而 p+i 则指向一维数组 a[i]。从前面的分析可得出 *(p+i)+j 是二维数组 i 行 j 列的元素的地址，而 *(*(p+i)+j) 则是 i 行 j 列元素的值。

指向一维数组的指针变量说明的一般形式：

类型说明符（*指针变量名）[长度]

其中“类型说明符”为所指数组的数据类型。“*”表示其后的变量是指针类型。“长度”表示二维数组分解为多个一维数组时，一维数组的长度，也就是二维数组的列数。应注意“(*指针变量名)”两边的括号不可少，如缺少括号则表示是指针数组（本章后面介绍），意义就完全不同了。

例8-7 指向一维数组的指针变量。

```
main()
{
```

```
    int a[3][4] = {0,1,2,3,4,5,6,7,8,9,11,12};
    int( *p)[4];
    int i, j;
    p = a;
    for(i =0; i<3; i++)
    { for(j =0; j<4; j++) printf("%2d ", *( *(p+i) +j));
      printf(" \n");}
}
```

8.5 指针与字符串

字符串以字符数组的形式给出。而数组可以用指针进行访问，所以，字符串也可以用指针进行访问。

8.5.1 字符串的表示

在C语言中，可以用两种方法访问一个字符串。

1. 用字符数组存放一个字符串

```
#include "stdio. h"
main( )
{
  char string[ ] = "I love China!";
  printf(" \ n%s", string);
  printf(" \n");
  for(i =0; *(string +i)! ='\ 0'; i++) /*逐个引用*/
  printf("%c", *(string +i));
}
```

程序的执行结果如下：

```
I love China!
I love China!
```

说明：和前面介绍的数组属性一样，string是数组名，它代表字符数组的首地址（图8-13）。

2. 用字符指针指向一个字符串

```
#include "stdio. h"
main( )
{ int i;
  char *p ="This is a string";          /*字符指针p指向字符串*/
  printf("%s \n", p);                   /*整体引用输出*/
  for(i =0; p[i]! = '\ 0'; i++)
    printf("%c", p[i]);                 /*逐个引用*/
  printf(" \n");
  for( ; *p! = '\ 0'; p++)
```

```
        printf("%c", *p);
    }
```

程序的执行结果如下：

```
This is a string
This is a string
This is a string
```

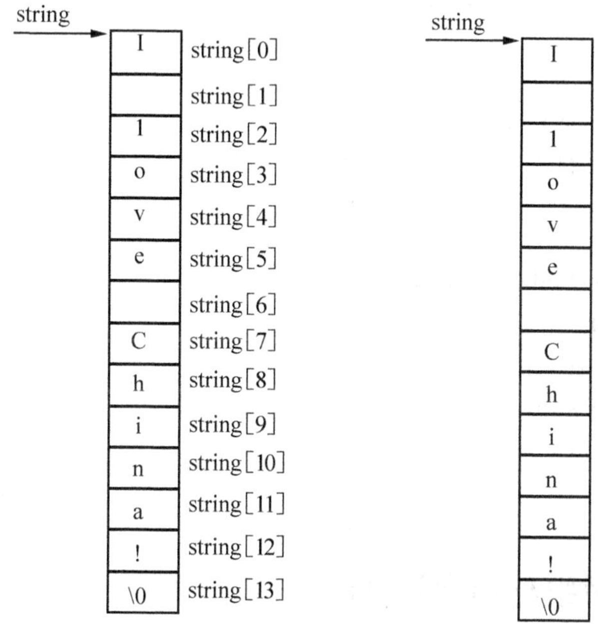

图8－13　字符数组存放字符串

例8－8　用指针方法，求字符串长度。

```
main()
{ char *p, str[80];
  int n;
  printf("输入字符串：\n");
  gets(str);
  p=str;
  while(*p!='\0') p++;
  n=p-str;
  printf("字符串:%s 的长度=%d \n", str, n);
}
```

字符串指针变量的定义说明与指向字符变量的指针变量说明是相同的。只能按对指针变量的赋值不同来区别。对指向字符变量的指针变量应赋予该字符变量的地址。

如

```
char c, *p=&c;
```

表示 p 是一个指向字符变量 c 的指针变量。

而

```
char *ps ="C Language";
```

则表示 ps 是一个指向字符串的指针变量。把字符串的首地址赋予 ps。

这里首先定义 ps 是一个字符指针变量，然后把字符串的首地址赋予 ps（应写出整个字符串，以便编译系统把该串装入连续的一块内存单元），并把首地址送入 ps。程序中的：

```
char *ps ="C Language";
```

等效于

```
char *ps;
ps ="C Language";
```

例 8-9 输出字符串中 n 个字符后的所有字符。

```
main()
{
  char *ps ="this is a book";
  int n = 10;
  ps = ps + n;
  printf("%s\n", ps);
}
```

运行结果为：

```
book
```

8.6 指针数组与指向指针的指针

8.6.1 指针数组

一个数组的元素值为指针则是指针数组。指针数组是一组有序的指针的集合。指针数组的所有元素都必须是具有相同存储类型和指向相同数据类型的指针变量。

指针数组说明的一般形式为：

类型说明符 *数组名［数组长度］

其中类型说明符为指针值所指向的变量的类型。

例如：

```
int *pa[3]
```

表示 pa 是一个指针数组，它有三个数组元素，每个元素值都是一个指针，指向整型变量。

例 8-10 通常可用一个指针数组来指向一个二维数组。指针数组中的每个元素被赋予二维数组每一行的首地址，因此也可理解为指向一个一维数组。

```
main()
{
int a[3][3] = {1,2,3,4,5,6,7,8,9};
int *pa[3] = {a[0], a[1], a[2]};
int *p = a[0];
  int i;
```

```
    for(i=0; i<3; i++)
      printf("%d,%d,%d\n", a[i][2-i], *a[i], *(*(a+i)+i));
    for(i=0; i<3; i++)
      printf("%d,%d,%d\n", *pa[i], p[i], *(p+i));
}
```

本例程序中，pa 是一个指针数组，三个元素分别指向二维数组 a 的各行。然后用循环语句输出指定的数组元素。其中 *a[i] 表示 i 行 0 列元素值；*(*(a+i)+i) 表示 i 行 i 列的元素值；*pa[i] 表示 i 行 0 列元素值；由于 p 与 a[0] 相同，故 p[i] 表示 0 行 i 列的值；*(p+i) 表示 0 行 i 列的值。读者可仔细领会元素值的各种不同的表示方法。

应该注意指针数组和二维数组指针变量的区别。这两者虽然都可用来表示二维数组，但是其表示方法和意义是不同的。

二维数组指针变量是单个的变量，其一般形式中"(*指针变量名)"两边的括号不可少。而指针数组类型表示的是多个指针（一组有序指针），其一般形式中"*指针数组名"两边不能有括号。例如：

```
int (*p)[3];
```

表示一个指向二维数组的指针变量。该二维数组的列数为 3 或分解为一维数组的长度为 3。又如：

```
int *p[3];
```

表示 p 是一个指针数组，有三个下标变量 p[0]，p[1]，p[2] 均为指针变量。

指针数组也常用来表示一组字符串，这时指针数组的每个元素被赋予一个字符串的首地址。指向字符串的指针数组的初始化更为简单，其初始化赋值为：

```
char *name[] = {"Ileagal day",
                "Monday",
                "Tuesday",
                "Wednesday",
                "Thursday",
                "Friday",
                "Saturday",
                "Sunday"};
```

完成这个初始化赋值之后，name[0]指向字符串"Illegal day"，name[1]指向"Monday"……name[7]指向"Sunday"。

指针数组也可以用作函数参数。

例 8-11 指针数组作指针型函数的参数。在本例主函数中，定义了一个指针数组 name，并对 name 初始化，其每个元素都指向一个字符串。然后又以 name 作为实参调用指针型函数 day_name，在调用时把数组名 name 赋予形参变量 name，输入的整数 i 作为第二个实参赋予形参 n。在 day_name 函数中定义了两个指针变量 pp1 和 pp2，pp1 被赋予 name[0] 的值（即 *name），pp2 被赋予 name[n] 的值即 *(name + n)。由条件表达式决定返回 pp1 或 pp2 指针给主函数中的指针变量 ps。最后输出 i 和 ps 的值。

```
main()
```

```
{
   static char * name[ ] = { "Illegal day",
                             "Monday",
                             "Tuesday",
                             "Wednesday",
                             "Thursday",
                             "Friday",
                             "Saturday",
                             "Sunday"};
   char *ps;
   int i;
   char *day_name(char *name[ ], int n);
   printf("input Day No: \n");
   scanf("%d", &i);
   if(i<0) exit(1);
   ps = day_name(name, i);
   printf("Day No:%2d -->%s\n", i, ps);
}
char *day_name(char *name[ ], int n)
{
   char *pp1, * pp2;
   pp1 = *name;
   pp2 = *(name + n);
   return((n<1 || n>7)? pp1: pp2);
}
```

例 8-12 输入 5 个国名并按字母顺序排列后输出。

```
#include "string. h"
main()
{
   void sort(char *name[ ], int n);
   void print(char *name[ ], int n);
   static char *name[ ] = {"CHINA", "AMERICA", "AUSTRALIA",
                           "FRANCE", "GERMAN"};
   int n =5;
   sort(name, n);
   print(name, n);
}
void sort(char *name[ ], int n)
{
```

```
    char *pt;
    int i, j, k;
    for(i=0; i<n-1; i++)
    {
      k=i;
    for(j=i+1; j<n; j++)
      if(strcmp(name[k], name[j])>0) k=j;
    if(k!=i)
    {
      pt=name[i];
      name[i]=name[k];
      name[k]=pt;
    }
    }
  }
  void print(char *name[], int n)
  {
    int i;
    for (i=0; i<n; i++)
      printf("%s\n", name[i]);
  }
```

说明：在以前的例子中采用了普通的排序方法，逐个比较之后交换字符串的位置。交换字符串的位置是通过字符串复制函数完成的。反复的交换将使程序执行的速度很慢，同时由于各字符串（国名）的长度不同，又增加了存储管理的负担。用指针数组能很好地解决这些问题。把所有的字符串存放在一个数组中，把这些字符数组的首地址放在一个指针数组中，当需要交换两个字符串时，只须交换指针数组相应两元素的内容（地址）即可，而不必交换字符串本身。

本程序定义了两个函数，一个名为 sort 完成排序，其形参为指针数组 name，即为待排序的各字符串数组的指针，形参 n 为字符串的个数。另一个函数名为 print，用于排序后字符串的输出，其形参与 sort 的形参相同。主函数 main 中，定义了指针数组 name 并作了初始化赋值。然后分别调用 sort 函数和 print 函数完成排序和输出。值得说明的是在 sort 函数中，对两个字符串比较，采用了 strcmp 函数，strcmp 函数允许参与比较的字符串以指针方式出现。name[k] 和 name[j] 均为指针，因此是合法的。字符串比较后需要交换时，只交换指针数组元素的值，而不交换具体的字符串，这样将大大减少时间的开销，提高了运行效率。

8.6.2　指向指针的指针

如果一个指针变量存放的又是另一个指针变量的地址，则称这个指针变量为指向指针的指针变量。

在前面已经介绍过，通过指针访问变量称为间接访问。由于指针变量直接指向变量，所以称为“单级间址”；而如果通过指向指针的指针变量来访问变量，则构成“二级间址”，如图 8－14 所示。

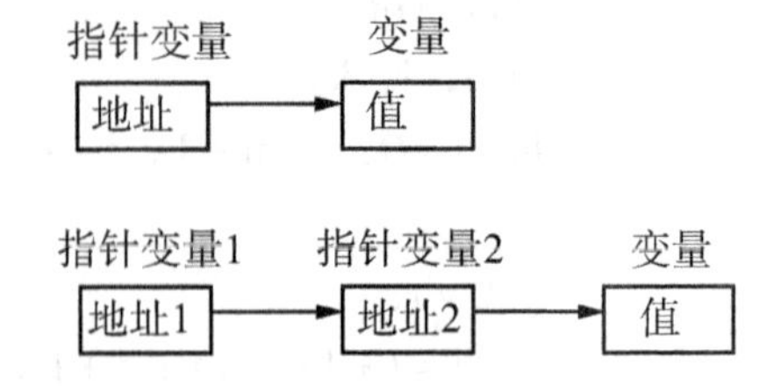

图 8－14 单级间址与二级间址

怎样定义一个指向指针型数据的指针变量呢？如下：

```
char **p;
```

p 前面有两个 * 号，相当于 *(*p)。显然 *p 是指针变量的定义形式，如果没有最前面的 *，那就是定义了一个指向字符数据的指针变量。现在它前面又有一个 * 号，表示指针变量 p 是指向一个字符指针型变量的。*p 就是 p 所指向的另一个指针变量。

如图 8－15 所示，name 是一个指针数组，它的每一个元素是一个指针型数据，其值为地址。name 是一个数组，它的每一个元素都有相应的地址。数组名 name 代表该指针数组的首地址。name + i 是 name[i] 的地址。name + i 就是指向指针型数据的指针（地址）。还可以设置一个指针变量 p，使它指向指针数组元素。p 就是指向指针型数据的指针变量。

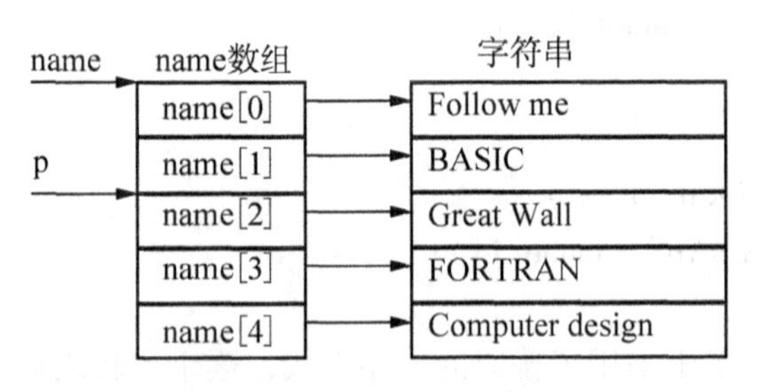

图 8－15 name 指针数组

如果有：

```
p = name + 2;
printf("%o\n", *p);
printf("%s\n", *p);
```

则第一个 printf 函数语句输出 name[2] 的值（它是一个地址），第二个 printf 函数语句以字符串形式（%s）输出字符串“Great Wall”。

例 8－13 使用指向指针的指针。

```
main()
{ char * name[ ] = {"Follow me", "BASIC", "Great Wall", "FORTRAN",
"Computer design"};
char **p;
int i;
for(i = 0; i < 5; i ++ )
{ p = name + i;
  printf("%s\n", *p);
}
```

```
}
```

说明：p是指向指针的指针变量。

例8-14 一个指针数组的元素指向数据的简单例子。

```
main()
{ static int a[5] = {1, 3, 5, 7, 9};
  int *num[5] = {&a[0], &a[1], &a[2], &a[3], &a[4]};
  int **p, i;
  p = num;
  for(i = 0; i < 5; i++)
  {
    printf("%d\t", **p);
    p++;
  }
}
```

说明：指针数组的元素只能存放地址。

8.7 指针与内存的动态分配

在C语言程序中，如果我们定义了某个变量或数组，编译系统就要给它分配存储空间，即使该变量或数组在其后应用程序中不再使用，它所占用的存储空间也不能另作他用，这种内存的分配方式一般称之为内存静态分配，在C语言的指针应用中，还有一种与内存静态分配相对应的内存动态操作，即通过调用内存动态分配函数，在程序运行需要时把一片存储区的起始地址赋给指针变量，在不需要时通过调用内存释放函数将该内存释放出来，由系统支配另作他用。

能够进行内存动态分配是指针的重要特征之一，C语言的库函数提供了一系列内存动态分配函数和释放已分配内存空间的函数，不同版本的C语言编译系统所提供的这类函数的函数名会稍有差异。最常用的有内存动态分配函数malloc和释放内存函数free。调用这两个函数的一般形式如下：

```
char *p;
p = malloc(size);
free(p);
```

其中，调用malloc(size)是请求分配连续size个存储位置的区域，size是申请的字节数。当请求得到满足，函数malloc返回该存储区的首地址；若没有足够的自由内存空间，malloc函数将返回NULL，表示内存动态分配失败。而调用free(p)时必须带一个先前经过动态内存操作处理的有效指针p，即只能释放通过malloc等内存动态分配函数申请的空间。在C语言程序中使用库函数中提供的malloc函数和free函数，必须在包含文件命令中增加一个用于动态地址管理的名为alloc.h的包含文件。该包含文件在C语言不同的编译系统中的文件名稍有差异，请读者使用时注意查阅自己的C语言使用手册。

例8-15 通过内存动态分配函数来给字符串指针赋初值。

```
#include <stdio.h>
```

```
#include "alloc. h"
main( )
{
  char *p;
  p = malloc(20);
  strcpy(p, "Come in please. \n");
  printf("%s", p);
  free(p);
}
```

这段程序经编译、连接后，运行结果是在屏幕上显示字符串：Come in please. 。

若需要给非字符类的指针变量分配动态内存，则必须在赋值时用单目运算符 sizeof 进行特性说明。如：

```
float *p;
p = (float *) malloc(50 * sizeof(float));
```

其中，单目运算符 sizeof 的运算对象必须是类型名，运算结果是该类型变量在内存中所占的字节数。(float *) 是强制类型转换，使 malloc 函数得到的地址值转换成一个浮点型存储单元的地址值。例如：

例 8－16 通过内存动态分配函数来给浮点类型指针赋值。

```
#include <stdio.h>
#include "alloc. h"
main( )
{ float *p, *p1, i=1.0;
  int j;
  p = (float *)malloc(5 * sizeof(float));
  p1 = p;
  for(j=0; j<5; j++)
     *p++=i++;
  p = p1;
  for(j=0; j<5; j++)
    printf("%f\ n", *p++);
  free(p);
}
```

该程序运行结果为：

```
1.000000
2.000000
3.000000
4.000000
5.000000
```

由于计算机可供动态分配的内存空间是有限的，内存动态分配失败将导致指针值为

NULL，破坏程序的运行。因而建议在调用 malloc 函数进行内存动态分配时必须检查其返回值是否为 NULL。下面的程序段是解决问题的一种方法。

```
char *p;
p = malloc(20);
if(!p)
{
  print("Out of memory! \n");
  exit(1);
}
```

其中，exit 是 C 语言的库函数，用来中断程序的运行。当然，也可以用其他的错误处理程序段来代替 exit 函数。

8.8 指针与数组作为函数的参数

8.8.1 指针变量作为函数的参数

指针变量作为函数的实参时，传递的是指针所指向的变量的地址，与此相对应函数的形参也应是指针变量。在函数中可以通过地址来改变该变量的值。

例 8-17 用 swap 函数交换实参变量的值（传地址方式）。

```
#include <stdio.h>
void swap(int *x, int *y);        /* swap 函数原型声明，形参为指针变量 */
main()
{ int a =6, b =9;
  swap(&a, &b);            /* 以变量的地址作 swap 函数的实参 */
  printf("In main: a = %d   b = %d \n", a, b);
}

void swap(int *x, int *y)            /* swap 函数定义，形参为指针变量 */
{ int t;
  t = *x;            /* 交换指针变量所指向的存储单元中的值 */
   *x = *y;
   *y = t;
}
```

程序运行结果为：In main：a =9　b =6

函数 swap(int *x, int *y) 的说明：

（1）swap 函数必须以指针变量 *x，*y 作为形参，以便接收传入的地址；

（2）main 函数中应以变量的地址 &a，&b 作实参来调用 swap 函数（称为“传址调用”），以便将实参的地址传给相应的形参；

（3）swap 函数中要利用指针变量 x，y 间接访问相应的实参，以改变实参变量的值。

调用过程如图 8-16 所示，图 8-16（c）的存储单元中有两个值，竖线前是交换之前的值，竖线后是交换之后的值。程序中的 swap 函数通过指针间接访问了实参 a、b，即

swap 函数中实际交换的是实参 a、b 的值。

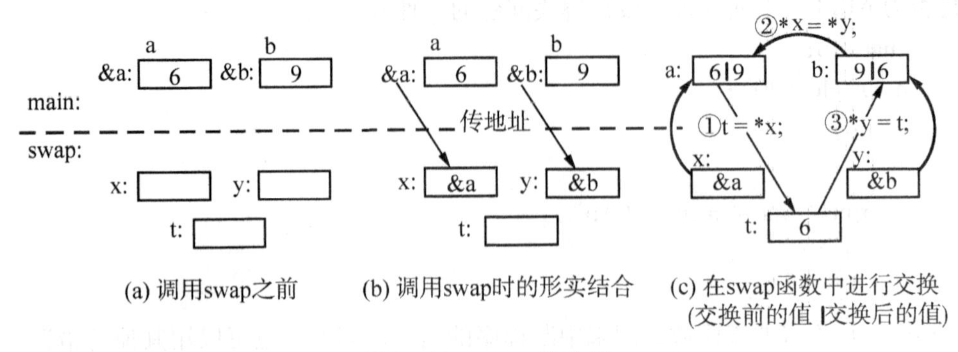

图 8－16 swap 的应用

8.8.2 数组名作为函数的参数

数组名作为函数参数时，在函数调用时，实际传递给函数的是该数组的起始地址，即指针值。所以，实参可以是数组名或指向数组的指针变量。而被调函数的形参，既可以说明为数组，也可以说明为指针。

函数的实参和形参都可以使用指向数组的指针或数组名，于是函数实参和形参的配合上有 4 种等价形式，如表 8－1 所示。

表 8－1 数组名和数组指针作函数参数时的对应关系

实参	形参
数组名	数组名
数组名	指针变量
指针变量	数组名
指针变量	指针变量

（1）实参和形参都用数组名。

```
void data_ put(int str[ ], int n )
{ int i;
  for(i =0; i<n; i++)
  printf(" \n %d", str[i]);
}
main()
{ int a[6] ={1, 2, 3, 4, 5, 6};
  data_ put(a, 6);
}
```

（2）实参用数组名，形参用指针。

```
void data_ put(int *str, int n)
{ int i;
  for(i =0; i<n; i++)
```

```
    printf(" \n %d", *(str+i));
}
main()
{ int a[6]={1, 2, 3, 4, 5, 6};
  data_put(a, 6);
}
```

(3) 实参用指针，形参用数组名。

```
void data_put(int str[], int n )
{ int i;
  for(i=0; i<n; i++)
  printf(" \n %d", str[i]);
}
main()
{ int a[6]={1, 2, 3, 4, 5, 6};
  int *p=a;
  data_put(p, 6);
}
```

(4) 实参和形参都用指针。

```
void data_put(int *str, int n)
{ int i;
  for(i=0; i<n; i++)
  printf(" \n %d", *(str+i));
}
main()
{ int a[6]={1, 2, 3, 4, 5, 6};
  int *p=a;
  data_put(p, 6);
}
```

8.9 返回指针值的函数

前面我们介绍过，所谓函数类型是指函数返回值的类型。在C语言中允许一个函数的返回值是一个指针（即地址），这种返回指针值的函数称为指针型函数。

定义指针型函数的一般形式为：

```
类型说明符 *函数名（形参表）
 {
     …        /*函数体*/
 }
```

其中函数名之前加了“*”号表明这是一个指针型函数，即返回值是一个指针。类型说明符表示了返回的指针值所指向的数据类型。

如：

```
int *ap(int x, int y)
{
  …        /*函数体*/
}
```

表示 ap 是一个返回指针值的指针型函数，它返回的指针指向一个整型变量。

例 8-18 本程序是通过指针函数，输入一个 1~7 之间的整数，输出对应的星期名。

```
main()
{
  int i;
  char *day_name(int n);
  printf("input Day No: \n");
  scanf("%d", &i);
  if(i<0) exit(1);
  printf("Day No:%2d-->%s\n", i, day_name(i));
}
char *day_name(int n) {
static char *name[] = { "Illegal day",
                        "Monday",
                        "Tuesday",
                        "Wednesday",
                        "Thursday",
                        "Friday",
                        "Saturday"
                        "Sunday"};
  return((n<1||n>7) ? name[0] : name[n]);
}
```

本例中定义了一个指针型函数 day_name，它的返回值指向一个字符串。该函数中定义了一个静态指针数组 name。name 数组初始化赋值为八个字符串，分别表示各个星期名及出错提示。形参 n 表示与星期名所对应的整数。在主函数中，把输入的整数 i 作为实参，在 printf 语句中调用 day_name 函数并把 i 值传送给形参 n。day_name 函数中的 return 语句包含一个条件表达式，n 值若大于 7 或小于 1 则把 name[0] 指针返回主函数，输出出错提示字符串 "Illegal day"；否则返回主函数输出对应的星期名。主函数中的第 7 行是个条件语句，其语义是，若输入为负数（i<0）则中止程序运行退出程序。exit 是一个库函数，exit（1）表示发生错误后退出程序，exit(0) 表示正常退出。

应该特别注意的是函数指针变量和指针型函数在写法和意义上的区别。如 int(*p)()和 int *p() 是两个完全不同的量。int (*p)() 是一个变量说明，说明 p 是一个指向函数入口的指针变量，该函数的返回值是整型量，(*p) 的两边的括号不能少。int *p() 则不是变量说明而是函数说明，说明 p 是一个指针型函数，其返回值是一个指向整型量的指针，*p两边没有括号。作为函数说明，在括号内最好写入形式参数，这样便于与变量说明区别。对于指针型函数定义，int *p()只是函数头部分，一般还应该有函数体部分。

8.10　函数指针的定义与引用

8.10.1　函数指针的定义

在C语言中，一个函数总是占用一段连续的内存区，而函数名就是该函数所占内存区的首地址。我们可以把函数的这个首地址（或称入口地址）赋予一个指针变量，使该指针变量指向该函数。然后通过指针变量就可以找到并调用这个函数。我们把这种指向函数的指针变量称为"函数指针变量"。函数指针变量定义的一般形式为：

类型说明符（*指针变量名)()；

其中"类型说明符"表示被指函数的返回值的类型。"（* 指针变量名)"表示"*"后面的变量是定义的指针变量。最后的空括号表示指针变量所指的是一个函数。

例如：

```
int (*pf)();
```

表示pf是一个指向函数入口的指针变量，该函数的返回值（函数值）是整型。

8.10.2　函数指针变量的赋值

与其他指针的定义一样，函数指针定义后，应给它赋一个函数的入口地址，即只能使它指向一个函数，才能使用这个指针。C语言中，函数名代表该函数的入口地址。因此，可用函数名给指向函数的指针变量赋值：

指向函数的指针变量=函数名；

注意：函数名后不能带括号和参数。

8.10.3　函数指针变量的引用

函数指针主要用于函数的参数和用它来调用函数，通过函数指针来调用函数的一般格式是：

（*函数指针）（实参表）

例8－19　本例用来说明用指针形式实现对函数调用的方法。

```
int max(int a, int b)
{
  if(a>b) return a;
  else return b;
}
main()
{
  int max(int a, int b);
  int(*pmax)();
  int x, y, z;
  pmax=max;
  printf("input two numbers:\n");
```

```
    scanf("%d%d", &x, &y);
    z = (*pmax)(x, y);
    printf("maxnum = %d", z);
}
```

从上述程序可以看出，用函数指针变量形式调用函数的步骤如下：

(1) 先定义函数指针变量，如程序中第 9 行“int (*pmax)();”定义 pmax 为函数指针变量。

(2) 把被调函数的入口地址（函数名）赋予该函数指针变量，如程序中第 11 行“pmax = max;”。

(3) 用函数指针变量形式调用函数，如程序第 14 行“z = (*pmax)(x, y);”。

(4) 调用函数的一般形式为：

(*指针变量名)(实参表)

使用函数指针变量还应注意以下两点：①函数指针变量不能进行算术运算，这是与数组指针变量不同的。数组指针变量加减一个整数可使指针移动指向后面或前面的数组元素，而函数指针的移动是毫无意义的。②函数调用中“(*指针变量名)”的两边的括号不可少，其中的“*”不应该理解为求值运算，在此处它只是一种表示符号。

8.10.4 函数指针变量作为函数参数

函数的参数不仅可以是整型、实型、字符型等数据，还可以是指针类型。它的作用是将一个变量的地址传送到另一个函数中。

例 8-20 输入的两个整数按大小顺序输出。用函数处理，而且用指针类型的数据作函数参数。

```
swap(int *p1, int *p2)
{ int temp;
  temp = *p1;
  *p1 = *p2;
  *p2 = temp;
}
main()
{
int a, b;
int *pointer_1, *pointer_2;
  scanf("%d,%d", &a, &b);
  pointer_1 = &a; pointer_2 = &b;
  if(a<b) swap(pointer_1, pointer_2);
  printf("\n%d,%d\n", a, b);
  }
```

程序说明：swap 是用户定义的函数，它的作用是交换两个变量（a 和 b）的值。swap 函数的形参 p1、p2 是指针变量。程序运行时，先执行 main 函数，输入 a 和 b 的值。然后将 a 和 b 的地址分别赋给指针变量 pointer_1 和 pointer_2，使 pointer_1 指向 a，pointer_2

指向 b。调用函数前指针情况如图 8 - 17 所示。

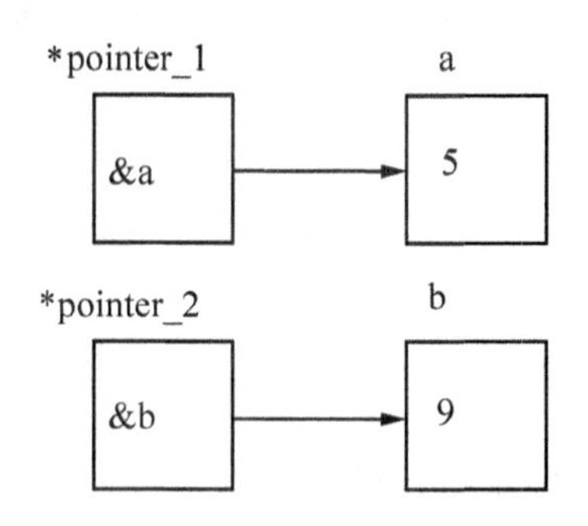

图 8 - 17　调用函数前指针情况

接着执行 if 语句，由于 a < b，因此执行 swap 函数。注意实参 pointer_1 和 pointer_2 是指针变量，在函数调用时，将实参变量的值传递给形参变量。采取的依然是“值传递”方式。因此虚实结合后形参 p1 的值为 &a，p2 的值为 &b。这时 p1 和 pointer_1 指向变量 a，p2 和 pointer_2 指向变量 b。调用函数时指针情况如图 8 - 18 所示。

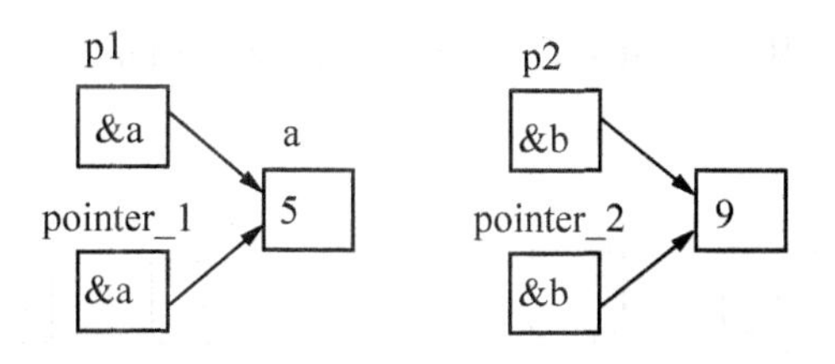

图 8 - 18　调用函数时指针情况

接着执行 swap 函数使 * p1 和 * p2 的值互换，也就是使 a 和 b 的值互换。执行函数 swap 后的指针情况如图 8 - 19 所示。

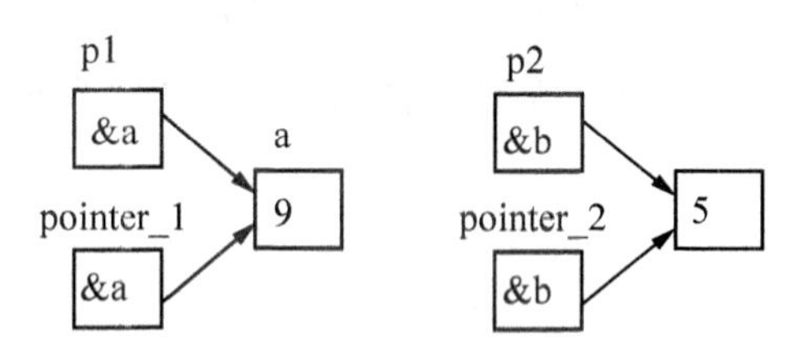

图 8 - 19　执行函数 swap 后的指针情况

函数调用结束后，p1 和 p2 不复存在（已释放），如图 8 - 20 所示。

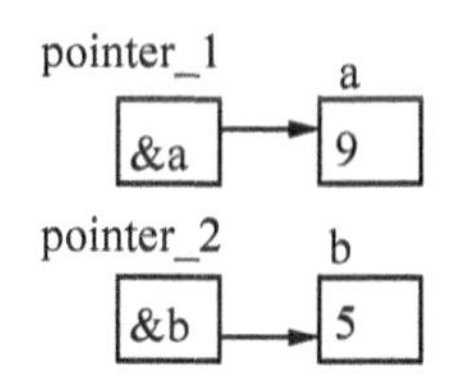

图 8 - 20　返回主函数后的指针情况

最后在 main 函数中输出的 a 和 b 的值是已经交换过的值。

请注意交换 *p1 和 *p2 的值是如何实现的。找出下列程序段的错误：

```
swap(int *p1, int *p2)
{ int *temp;
  *temp = *p1;          /* 此语句有问题 */
  *p1 = *p2;
  *p2 = *temp;
}
```

请考虑下面的函数能否实现 a 和 b 互换。

```
swap(int x, int y)
{ int temp;
  temp = x;
  x = y;
  y = temp;
}
```

如果在 main 函数中用“swap(a, b);”调用 swap 函数，会有什么结果呢？请看图 8-21所示。

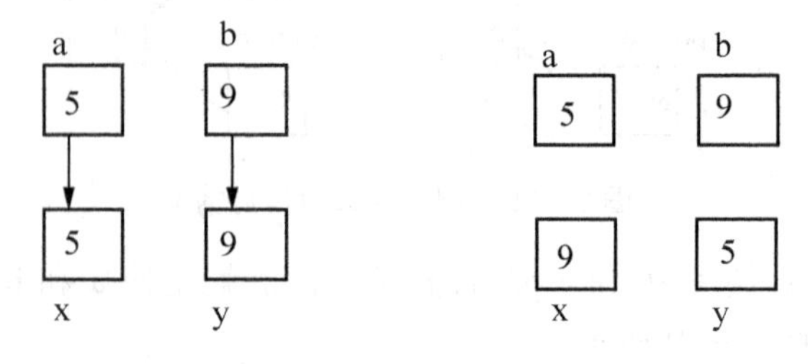

图 8-21 值传递的情况

请注意，不能通过改变指针形参的值而使指针实参的值改变。

```
swap(int *p1, int *p2)
{ int *p;
  p = p1;
  p1 = p2;
  p2 = p;
}
main()
{
  int a, b;
  int *pointer_1, *pointer_2;
  scanf("%d,%d", &a, &b);
  pointer_1 = &a; pointer_2 = &b;
  if(a < b) swap(pointer_1, pointer_2);
```

```
    printf(" \n%d,%d\n", *pointer_1, *pointer_2);
}
```

其中的问题在于不能实现如图8－22（d）所示的第四步。

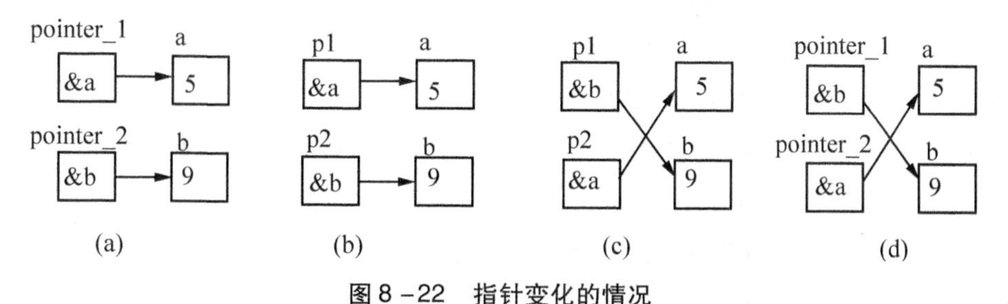

图8－22　指针变化的情况

例8－21　输入a、b、c三个整数，按大小顺序输出。

```
swap(int *pt1, int *pt2)
{ int temp;
  temp = *pt1;
  *pt1 = *pt2;
  *pt2 = temp;
}
exchange(int *q1, int *q2, int *q3)
{ if( *q1 < *q2) swap(q1, q2);
  if( *q1 < *q3) swap(q1, q3);
  if( *q2 < *q3) swap(q2, q3);
}
main()
{
  int a, b, c, *p1, *p2, *p3;
  scanf("%d,%d,%d", &a, &b, &c);
  p1 = &a; p2 = &b; p3 = &c;
  exchange(p1, p2, p3);
  printf(" \n%d,%d,%d \n", a, b, c);
}
```

小　结

本章首先介绍了指针的概念、指针的定义、指针变量的引用以及指针的运算，然后详细介绍了指针与一维数组及二维数组的关系、指针与字符串的关系及使用方法，接着介绍了指针与内存的动态分配，最后详细介绍了指针与数组作为函数参数、返回指针值的函数、函数指针的定义与使用。

为了使读者进一步了解指针的数据类型和指针的运算，作如下总结。

1. 指针的数据类型（如表）

定义	含义
int i	定义整型变量 i
int *p	p 为指向整型数据的指针变量
int a[n]	定义整型数组 a，它有 n 个元素
int *p[n]	定义指针数组 p，它由 n 个指向整型数据的指针元素组成
int (*p)[n]	p 为指向含 n 个元素的一维数组的指针变量
int f()	f 为带回整型函数值的函数
int *p()	p 为带回一个指针的函数，该指针指向整型数据
int (*p)()	p 为指向函数的指针，该函数返回一个整型值
int * *p	p 是一个指针变量，它指向一个指向整型数据的指针变量

2. 指针运算　现把全部指针运算列出如下。

（1）指针变量加（减）一个整数。

例如：p++、p--、p+i、p-i、p+=i、p-=i

一个指针变量加（减）一个整数并不是简单地将原值加（减）一个整数，而是将该指针变量的原值（是一个地址）和它指向的变量所占用的内存单元字节数加（减）。

（2）指针变量赋值：将一个变量的地址赋给一个指针变量。

p=&a;　　　　将变量 a 的地址赋给 p

p=array;　　　将数组 array 的首地址赋给 p

p=&array[i];　将数组 array 第 i 个元素的地址赋给 p

p=max;　　　　max 为已定义的函数，将 max 的入口地址赋给 p

p1=p2;　　　　p1 和 p2 都是指针变量，将 p2 的值赋给 p1

注意不能如下表示：

p=1000;

（3）指针变量可以有空值，即该指针变量不指向任何变量。如：

p=NULL;

（4）两个指针变量相减：如果两个指针变量指向同一个数组的元素，则两个指针变量值之差是两个指针之间的元素个数。

（5）两个指针变量比较：如果两个指针变量指向同一个数组的元素，则两个指针变量可以进行比较。指向前面的元素的指针变量“小于”指向后面的元素的指针变量。

思考与练习

1. C 语言中在函数之间进行数据传递的方法除了通过返回值和全局变量（外部变量）外，还可以采用哪一种方式？请以求两数之间最大值为例，分别编程实现。

2. 写出下列程序的输出结果。

```
#include < stdio. h >
main( )
{
  int y =1, x, *p, a[ ] = {2, 4, 6, 8, 10};
  p = &a[1];
  for(x =0; x <3; x ++)
    y += *(p + x);
   printf("%d\n", y);
}
```

3. 写出下列程序的输出结果。

```
#include < stdio. h >
main( )
{
  int a[ ] = {1, 2, 3, 4, 5, 6};
  int *p;
  p = a;
  printf("%d %d %d %d\n", *p, *(p ++), *++p, *(p --));
  printf("%d %d\n", *p, *(a +2));
}
```

4. 写出下列程序的输出结果。

```
#include < stdio. h >
main( )
{
   char *p[4] = {"CHINA", "JAPAN", "BEIJING", "GERMANY"};
   char **pp;
   int i;
   pp = p;
   for(i =0; i <4; i ++, pp ++)
     printf("\n%c", *(* (pp +2) +i));
}
```

5. 输入三个整数，按由小到大顺序输出。

6. 用指针操作将输入的十个整数按由小到大的顺序输出。

7. 用指针操作将输入的五个字符串按由大到小的顺序输出。

8. 写一通用函数，该函数从一个字符指针数组中寻找指定的一个字符串，若找到返回1，若找不到返回0。

第 9 章 结构体与共用体

9.1 概述

在实际问题中，有时需要将不同类型的数据组合成一个有机的整体，以便引用。例如，在学生登记表中，姓名应为字符型；学号可为整型或字符型；年龄应为整型；性别应为字符型；成绩可为整型或实型。显然不能用一个数组来存放这一组数据。因为数组中各元素的类型和长度都必须一致，以便于编译系统处理。为了解决这个问题，C 语言中给出了另一种构造数据类型——“结构（structure）”或叫“结构体”。结构体既然是一种“构造”而成的数据类型，那么，在说明和使用之前必须先定义它，也就是构造它。如同在说明和调用函数之前要先定义函数一样。

9.2 结构体类型与结构体变量的定义

9.2.1 结构体类型定义

C 语言的结构体类型，相当于 PASCAL 语言的记录类型。由于结构体类型描述的是类型不相同的数据，因而描述无法像数组一样统一进行，只能对各数据成员逐一进行描述。

结构体类型定义用关键字 struct 标识，定义一个结构体的一般形式为：

```
struct  结构名
{成员列表};
```

结构名是结构体类型名的主体，定义的结构体类型由“struct 结构名”标识。

成员列表，又称域表、字段表，由若干个成员组成，每个成员都是该结构的一个组成部分。对每个成员也必须作类型说明，其形式为：

```
类型说明符 成员名;
```

例如：

```
struct student
{   int id;
    char name[20];
    char sex;
    float score;
};
```

注意：成员名的命名应符合标识符的书写规定。

结构体是一种复杂的数据类型，是数目固定，类型不同的若干有序变量的集合。

定义结构体类型时一定要注意下面几个问题：

（1）结构体类型名为 struct　student，其中 struct 是定义结构体类型的关键字，它和系统提供的基本类型一样具有同样的地位和作用，都是可以用来定义变量的类型。

（2）在{}中定义的变量我们叫做成员，其定义方法和前面变量定义的方法一样，只是我们不能忽略最后的分号。

9.2.2　结构体变量定义和引用

1. 结构体变量的定义　结构体型变量因其所基于的类型是自定义的，故有三种形式的定义方法。

（1）先定义结构，再说明结构变量。

例如：

```
struct student
{   int id;
    char name[20];
    char sex;
    float score;
};
```

将一个变量定义为标准类型(基本数据类型）与定义为结构体类型不同之处在于：在定义结构体类型时，要求指定为某一特定的结构体类型(例如：struct student stu1)，不能只指定为 struct stu1，而在定义变量为整型时，只需指定为 int 型即可。

为了使用方便，人们可以用一个符号常量代表一个结构体类型。在程序开头，用"#define STUDENT struct student。"这样在程序中，STUDENT 与 struct student 完全等价。

（2）在定义结构类型的同时说明定义变量。

例如：

```
struct student
{   int id;
    char name[20];
    char sex;
    float score;
} stu1, stu2;
```

（3）直接说明结构变量。

例如：

```
struct
{   int id;
    char name[20];
    char sex;
    float score;
} stu1, stu2;
```

第三种方法与第二种方法的区别在于第三种方法中省去了结构名，而直接给出结构变量。在三种定义方法中，经常使用的是第一种方法。

对于结构体来说，结构体内的成员本身也可以是一个结构体，即形成了一种嵌套结构。

2. 结构体变量的引用　结构体变量是一种聚合型变量，可引用的对象有两个：变量名代表变量的整体，成员名代表变量的各个成员，二者均可在程序中引用。引用结构体变量要遵守如下规则。

（1）不能将一个结构体变量作为一个整体进行输入输出（引用），而只能对结构体变量中的各个成员分别进行输入和输出（引用）。不能如下引用：

printf("%d,%s,%c,%d,%f,%s", stu1);　　/* stu1 是结构体变量名 */

结构体变量成员引用格式：

结构体变量名．成员名

其中"."是成员（又叫分量）运算符，它的优先级最高。

（2）如果成员本身又属于一个结构体类型，则要用若干个成员运算符，一级一级地找到最低一级的成员。只能对最低的成员进行赋值、存取以及运算。

例如：

```
stu1.birthday.year=1983;
stu1.birthday.month=06;
stu1.birthday.day=25;
```

（3）对结构体变量成员可以像普通变量一样进行各种运算。

例如：

```
stu1.num++;
stu1.score=stu2.score;
stu1.age+=2;
```

（4）可以引用结构体变量成员的地址，也可以引用结构体变量的地址。

例如：

```
scanf("%d", &stu1.num);    /* 输入一个整数送给结构体成员 stu1.num */
printf("%o", &stu1);    /* 输出结构体变量的首地址 */
```

思考："scanf("%d,%s,%c,%d,%f,%s", &stu1);" 能整体读入结构体变量的值吗?

结构体变量的地址主要用于作函数的参数来传递结构体的地址。

9.2.3 结构体变量的初始化

和其他类型变量一样，对结构变量可以在定义时进行初始化赋值。

初始化格式：

存储类别 struct 结构体名

{成员表}结构体变量={初始化数据表}；

初始化数据表是相应成员的初值表。例如：

```
main()
{   struct student              /* 定义结构 */
    {int id;
    char name[20];
```

```
        char sex;
        float score;
        } stu1 = {102, "Zhang ping", "M", 78.5};
    printf("Number = %d \nName = %s \n", stu1.id, stu1.name);
    }
```

stu1 的初始化还可以这样：

struct student stu1 = {0410131, "WangWei", "f", 98};

例 9－1　给结构变量赋值并输出其值。

```
main()
{   struct student
        { int id;
          char *name;
          char sex;
          float score;
        } stu1, stu2;
    stu1.id = 102;
    stu1.name = "Zhang ping";
    printf("input sex and score \ n");
    scanf("%c %f", &stu1.sex, &stu1.score);
    stu2 = stu1;
    printf("Number = %d \nName = %s \n", stu2.id, stu2.name);
    printf("Sex = %c \nScore = %f \n", stu2.sex, stu2.score);
}
```

本程序中用赋值语句给 id 和 name 两个成员赋值，name 是一个字符串指针变量。用 scanf 函数动态地输入 sex 和 score 成员值，然后把 stu1 的所有成员的值整体赋予 stu2。最后分别输出 stu2 的各个成员值。本例表示了结构变量的赋值、输入和输出的方法。

例 9－2　利用结构体类型，编程计算一名同学 5 门课的平均分。

```
main()
{   struct stuscore
        { char name[20];
          float score[5];
          float average;
        };
    struct stuscore x = {"WangWei", 90, 85, 70, 90, 98};
    int i;
    float sum = 0;
    for(i = 0; i < 5; i ++)
        sum += x.score[i];
    x.average = sum/5;
```

```
        printf("The average score of %s is %4.1f\n", x.name, x.average);
    }
```

9.2.4 结构体数组

数组的元素也可以是结构类型的，因此可以构成结构型数组。结构数组的每一个元素都是具有相同结构类型的结构变量。在实际应用中，经常用结构数组来表示具有相同数据结构的一个群体，如一个班的学生档案、一个车间职工的工资表等。结构体数组用来描述各种复杂数据，在程序设计中经常用到。

结构体数组的定义与结构体变量的定义一样有以下三种形式。

(1) struct 结构名：
  {成员表}；
  struct 结构名 数组名[常量]；

(2) struct 结构名：
  {成员表} 数组名[常量]；

(3) struct：
  {成员表} 数组名[常量]；

例如，100个同学的情况，我们可以定义结构体数组 allst 描述。

```
struct student
{   int no;
    char name[8];
    char sex;
    int age;
    float score;
    float tcj, acj;
} allst[100];
```

结构体数组相当于一个广义的二维数组，结构体数组的初始化与二维数组的初始化类似。对结构体数组的整体操作需转化成对数组的分量下标变量进行。结构体数组的分量下标变量是结构体类型变量，对结构体数组分量的操作要转化成对结构体分量字段变量进行。字段变量是相应基本类型变量，若是复杂类型需继续进行转化。

对结构体数组 allst 的操作要转化成对 allst[i] 进行操作，而 allst[i] 的操作要转化成对 allst[i].no、allst[i].name、allst[i].sex、allst[i].age、allst[i].score、allst[i].tcj、allst[i].acj 进行操作，而 allst[i].no、allst[i].name、allst[i].sex、allst[i].age、allst[i].score、allst[i].tcj、allst[i].acj 相当于对应基本类型变量。

例 9-3 计算学生的平均成绩和不及格的人数。

```
struct student
{   int id;
    char name[20];
    char sex;
    float score;
} stu1[5] = {{101, "Li ping", "M", 45},
```

```
                {102, "Zhang ping", "M", 62.5},
                {103, "He fang", "F", 92.5},
                {104, "Cheng ling", "F", 87},
                {105, "Wang ming", "M", 58};};
main()
{   int i, c=0;
    float ave, s=0;
    for(i=0; i<5; i++)
    { s+=stu1[i].score;
        if(stu1[i].score<60) c+=1;
    }
    printf("s=%f\n", s);
    ave=s/5;
    printf("average=%f\ncount=%d\n", ave, c);
}
```

9.3　指向结构体类型数据的指针

由于结构体类型并不是全新的数据类型，它只是对以前所学的多种类型的“封装”——将一组相关的不同类型的数据看成一个整体。所以结构体型指针的引入，有两个目的：

（1）指向结构体型变量或数组的指针作为函数的参数传递数据非常有效。

（2）指向结构体型数组的指针可以提高数组的访问效率。

9.3.1　指向结构体变量的指针

结构指针变量说明的一般形式为：

```
struct　结构名　*结构指针变量名
```

结构名和结构变量是两个不同的概念，不能混淆。结构名只能表示一个结构形式，编译系统并不对它分配内存空间。只有当某变量被说明为这种类型的结构时，才对该变量分配存储空间。下面通过例子来说明结构体指针变量的具体说明和使用方法。

例9-4　结构体指针变量的具体说明和使用方法。

```
main()
{   struct person
    {  char *name;
       int age;
    } someone;
    struct person *p;            /*定义结构体类型的指针变量*/
    someone.name = "张三";        /*假定姓名为张三*/
    someone.age=20;
    p=&someone;                  /*建立关联，*p即someone*/
    printf("姓名=%s，年龄=%d\n", (*p).name, (*p).age);
```

```
    /*等价于 printf("姓名 = %s, 年龄 = %d\n", someone.name,
    someone.age);  */
}
```

运行结果：姓名 = 张三，年龄 = 20

从运行结果可以看出：

结构变量.成员名

(*结构指针变量).成员名

结构指针变量 -> 成员名

这三种用于表示结构成员的形式是完全等效的。

9.3.2 指向结构体数组的指针

结构指针变量可以指向一个结构数组，这时结构指针变量的值是整个结构数组的首地址。结构指针变量也可指向结构体数组的一个元素，这时结构指针变量的值是该结构数组元素的首地址。

前面介绍过指向数组和数组元素的指针，结构体数组及其元素也可以用指针来指向。

请读者先看一看指针在数组中是怎样移动的。

简单类型数组："int array[5], *ip; ip = array;" 将数组的首地址送给指针变量后，指针指向数组的首地址，如图 9－1 所示。

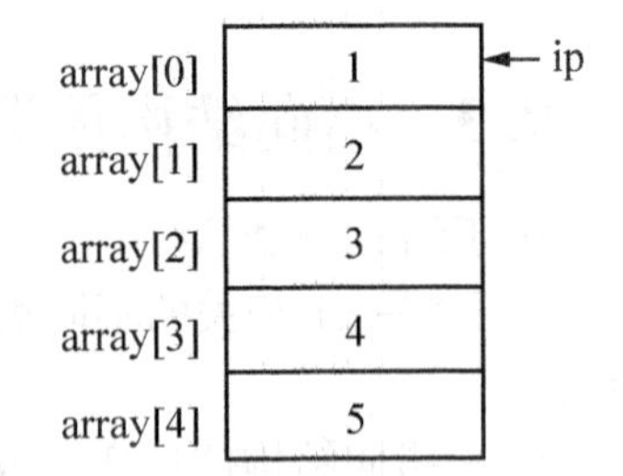

图 9－1　数组及其指针

执行 ip++ 后，ip 指针移动情况如图 9－2 所示。

注意，执行 ip++ 或 ip-- 后，指针向上或向下移动的是一个数组单位，而不是移动一个字节。

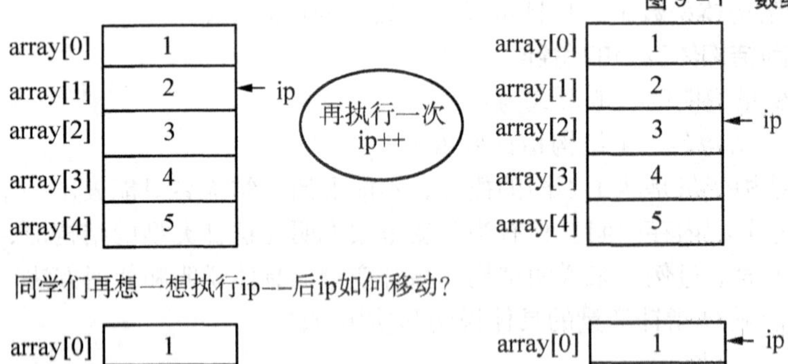

图 9－2　指针移动情况

结构体类型构造的数组：

```
struct student
{   int num;
```

```
    char name[20];
    char sex;
    int age;
    float score;
    char addr[30];
};
struct student stu[3] = {
        {10001, "LiMing", "M", 18, 89.5, "HubeiEnshi"},
        {10002, "ZhangJun", "F", 17, 98, "HubeiYichang"},
        {10003, "WangTong", "M", 19, 87, "HubeiWuhan"}
};      /*定义结构体数组*/
struct student *sp;       /*定义结构体类型指针*/
sp = stu;       /*将结构体数组首地址送给结构体指针*/
```

当前 sp 指针指向数组首地址，如图 9－3 所示。

执行 sp++ 后指针向下移动了59 个字节，即下一个数组单元，如图 9－4 所示。sp－－的指针移动也同简单类型数组的指针移动相似。

由此可以看出使用指针变量可以方便的在结构体数组中移动。

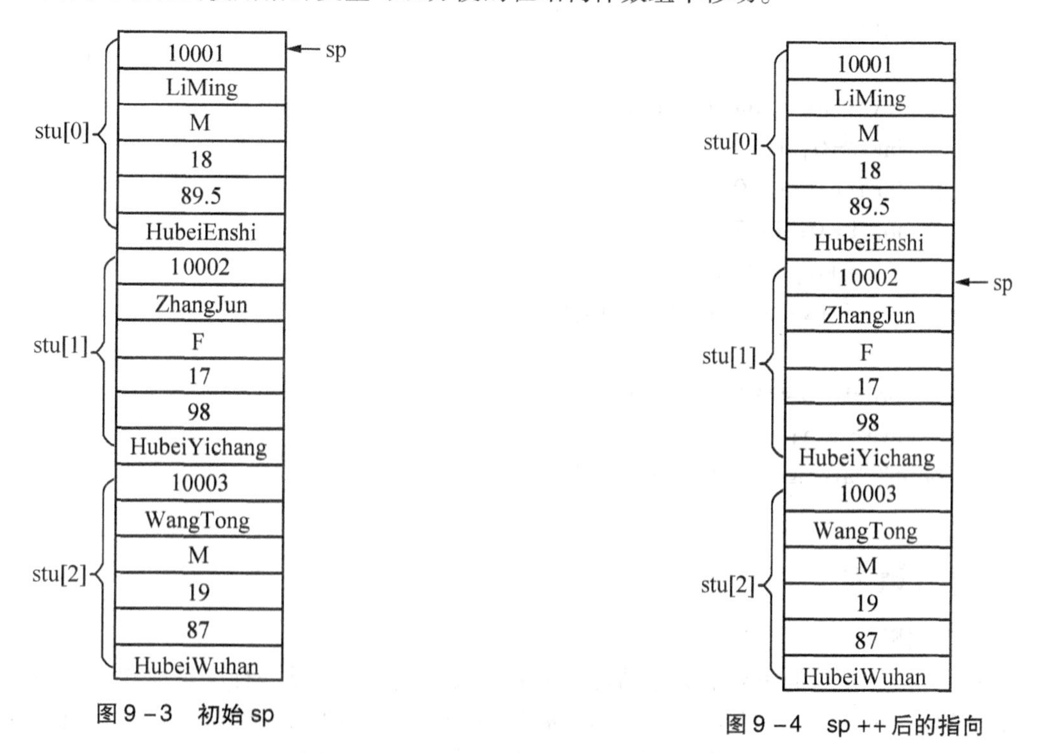

图 9－3　初始 sp

图 9－4　sp++ 后的指向

9.3.3　指向结构体变量和指向结构体数据的指针作函数参数

用指针变量作函数参数进行传送，这时由实参传向形参的只是地址，从而减少了时间和空间的开销。与数组不同，结构体名并不表示结构体的首地址。

例 9－5　计算一组学生的平均成绩和不及格人数。用结构指针变量作函数参数编程。

```
struct student
{   int id;
    char name[20];
    char sex;
    float score;
} stu1[5] = {
              {101, "Li ping", "M", 45},
              {102, "Zhang ping", "M", 62.5},
              {103, "He fang", "F", 92.5},
              {104, "Cheng ling", "F", 87},
              {105, "Wang ming", "M", 58}
             };
main()
{   struct student *ps;
    void ave(struct student *ps);
    ps = stu1;
    ave(ps);
}
void ave(struct student *ps)
{   int c =0, i;
    float ave, s =0;
    for(i =0; i <5; i ++, ps ++)
    {   s += ps -> score;
        if(ps -> score <60)c +=1;
    }
    printf("s =%f\n", s);
    ave = s/5;
printf("average =%f\ncount =%d\n", ave, c);
}
```

9.4　链表

9.4.1　概述

链表是一种常见的重要的数据结构，链表与数组不同，它是一种动态地进行存储分配的数据结构，可以动态的分配存储空间，需要多少就分配多少。我们知道，用数组存放数据时，必须事先定义长度(即元素个数)。比如，有的班级有 100 人，而有的班只有 30 人，如果要用同一个数组先后存放不同班级的学生数据，则必须定义长度为 100 的数组。如果事先难以确定一个班级的最多人数，则必须把数组定得足够大，以能存放任何班级的学生数据，显然这将会浪费内存。链表则没有这种缺点，它根据需要开辟内存单元。

链表中各元素在内存中可以不是连续存放的。要找某一元素，必须先找到上一个元素，根据它提供的下一元素地址才能找到。可见链表的数据结构，必须利用指针变量才能实现。

在结构体中，若只有一个指针成员域，则得到的链表为单链表；若有多个指针成员域，则得到的链表为多重链表。

在这里只介绍单链表，单链表通过一特殊的递归结构体类型完成数据描述。一个单链表结点（链表中的一个数据称为一个结点），其结构类型分为两部分：

（1）数据域：用来存储本身数据。

（2）链域或称为指针域：用来存储下一个结点地址或者说指向其直接后继的指针。

单链表的一般形式：

```
struct 结构体名
{  成员及类型说明;
   struct 结构体名  * 指针域;
}
```

指针域成员用于存放下一个数据的地址，由此完成链表中数据的链接。非指针域成员是我们真正要处理的数据。从形式上看，单链表的数据描述就是在原结构体描述数据的基础上增加指针成员。

一种简单链表如图9－5所示。

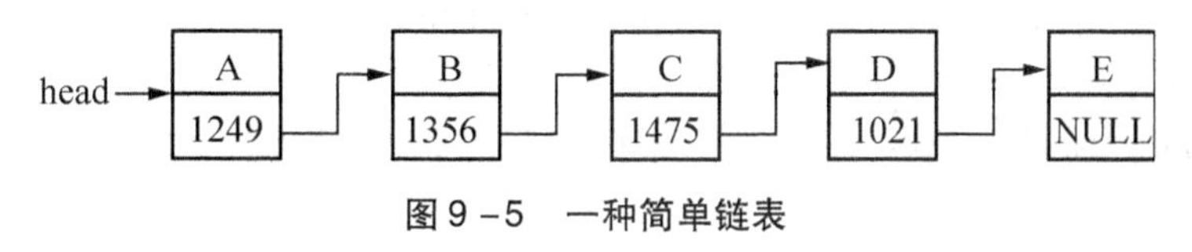

图9－5　一种简单链表

```
struct linklist
{  int data;
   struct linklist  *next;
};
struct linklist  *head;
```

其中，head为头指针，存放链表的第一个结点地址，表示链表的开始。结点A1、A2、A3、A4、A5的data域值A、B、C、D、E为整数。结点A1的next域存放结点A2的地址，以此类推，最后，结点A5后已无结点，其next域不存放任何实际结点地址，故为空指针NULL，NULL表示链表结束。

9.4.2　创建一个新链表

单链表的创建有头插法、尾插法两种方法。

1. 头插法　单链表是用户不断申请存储单元和改变链接关系而得到的一种特殊数据结构，将链表的左边称为链头，右边称为链尾。头插法创建单链表是将链表右端看成固定的，链表不断向左延伸而得到的。头插法最先得到的是尾结点。

由于链表的长度是随机的，故用一个while循环来控制链表中结点个数。假设每个结点的值都大于0，则循环条件为输入的值大于0。申请存储空间可使用malloc( ) 函数来实现，需设立一申请单元指针，但 malloc( ) 函数得到的指针并不是指向结构体的指针，需使用强制类型转换，将其转换成结构体型指针。刚开始时，链表还没建立，是一空链表，head 指针为 NULL。

链表创建的过程是申请空间、得到数据、创建链接的循环处理过程。

例 9－6 用头插法创建一些正整数链表。

```
main( )
{  struct linklist
   {   int data;       /* 数据域 */
       struct linklist *next;      /* 指针域 */
   };
  struct linklist *head, *p;      /* head 头指针，p 申请单元指针 */
  head = NULL;      /* 空链表 */
  p = (struct linklist *) malloc(sizeof(struct linklist));      /* 申请空间，并将指
  针强制转换成所指向的结构体类型 */
  scanf("%d", &p -> data);      /* 得到数据 */
  while(p -> data >0)
  {p -> next = head;      /* 创建链接 */
   head = p;      /* 用头指针保存当前结点 */
    p = (struct linklist *)malloc(sizeof(struct linklist));      /* 为下一个结
  点申请空间 */
  scanf("%d", &p -> data); /* 得到下一个结点数据 */
  }
}
```

2. 尾插法　若将链表的左端固定，链表不断向右延伸，这种创建链表的方法称为尾插法。尾插法创建链表时，头指针固定不动，故必须设立一个搜索指针，向链表右端延伸，则整个算法中应设立三个链表指针，即头指针 head、搜索指针 p2、申请单元指针 p1。尾插法最先得到的是头结点。

例 9－7 用尾插法创建一些正整数链表。

```
main( )
{  struct linklist
   {   int data;
       struct linklist *next;
   };
   struct linklist *head, *p1, *p2;
   head = NULL;                  /* 空链表 */
   p1 = (struct linklist *) malloc(sizeof(struct linklist));      /* 申请空间 */
   scanf("%d", &p1 -> data);      /* 得到数据 */
   while(p1 -> data >0)
   { if(head == NULL) head = p1;
```

```
            else p2 -> next = p1;        /* 创建链接 */
            p2 = p1;     /* 保存当前结点 */
            p1 = (struct linklist *)malloc(sizeof(struct linklist));        /* 为下一个结点
            申请空间 */
            scanf("%d", &p1 -> data);        /* 得到下一个结点数据 */
        }
        p2 -> next = NULL;      /* 尾结点指针域为空指针 */
    }
```

为了使创建起来的链表方便用户使用，最好是将头插法和尾插法创建链表单独用函数描述，将头指针作为函数的返回值带回，这时的函数是指针函数。

9.4.3 对链表的插入操作

在这里仅讨论将 x 插入到第 i 个结点之后的情况，其他情形请读者自行分析。

先找到第 i 个结点，然后为插入数据申请一个存储单元，并将插入结点链接在第 i 个结点后，再将原第 i+1 个结点链接在插入结点后，完成插入操作。

例 9-8　链表的插入操作。

```
void ins(struct linklist *head, int i, int x)     /* 插入结点 */
{   int j;
    struct linklist *p, *q;
    p = head;
    j = 1;
    while((p! = NULL) &&(j < i))        /* 找插入位置 */
    {
      p = p -> next;
      j++;
    }
    q = (struct linklist *)malloc(sizeof(struct linklist));      /* 产生插入结点 */
    q -> data = x;
    q -> next = p -> next;        /* q 插入 p 之后 */
    p -> next = q;
}
```

本函数可作一些修改，插入成功返回函数值 1，插入不成功返回函数值 0。

9.4.4 对链表的删除操作

假设删除链表中第 i 个结点，先找到第 i-1 个结点和第 i 个结点，然后将第 i+1 个结点链接在第 i-1 个结点后，再释放第 i 个结点所占空间，完成删除操作。

例 9-9　链表的删除操作。

```
void del(struct linklist *head, int i)          /* 删除结点 */
{   int j;
    struct linklist *p, *q;
    p = head;
```

```
    j = 1;
    while((p!= NULL)&&(j < i))     /* 找第 i - 1 个结点和第 i 个结点指针 q、p */
    {   q = p;
        p = p -> next;
        j ++ ;
    }
    if(p == NULL) printf("找不到结点!");
    else
    {   q -> next = p -> next;     /* 删除第 i 个结点 */
        free(p);
    }
}
```

9.5 共用体

9.5.1 共用体类型的定义

有时需要使几种不同类型的变量存放到同一段内存单元中。例如，可把一个整型变量、一个字符型变量、一个实型变量存在同一个地址开始的内存单元中。以上三个变量在内存中占的字节数不同，但都从同一地址开始存放。也就是使用覆盖技术，几个变量互相覆盖。这种使几个不同的变量共占同一段内存的结构，称为“共用体”类型的结构。

共用体与结构体定义相类似，只是定义时关键词 struct 换成 union。

“共用体”类型变量的定义形式为：

```
union 共用体名
{成员列表};
```

例如：

```
union data
{   int i;
    char ch;
    float f;
};
```

9.5.2 共用体变量的定义和使用

1. 共用体变量的定义　共用体变量的定义和结构体变量的定义类似，也有三种方法。在这里同样提倡使用第一种方法来定义共用体变量。

（1）先定义共用体类型，再定义共用体变量。

1）union 共用体名
{成员列表};

2）union 共用体名 变量表

（2）定义共用体类型的同时定义共用体变量。

union 共用体名
{成员列表}变量表;

如：

```
union data
{ int i;
  char ch;
  float f;
} a, b, c;
```

（3）直接定义共用体变量。

union｛成员列表｝变量表；

注意：共用体变量和结构体变量含义是不同的。结构体变量所占内存长度是各成员的内存长度之和。对于共用体类型数据，它的每个成员都占有空间，但共用体类型数据占用的存储空间等于占用存储空间最大的共用体成员所占空间。

2. 共用体变量的使用　共用体变量的引用方法同结构体变量的引用方法一样，即不能整体引用共用体变量，只能引用共用体成员。格式：

　　共用体变量名．成员名

或

　　共用体指针变量名 -> 成员名

例如前面定义了 a，b，c 为共用体变量，下面的引用方式是正确的：

a. i：引用共用体变量中的整型变量 i。

b. ch：引用共用体变量中的字符变量 ch。

c. f：引用共用体变量中的实型变量。

不能只引用共用体变量，例如：

"printf("%d", a);" 是错误的，a 的存储区有好几种类型，分别占不同长度的存储区，仅写共用体变量名 a，难以使系统确定究竟输出的是哪一个成员的值，应该写成 printf("%d", a. i) 或 printf("%c", a. ch) 等。

如果 p 是指向共用体的指针变量，也可以这样引用：p -> i 或 p -> ch 或 p -> f。

在使用共用体类型数据时要注意以下一些特点：

（1）同一个内存段可以用来存放几种不同类型的成员，但在某一时刻只能存放其中一种，而不能同时存放几种。

（2）内存中存放的数据是最后一次存入的内容，在此之前的内容全部被冲掉（覆盖），因此起作用的成员是最后一次存放的成员。

如有以下赋值语句：

```
a. i = 12;
a. ch = 'c';
a. f = 12. 5;
```

在完成以上三个赋值运算以后，只有 a. f 是有效的，a. i 和 a. c 已经无意义了。此时，用 printf("%d", a. i) 是不行的，而用 printf("%f", a. f) 是可以的，因为最后一次的赋值是向 a. f 赋值。因此在引用共用体变量时应十分注意当前存放在共用体变量中的究竟是哪个成员。

（3）共用体变量的地址和它的各成员的地址都是同一地址。例如：&a，&a. i，&a. ch，

&a. f 都是同一地址值。

（4）不能对共用体变量名赋值，也不能企图引用变量名来得到一个值，也不能初始化共用体变量。例如以下这些都是错误的：

```
1) union
   { int i;
     char ch;
     float f;
   } a = {12, 'c', 12.5};      /* 不能初始化共用体变量 */
2) a = 12;          /* 不能对共用体变量赋值 */
3) m = a;           /* 不能引用共用体变量名以得到一个值 */
```

（5）不能用共用体变量作为函数参数（共用体成员可以），也不能使函数带回共用体变量，但可以使用指向共用体变量的指针（与结构体变量这种用法相似）。

（6）共用体和结构体可以互相嵌套定义。

例 9－10　设有若干个人员的数据，其中有学生和教师。学生的数据中包括：姓名、学号、性别、职业、班级。教师的数据包括：姓名、号码、性别、职业、职务或职称，现在要将它们放在同一表格中。如果“job”项为“s”则第 6 项为 class，如果“job”项为“t”，则第 6 项为 office。显然对第 6 项要处理成共用体的形式将 class 和 office 放在同一段内存中，如表 9－1 所示。

表 9－1　人员（学生和教师）的数据

姓名	编号	性别	系别	职业	班级/职称	
					班级	职称
Liming	1001	M	computer	s	501	
Wangxi	2001	F	math	t		prof

要求输入人员的数据，然后再输出。N－S 图如图 9－6 所示。

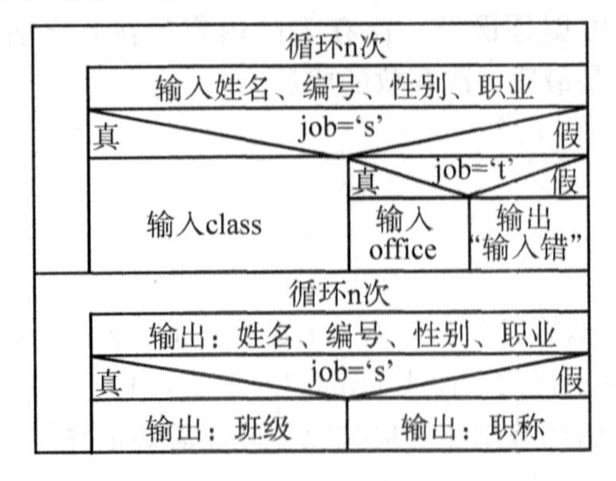

图 9－6　N－S 图

```
#include  < stdio. h >
#include  < stdlib. h >
struct
{  int num;
   char name[10];
   char sex;
   char job;
   union
   {  int class;
      char office[10];
   } category;
} person[2];

void main ()
{  int i;
   char numstr[20];
   for(i=0; i<2; i++)
   {printf("请输入编号:");
    gets(numstr);
    person[i] .num=atoi(numstr);
    printf("请输入姓名:");
    scanf("%s", person[i].name);
    getchar();        /*用来接收输入姓名后的回车符，下同*/
    printf("请输入性别(M/F):");
    scanf("%c", &person[i].sex);
    getchar();
    printf("请输入职业(t/s):");
    person[i] .job=getchar();
    if(person[i] .job== 's')
     {  printf("请输入班级号:");
        scanf("%d", &person[i] .category.classa);
        getchar();
     }
    else
       if(person[i].job=='t')
       {  printf("请输入职称:");
          scanf("%s", person[i].category.office);
          getchar();
       }
```

```
            else
                printf("input error!");
        }
        printf("\n\n");
        printf(" No.      Name      Sex      Job      class/office\n");
        for(i=0; i<2; i++)
        { printf("%-10d%-11s%", person[i].num, person[i].name);
          if(person[i].sex=='M' || person[i].sex=='m')
                printf("男");
          if(person[i].sex=='F' || person[i].sex=='f')
                printf("女");
          if(person[i].job=='s')
                printf("\t\t学生");
          if(person[i].job=='t')
                printf("\t\t教师");
          if(person[i].job=='s')
                printf("\t\t%d\n", person[i].category.classa);
          if(person[i].job=='t')
                printf("\t\t%s\n", person[i].category.office);
        }
    }
```

9.6 枚举类型

进行程序设计时，有时一个变量只有几种可能的取值，为了描述更直观、更形象、更方便，可以将此变量定义为枚举类型。所谓“枚举”是指将变量的值一一列举出来，变量的值只限于列举出来的值的范围。

1. 枚举类型的定义　声明枚举类型用关键字 enum 开头。形式为：

```
enum 枚举名
{枚举数据表};
```

枚举类型在使用中有以下几个特点：

（1）枚举名用来区分不同的枚举类型。

（2）枚举值是常量，不是变量。不能在程序中用赋值语句再对它赋值。

（3）枚举元素本身由系统定义了一个表示序号的数值，从 0 开始顺序定义为 0，1，2，…。

例如：定义一周七天的枚举类型。

```
enum WEEKDAY {Sun, Mon, Tue, Wed, Thu, Fri, Sat};
```

枚举类型 WEEKDAY 有 Sun、Mon、Tue、Wed、Thu、Fri、Sat 七个数据，序号为 0、1、2、3、4、5、6，代表一周中的星期天、星期一、星期二、星期三、星期四、星期五、星期六。

在定义枚举类型时，程序员可在枚举数据时通过“=”自己规定序号，并影响后面的枚举数据的序号，后继序号以此递增。例如：

```
enum status
{copy =6, delete};
```

则 copy 的序号为6，delete 的序号为7。

2. 枚举类型变量的定义　定义枚举类型的变量和前面定义的结构体、共用体变量相似，也有三种定义方法。

（1）先定义枚举类型再定义枚举变量。

enum 枚举名 {枚举数据表}；

enum 枚举名 变量表；

例如：

```
enum WEEKDAY {Sun, Mon, Tue, Wed, Thu, Fri, Sat};
enum WEEKDAY today, tomorrow;
```

（2）定义枚举类型的同时定义枚举变量。

enum 枚举名 {枚举数据表} 变量表；

例如：

```
enum WEEKDAY {Sun, Mon, Tue, Wed, Thu, Fri, Sat}today, tomorrow;
```

（3）还可以定义无名枚举类型，即直接定义枚举类型变量。

enum {枚举数据表} 变量表；

例如：

```
enum { Sun, Mon, Tue, Wed, Thu, Fri, Sat }today, tomorrow;
```

枚举类型数据可以进行赋值运算。枚举类型是有序类型，枚举类型数据还可以进行关系运算。枚举类型数据的比较转化成对序号进行比较，只有同一种枚举类型的数据才能进行比较。

将枚举类型数据按整型格式输出，可得到整数值(枚举变量值的序号)。

使用强制类型转换，可将整数值(枚举值序号) 转换成对应枚举值。例如：

```
today = (enum WEEKDAY)2;        /* today 得到枚举值 Tue */
```

枚举类型数据不能直接输入输出。枚举类型数据输入时，先输入其序号，再进行强制类型转换完成。输出时，采用开关语句先进行判断，再转化成对应字符串输出。

例9-11　某口袋中有红、黄、蓝、白、黑五种颜色的球若干个，每次从口袋中取出三个球，问得到三种不同颜色的球有多少种取法，并输出每种组合结果。

不用枚举类型，我们可用1代表红色，2代表黄色，3代表蓝色，4代表白色，5代表黑色。这时可用下面的三重循环来实现：

```
for(n =0, i =1; i <=5; i ++)        /* 取第一个球 */
  for(j =1; j <=5; j ++)        /* 取第二个球 */
    if(i! =j)      /* 第一个与第二个不同色 */
    { for(k =1; k <=5; k ++)        /* 取第三个球 */
      if((k! =i)&&(k! =j))
      { n ++;        /* 统计有多少种取法 */
```

```
        printf("%d,%d,%d\n", i, j, k);        /*输出一种取法*/
        }
    }
```

将颜色用数字表示，不如直接用颜色表示的枚举类型描述直观。下面我们采用枚举类型来描述数据。设用 red 表示红色球，yellow 表示黄色球，blue 表示蓝色球，white 表示白色球，black 表示黑色球。程序如下：

```
main()
{enum color {red, yellow, blue, white, black};
  enum color i, j, k, l;
  int n, m;
  for(n=0, i=red; i<=black; i++)
    for(j=red; j<=black; j++)
     if(i!=j)
     {for(k=red; k<=black; k++)
      if((k!=i)&&(k!=j))
          {n++;
           printf("%4d", n);
           for(m=1; m<=3; m++)
             {switch(m)
                {case 1: l=j; break;
                 case 2: l=j; break;
                 case 3: l=k; break;
                }
                switch(l)          /*间接输出*/
               {case red: printf("%8s", "red"); break;
                case yellow: printf("%8s", "yellow"); break;
                case blue: printf("%8s", "blue"); break;
                case white: printf("%8s", "white"); break;
                case black: printf("%8s", "black"); break;
               }
             }
           printf("\n");
          }
      }
    printf("总的取法有%d种\n", n);
}
```

小 结

本章主要介绍了结构体和共用体的定义、引用方法，定义类型和定义变量的不同之处，结构体类型与共用体类型变量内存分配的不同点；链表的操作方法；枚举类型的定义和引用。

思考与练习

1. 填空题

（1）构造类型要先定义________再定义________。

（2）定义结构体类型的关键字是________，定义共用体类型的关键字是________。

（3）结构体变量占用内存空间的大小是______________，共用体变量占用内存空间的大小由________________决定。

（4）结构体定义中，其成员类型可以是除________________任何已有类型，也可以是________的指针类型，也就是说结构体不允许________定义。

（5）下面程序的正确输出结果为________。

```
#include <stdio.h>
void main()
{
    struct
    {
        int num;
        float score;
    } person;
    int num;
    float score;
    num = 1;
    score = 2;
    person.num = 3;
    person.score = 5;
    printf("%d,%f", num, score);
}
```

（6）下面程序的正确输出结果为________。

```
#include <stdio.h>
struct person
{
    int num;
    float score;
```

```
};
void main()
{
    struct person per, *p;
    per.num = 1;
    per.score = 2.5;
    p = &per;
    printf("%d,%f", p->num, p->score);
}
```

（7）动态开辟存储空间的函数原形是________________，动态释放存储空间的函数原形是____________。

（8）计算出下列每个结构体类型定义的变量所占内存的大小①______、② _____、③ ______。

```
①struct AA          ②struct BB          ③struct CC
{                     {                     {
  int *a;               int a;                char *data;
};                      float b;                BB s;
                      };                        CC *link;
                                            };
```

（9）以下程序的运行结果是_______。

```
#include <stdio.h>
main()
{
 struct date
 {
  int year, month, day;
 } today;
 printf("%d\n", sizeof(struct date));
}
```

2. 选择题

（1）当说明一个结构体变量时系统分配给它的内存是(　　)。

A. 各成员所需内存量的总和

B. 结构中第一个成员所需内存量

C. 成员中占内存量最大者所需的内存量

D. 结构中最后一个成员所需内存量

（2）有关结构体的正确描述是(　　)。

A. 结构体成员必须是同一数据类型

B. 结构体成员只能是不同数据类型

C. 成员运算符“.”和“->”作用是等价的

D. 成员就是数组元素

(3) 设有以下说明语句:

```
struct student
{
    int a;
    float b;
} stutype;
```

则下面的叙述不正确的是(　　)。

A. struct 是结构体类型的关键字

B. struct student 是用户定义的结构体类型

C. stutype 是用户定义的结构体类型名

D. a 和 b 都是结构体成员名

(4) 当说明一个共用体时系统分配给它的内存是(　　)。

A. 各成员所需内存量的总和

B. 结构中第一个成员所需内存量

C. 成员中占内存量最大者所需内存量

D. 结构中最后一个成员所需内存量

(5) 下面程序运行的正确结果是(　　)。

```
#include <stdio.h>
union opn
{
    int k;
    char ch[2];
} x;
void main()
{
    x.ch[0] =30;
    x.ch[1] =0;
    printf("%d\n", x.k);
}
```

A. 209　　B. 208　　C. 31　　D. 30

3. 自定义一个结构体类型的变量，其成员包括学号、姓名、年龄、性别，并将其类型声明为 STVDENT，然后用该类型定义一个学生类型的变量，进行赋值操作，并输出其值。

4. 将上述程序改为 4 个学生，用结构体数组实现输入输出学生的基本信息，输出要求每行一个学生记录。

5. 利用结构体类型编制一程序，实现输入一个学生的数学期中和期末成绩，然后计算并输出平均成绩。

6. 用枚举类型实现一年 12 个月的输出。

7. 请说出结构体与数组的区别与联系。

8. 编程实现图书馆的借还书管理，记录信息包括书名、借书人名、借书日期。要求：

（1）能管理借还书的登记工作（可以根据借书人名判断是否借出）；

（2）显示所有已借书的情况。

第10章　文　件

在许多程序的实现过程中，依赖于把数据保存到变量中，而变量是通过内存单元存储数据的，数据的处理完全是由程序控制。当程序中输入/输出的数据量很大时，使用键盘输入很麻烦，尤其在程序调试时，输入的次数会需要多次，因此使用文件就比较方便解决键盘输入带来的困难。另外，文件还可以长期保存程序运行所需要的原始数据或程序运行产生的结果，就必须以文件形式存储到外部存储介质上。

10.1　文件概述

我们知道，当程序正在运行时，程序本身和数据一般都是存储在外部介质中的，一旦程序运行结束，存储在内存中的数据就要被释放出来。因而，要长期保存程序运行所需的原始数据或结果，就需要用一个方法或形式表现出来，这就是文件。"文件"是指存放在外部存储介质上的一组相关数据的有序集合。操作系统要对存储在外部介质上的数据进行读取，必须按文件名找到文件，然后才能读取数据。前面各章就使用过文件，如源程序文件、目标文件、可执行文件、头文件等。

操作系统是以文件为单位对数据进行管理的，因此要标识一个文件，就需要采用通常的主文件名[.扩展名]的结构方式对文件命名。在C语言中"文件"的概念具有广泛的意义。文件的分类有多种形式，从不同的角度可对文件作不同分类。

（1）从用户的角度来看，文件可分为普通文件和设备文件两种。

普通文件是一个有序数集，它可以是程序文件，如源文件、目标文件、可执行程序等。也可以是一组待输入处理的原始数据或者一组输出的结果，称为数据文件。

设备文件是指与主机相连接的各种外部设备。它把所有的外部设备都作为文件来对待，这样的文件称为设备文件，如打印机、键盘、显示器等。在操作系统中，把外部设备也看作是一个文件来进行管理，对它们的输入/输出等同于对磁盘文件的读和写。通常把键盘指定为标准的输入文件，从键盘上向主机输入就意味着从标准输入文件上向主机输入数据。如前面经常使用的(格式输入函数) scanf 和(字符输入函数) getchar 函数就属于这类输入。通常把显示器定义为标准输出文件，一般情况下在屏幕上显示有关信息就是向标准输出文件输出。如前面使用过的(格式输出函数) printf 和(字符输出函数) putchar 函数就是这类输出。

（2）从文件的组织形式来看，可分为顺序存取文件和随机存取文件。

（3）从文件数据的组织形式来看，文件可分为ASCII码文件和二进制码文件。

ASCII码文件的每一个字节存储一个字符，因而对字符进行逐个处理和输出较为方便。

ASCII 文件也称为文本文件，但一般占用较多存储空间，而且需要花费时间进行二进制与 ASCII 码之间的转换。

二进制文件是把内存中的数据，原样输出到磁盘文件中。可以节省存储空间和转换时间，但一个字节并不对应一个字符，不能直接输出字符形式。例如：对一个整数 50201 进行存储，在内存中则以 1100010000011001 存储占用 2 个字节，如果按 ASCII 码形式输出，则在磁盘上占用 5 个字节 ，而按二进制形式输出，则在磁盘上占用 2 个字节。如图 10－1 所示：图 10－1(a) 是用二进制形式，图 10－1(b) 是用 ASCII 表示。

11000100	00011001

(a) 二进制文件

00110101	00110000	00110010	00110000	00110001

(b) ASCII 码形式

图 10－1　两种存储方式比较

一般来说，二进制文件节省存储空间而且输入/输出比较快(因为在输出时无须把数据由二进制数形式转换为字符代码，在输入时也无须把字符代码先转换成二进制数形式然后存入内存)。如果存入磁盘中的数据只是暂存的中间结果数据，以后还要调入继续处理，通常用二进制文件可以节省时间和空间。如果输出数据是准备作为文档供人阅读的，一般采用字符代码文件，它们通过显示器或打印机转换成字符输出。一般高级语言都能提供字符代码文件(ASCII) 和二进制文件，用不同的方法来读取这两种不同的文件。

C 语言将文件看成是由一个一个的字符(ASCII 码文件) 或字节(二进制文件) 组成，那么一个 C 文件就是一个字节流或二进制流。在 C 语言中对文件的存取是以字符(字节) 为单位的，它把数据看成一连串的字符(字节)。输入输出字符流的开始和结束只由程序控制而不受物理符号(如回车符) 的控制，把这种文件称为“流式文件”。

在老版本的 C 语言有两种对文件的处理方法：一种叫“缓冲文件系统”，一种叫“非缓冲文件系统”。缓冲文件系统是指系统自动地在内存区为每一个正在使用的文件名开辟一个缓冲区。文件的存取都是通过缓冲区进行的。缓冲区相当于一个中转站，它的大小由具体的 C 语言版本规定，一般为 512 字节。缓冲文件系统原来用于处理文本文件。所谓“非缓冲文件系统”是指系统不自动开辟确定大小的缓冲区，而由程序为每个文件设定缓冲区。1983 年 ANSI C 标准决定不采用非缓冲文件系统，而只采用缓冲文件系统。也就是说，用缓冲文件系统既可处理二进制文件，又可以处理文本文件。

此外，一个文件必须有一个文件名。文件名包括三部分：文件路径、文件名主干、文件名后缀。文件路径就是文件的存储位置，在操作系统中用反斜杠符(\ ) 作为目录、子目录、文件的分隔。如

f：\ exe3 \ file1. txt

表明文件 file1. txt 保存在 f 盘中的 exe3 目录(文件夹) 中。

但是，在 C 语言程序中，由于反斜杠符(\ ) 是转义字符的起始符号，因此要表示反斜杠符时要用到两个反斜杠符，即写成

f：\\ exe 3 \\ file1. txt

文件名是文件的主要标志，必须符合C语言关于标识符的规定。

文件名后缀用于对文件进行补充说明，一般不超过3个字符，通常以特定后缀表明文件的类型。例如“. txt”表明是纯文本文件，“. c”才表明是C语言源程序文件，“. exe”表明是可执行文件，等等。

10.2 文件类型指针

10.2.1 文件的位置指针与读写方式

为了进行读写，系统要为每个文件设置一个位置指针，用于指向当前的读写位置。文件位置指针的初始值可以按照程序员所要进行的操作自动初始化。

（1）当要进行读或写时，文件的位置指针的初始值为文件头。

（2）当要为文件追加数据时，文件的位置指针指向文件尾。

在ASCII文件中，通常每进行一次读或写，位置指针就自动加1，指向下一个字符位置，为下一次读或写作准备，形成顺序读写方式。

为了便于使用，C语言允许人为地移动位置指针，使位置指针跳动一定的距离或返回到文件头，形成文件的随机读/写方式。

10.2.2 File类型指针

在C语言中常用一个指针变量指向一个文件，这个指针变量称为文件指针。文件指针用来指向被操作文件的有关信息(如文件名、文件状态及文件当前位置等)。这些信息是保存在一个结构体变量中的。通过文件指针就可对它所指的文件进行各种操作。该结构体类型是由系统定义的，类型名为FILE。

FILE结构体类型在头文件stdio. h中定义如下：

```
typedef struct
{   short level;                  /* 缓冲区满或空的情况 */
    unsigned flags;               /* 文件状态标志 */
    char fd ;                     /* 文件描述符 */
    unsigned char hold ;          /* 如无缓冲区不读取字符 */
    short bsize ;                 /* 缓冲区的大小 */
    unsigned char  *buffer ;      /* 数据缓冲的位置 */
    unsigned ar  *curp;           /* 指针当前的指向 */
    unsigned istemp;              /* 临时文件指示器 */
    short token ;                 /* 用于有效性检查 */
} FILE;
```

有了结构体FILE类型之后就可以用它来定义若干个FILE类型的变量，以便存放若干个文件信息。例如，可以定义FILE类型的数组：“FILE f[4];”定义了一个结构体数组f，它有4个元素，可以存放4个文件信息。

接下来可以定义文件型指针变量，定义文件指针变量的一般形式为：

```
FILE *fp;
```

通过文件指针变量fp能够找到与之相关的文件。因为fp是指向FILE结构的指针变量，则通过fp即可找到存放某个文件信息的结构变量，然后按结构变量提供的信息找到该文件，实施对文件的操作。一般来说要对几个文件进行操作，就需要声明几个变量指针。如要打开 3 个文件就要有 3 个指针变量，用 FILE f[4] 定义结构体数组 f，f 含有 4 个元素，能够存放 4 个文件的信息。

说明：

（1）打开一个文件时会返回一个指向 FILE 结构的指针，这个指针称为文件指针，该指针指向所打开的文件，通过文件指针就可对它所指的文件进行各种操作。注意，FILE 是系统定义的文件结构体类型名，应为大写。在编程时不必关心 FILE 结构的具体细节，只需在使用 I/O 函数时用这个文件指针变量来指定所操作的文件。

（2）C 语言中通过文件指针变量，对文件进行打开、读、写及关闭操作。因文件指针类型及对文件进行操作的函数的原型说明都是放到“stdio. h”头文件中，因此对文件操作的程序，在最前面都应写一行文件头包含命令：#include < stdio. h >。

10. 3 文件的打开和关闭

对磁盘文件进行操作之前，必须先打开该文件，使用结束后再关闭，以免丢失数据。也就是说，对磁盘文件的操作有一定的顺序要求，即“先打开，后读写，最后再关闭。”对文件操作的库函数，函数原型均在头文件 stdio. h 中。

10.3.1 文件的打开

文件的打开操作表示将给用户指定的文件在内存中分配一个 FILE 结构区，并将该结构的指针返回给用户程序，以后用户程序就可用此 FILE 指针来实现对指定文件的存取操作了。当使用打开函数时，必须给出文件名、文件操作方式(读、写或读写)。

fopen( )函数用于打开文件，其调用格式为：

```
FILE *fp;
fp =(“文件名”，“使用文件方式”)；
```

例如：

```
fp = fopen(“source. txt”，“r”)；
```

表示打开名字为“source. txt”的文件，使用文件方式 r(读入方式)，fopen( )函数带回指向 source. txt 文件的指针并赋值给 fp，这样 fp 就指向 source. txt 文件了。

注意：

（1）本调用表示以读的方式(“r”模式即表示读“read”）打开当前目录下文件名为 source. txt 的文件。

（2）文件名可以包含路径和文件名两部分。写路径时注意，C 语言中因为转义字符以反斜杠开头，所以“ \\ ”才是表示一个反斜杠。若路径和文件名为：“c：\ source. txt”，则应写成“c：\\ tc \\ source. dat”。

（3）如果打开文件成功，则返回一个指向 source. txt 文件信息区的起始地址的指针，并赋值给 fp 文件指针变量。即 fp 指向了文件 source. txt，接下来对该文件的操作就可以通过 fp 指针来实现。

（4）如果文件打开失败，则返回一个空指针 NULL，赋值给 fp。

文件的打开方式有 12 种：

“r”：只读打开一个文本文件，只允许读数据。

“w”：只写打开或建立一个文本文件，只允许写数据。

“a”：追加打开一个文本文件，并在文件末尾写数据。

“rb”：只读打开一个二进制文件，只允许读数据。

“wb”：只写打开或建立一个二进制文件，只允许写数据。

“ab”：追加打开一个二进制文件，并在文件末尾写数据。

“r +”：读写打开一个文本文件，允许读和写。

“w +”：读写打开或建立一个文本文件，允许读写。

“a +”：读写打开一个文本文件，允许读，或在文件末追加数据。

“rb +”：读写打开一个二进制文件，允许读和写。

“wb +”：读写打开或建立一个二进制文件，允许读和写。

“ab +”：读写打开一个二进制文件，允许读，或在文件末追加数据。

说明：

(1) 文件使用方式由“r”、“w”、“a”、“b”、“ +”5个字符拼成，各字符的含义是：

r(read)：读。

w(write)：写。

a(append)：追加。

b(banary)：二进制文件。

+：读和写。

(2) 用“r”打开一个文件时，该文件必须已经存在，并且打开的文件只能用于向计算机输入，不能用作向文件输出数据。

(3) 用“w”打开的文件只能向该文件写入。若文件不存在，则建立新文件；若已存在，则打开时将删除原有数据，重建一个新文件。

(4) 如不希望删除原有数据而只在文件末尾添加新数据，应该用“a”方式来打开该文件。

(5) 用“r +”、“w +”、“a +”方式打开的文件，既可以输入也可以输出数据。

(6) 在读取文本文件到内存时，会自动将回车、换行两个符号转换为一个换行符，还要将ASCII码转换成二进制码，在写入时会自动将一个换行符转换为回车和换行两个字符，也要把二进制码转换成ASCII码。在用二进制文件时，不会进行这种转换，因为在内存中的数据形式与写入到外部文件中的数据形式完全一致，一一对应。

(7) 当一个文件不能正常打开时，fopen()函数要发出错信息，出错可能是磁盘内存已满或者磁盘已坏等。这时fopen()函数将返回一个空指针值NULL。在程序中可以用这一信息来判别是否完成打开文件的工作，并作相应的处理。

因此常用以下程序段打开文件：

```
if((fp = fopen("c:\\hzk16","rb") == NULL)
{
  printf("\nerror on open c:\\hzk16 file!");
  getch();
  exit(1);
```

}

如果返回的指针为空，表示不能打开 C 盘根目录下的 hzk16 文件，则给出提示信息“error on open c：\ hzk16 file!”，下一行 getch() 的功能是从键盘输入一个字符，但不在屏幕上显示。只有当用户从键盘敲任一键时，程序才继续执行，因此用户可利用这个等待时间阅读出错提示。敲键后执行 exit(1) 退出程序。

（8）在程序开始运行时，系统自动打开三个文件：stdin——标准输入文件（只读），指向终端输入设备（键盘）。stdout——标准输出文件（只写），指向终端输出设备（显示器）。stderr——标准错误输出文件（读/写），指向终端输出设备（显示器）。

10.3.2 文件的关闭

一个文件打开后，如果暂时不会对其再次使用，则应关闭此文件，否则会对此文件有误用。文件的关闭用 fclose()函数。

fclose() 函数调用的一般格式为：

fclose(文件指针)；

功能：关闭“文件指针”所指向的文件。

函数返回值：正常关闭，返回值为 0；否则，返回值为非 0，这可以用 ferror() 函数来测试。文件关闭就是使文件指针变量不再指向该文件，相当于“通向文件的路径关闭，信息不通”。如果以后还要对此文件操作，就需要再次打开此文件，使指针重新指向该文件。

例：

fclose(fp)；　　　/ * 关闭 fp 所指向的文件 * /

把 fopen()函数带回的指针赋给了 fp，现在通过 fp 关闭该文件，即 fp 不再指向该文件。

向文件写数据时，先将数据写入缓冲区，等缓冲区写满后才真正输出给文件。如果缓冲区未满而程序结束运行，就会将缓冲区中的数据丢失。fclose()函数关闭文件时，先将缓冲区中的数据输出到磁盘上，再释放指针，可以避免数据的丢失。所以大家要养成在程序终止前用 fclose()函数关闭文件的习惯。

10.4 文件读写

当文件建立变量指针后，文件就可以打开了，然而我们的目的不仅仅只是打开文件，而是要对文件操作管理，那么就要对文件进行读写。由文件的打开方式可知，文件操作只有三种情况：读/写、生成和写追加。当用读/写、生成方式打开文件时，文件位置指针指向文件开头位置。当用追加方式打开文件时，文件位置指针指向文件尾。随后所进行的操作，都是从文件尾开始的。这种文件操作称为文件的顺序读/写。

文件指针每次移动的距离可以分别是：字符、字符串、给定的距离或一个记录(结构体)，它们分别由不同的函数进行。在本书中，将介绍以下四种对文件的读写方式：单个字符的读写、字符串的读写、数据块的读写、格式化数据的读写，下面我们将一一介绍。

10.4.1 单个字符的读写

1. 写一个字符到磁盘文件——fputc()函数

fputc()函数可以用于向文件写一个字符，其调用形式为：

fputc（ch，fp）

参数：ch——要写入文件的字符；fp——FILE类型的数据文件指针变量(简称为指向该文件的指针)。

功能：把字符数据(ch的值）输出到fp所指向的文件中去[fp的值是用fopen()函数打开文件时得到的]，同时将读写位置指针向前移动1个字节，也就是指向下一个写入的位置。如果输出成功，则fputc()函数返回值就是输出的字符数据；否则返回一个文件结束标志EOF(End Of File，其值就是在头文件stdio.h中定义的符号常量，值为-1)。

对于fputc()函数的使用也要说明几点：

(1）被写入的文件可以用写、读写、追加方式打开，用写或读写方式打开一个已存在的文件时将清除原有的文件内容，写入字符从文件首开始。如需保留原有文件内容，希望写入的字符从文件末开始存放，必须以追加方式打开文件。被写入的文件若不存在，则创建该文件。

(2）每写入一个字符，文件内部位置指针向后移动一个字节。

(3）fputc()函数有一个返回值，如写入成功则返回写入的字符，否则返回一个EOF。可用此来判断写入是否成功。

例10-1　把键盘上输入的一个字符串，以回车作为结束字符存储到一个磁盘文件file1.txt中。

```
#include <stdio.h>
main()
{  FILE *fp;
   char ch;
   if((fp=open("file1.txt","w"))==NULL)
   {  printf("cant open this file\n");
      exit(0);
   }
/*输入字符，存储到指定文件中*/
   while((ch=getchar())!='\n')
    fputc(ch,fp);          /*输入字符并转存到文件中*/
   fclose(fp);          /*关闭文件*/
}
```

程序分析：

(1）打开一个文件"file1.txt"（只写方式），一定使文件指针变量指向该文件。即：

fp=open（"file1.txt"，"w"）

(2）执行一个循环，每执行一次循环从键盘读入一个字符，即：

ch=getchar()

然后向磁盘文件输出该字符，即

fputc(ch，fp)。

(3）关闭文件，即

fclose(fp)。

实际上从键盘输入的字符并不是立即送给 ch，而是要输入到一个回车后才送到缓冲区，每次 ch 从缓冲区读数据，直到读入一个“\ n”为止。

我们可以用 DOS 下的 type 的命令检验“file. txt”文件中的内容，例如运行时输入的字符串是：Hello123456↙，则有

```
C:\ >type file1. txt
Hello123456
```

2. 从文件中读入一个字符——fgetc( ) 函数

fgetc( ) 函数的一般调用形式为：

```
ch = fgetc(fp);
```

其作用是从文件指针 fp 所指向的文件中，读入一个字符并赋给字符变量 ch，同时将读写位置指针向前移动 1 个字节(即指向下一个字符)。如果在执行 fgetc( ) 函数时碰到文件结束符，函数就返回一个文件结束标志 EOF(-1)。

文件结束标志 EOF 不是输出字符，因为没有一个字符的 ASCII 值是 -1，当读入的字符值为 -1 时，表示读入的字符不是正常字符而是文件结束符，但这只适用于读文本文件。现在的 ANSI C 允许用缓冲文件系统来处理二进制文件，它提供了一个 feof( ) 函数来判断文件是否为真的结束。

feof(fp) 用来测试 fp 所指向的文件当前状态是否为“文件结束”。如果是文件结束，函数 feof( ) 的值为 1(真)，否则为 0(假)。

如果想顺序读取一个二进制文件的数据，可以用：

```
while (! feof (fp))
  {  ch = fgetc(fp) ;
     …
  }
```

当遇到文件结束时，feof (fp) 的值为 0,! feof(fp) 的值为 1，读取一个字节的数据赋给整型变量 ch(当然可以接着对这些数据进行所需的处理)。直到遇到文件结束，feof(fp) 的值为 1，! feof(fp) 的值为 0，才不再执行 while 循环。

例 10 -2 从键盘输入 20 个字符，写到文件 a. txt 中，再重新读出，并在屏幕上显示验证。

思路：这是一个键盘输入→写入文件 a. txt 中→屏幕显示的过程，当键盘输入到 a. txt 时，文件需按照写方式打开，而在把 a. txt 的内容显示到屏幕上，文件又要读写方式打开。读和写是两种不同的操作，所以在程序中 a. txt 会被分别打开、关闭两次。

```
#include < stdio. h >
main ( )
{  int i; char ch;
   FILE  * fp;                          / * 定义文件指针 * /
   if( (fp = fopen("a. txt","w") )  == NULL) / * 打开文件 * /
   {  printf ("File open error \ n");
      exit (0);
   }
```

```
    for (i=0; i<20; i++)                /* 写文件20次 */
    {   ch = getchar();
        fputc(ch, fp) ;
    }
    if(fclose(fp))              /* 关闭文件 */
     {   printf (" can not close the File! \n");
         exit (0);
     }
    if ((fp = fopen("a. txt","r")) == NULL)         /* 按读方式再次打开文件 */
    {   printf ("File open error\ n");
        exit (0);
    }
    for (i=0; i<20; i++)                /* 读文件20次 */
    {   ch = fgetc(fp);
        putchar(ch);
    }
    if (fclose(fp))              /*  再次关闭文件 */
    {printf (" can not close the File!  \ n");
     exit (0);
    }
}
```

例10-3　将一个磁盘文件复制到另一个磁盘文件。

```
#include < stdio. h >
main ( int argc, char *argv[ ] )
{   FILE *input, *output;    /*input: 源文件指针, output: 目标文件指针 */
    char ch;
    if (argc!  =3)                /* 参数个数错误 */
    {   printf("the number of atguments not correct\ n");
        exit (0);
    }
    if ((input = fopen(argv[1], "r")) == NULL)    /*如果打开源文件失败 */
    {   printf(" can not open source File!  \ n");
        exit(0);
    }
    if ((output = fopen(argv[2],"w")) == NULL)   /* 如果创建目标文件失败 */
    {   printf(" can not create destination File!  \ n");
        exit (0);
    }
    /* 复制源文件到目标文件中 */
```

```
    while( !feof(input))
    fputc (fgetc(input), output);
    fclose (input);              /* 关闭源文件 */
    fclose (output);             /* 关闭目标文件 */
}
```

此程序和 DOS 下的 copy 命令一样，程序说明：

（1）main 函数带参数，表示执行时应该从键盘上输入参数，而 DOS 的 copy 命令有 3 个参数(命令名、源程序文件名、目标程序文件名)，因此 argc 的值为 3，命令输入到 argv[0]，源文件名输入到 argv[1]，目标文件名输入到 argv[2]。

（2）再分别打开源文件(只读方式）和目标文件(写方式)，即 input = fopen(argv[1], “r”）和 output = fopen(argv[2], “w”)。

（3）然后每次从源文件中读入一个字符并把它输出到目标文件，即：fputc(fgetc(input), output)。

（4）最后关闭文件，即“fclose (input); fclose (output);”。

设本程序文件名为 fcopy. c，经过编译连接后得到的可执行文件名为 fcopy. exe，则在 DOS 命令下，可以输入命令：C:\>fcopy file1 file2，则将 file1 文件的内容复制到 file2 中(file1 文件必须是存在的)。

10.4.2 字符串的读写

1. 向指定文件输出一个字符串——fputs() 函数　函数 fputs() 是将一个字符串写入到指定文件中，函数调用的一般形式：

```
fputs(str, fp);
```

其中，字符串可以是字符串常量，也可以是字符数组名，或字符指针变量。

例如：

```
char *ch = "You are good!"
fputs(ch, fp2);          /* 将字符指针 ch 指向的字符串写入到文件 fp2 中 */
```

注意：若函数调用 fputs() 返回值为 EOF 时，表明写操作失败。

说明：

（1）该函数的功能是将由 str 指定的字符串写入 fp 所指向的文件中。

（2）与 fgets() 函数在输入字符串末尾自动追加 \ 0 字符的特性相对应，fputs() 函数在字符串写入文件时，其末尾的 \ 0 字符自动舍去。

（3）正常操作时，返回值为写入的字符个数；出错时，返回值为 EOF(-1)。

例 10 -4　把从键盘上输入的若干行字符存储到一个磁盘文件 file01 中。

```
#include <stdio.h>
#include <string.h>
main ()
{
    FILE *fp;
    char string[60];            /* 字符数组用于暂存输入的字符串 */
    if ((fp = fopen ("file01", "r")) == NULL)   /* 如果打开文件失败 */
```

```
    {   printf ("  can not open File!  \n");
        exit (0);
    }
    /*从键盘上输入字符串，并存储到指定文件*/
    while (strlen(gets(string)) >0)   /*最后一行开始输入回车，则串长为0*/
    {   fputs(string, fp);
        fputs("\ n", fp);   /*将每次输入字符串时最后输入的回车符写到文
        件中*/
    }
    fclose (fp) ;
}
```

2. 从文件中读入一个字符串——fgets()函数

函数fgets() 的功能是从指定的文件中读取一个字符串到程序中的字符数组，函数调用的一般形式：

fgets(str, n , fp);

其中，参数n是一个正整数，表示从文件中读出的字符串不超过n-1个字符。因为要在读入的最后一个字符后加上字符串结束标志'\0'。

说明：fgets() 函数从文件中读取字符直到遇见回车符或EOF为止，或直到读入了所限定的字符数(至多n-1个字符) 为止。函数读成功返回字符数组首地址；失败返回空指针NULL。

例10-5　从磁盘文件中读入字符串，在屏幕上显示。

```
#include <stdio.h>
main ()
{
    FILE *fp;
    char string[60];
    if((fp = fopen ("file01", "r")) == NULL)
    {   printf ("  can not open File!\ n");
        exit (0);
    }
    while (fgets(string, 60, fp)! = NULL)
      printf ("%s", string);
    fclose (fp);
}
```

说明：每次从文件读出一行字符，然后用printf()函数输出。程序中的printf()函数内格式转换符"%s" 后面没有"\n"，是由于fgets()函数读出的字符串中已包含"\n"。

10.4.3 数据块的读写

在实际应用中，常常要求一次读/写一个数据块。为此，C语言中设置了fread()函数和fwrite()函数。

1. 读取数据块函数 fread( )　函数 fread( ) 的功能是从指定文件中读取若干个数据块到程序中，函数调用的一般形式为：

fread(buffer, size, count, fp);

其中，参数 buffer 是一个指针，表示存放读入数据的内存存储首地址；参数 size 表示一个数据块的字节数；参数 count 表示要读写的数据块块数；fp 为文件类型指针。

说明：

（1）fread( ) 函数完成的功能：在 fp 指定的文件中读取 count 次数据项（每个为 size 个字节）存放到以 buffer 所指的内存单元中。

（2）当文件以二进制形式打开时，fread( ) 函数就可以读取任何类型的信息。

例如：fread(farry, 4, 8, fp) 表示 farry 为一个实型数组名，一个实型量占四个字节，该函数从 fp 所指向的数据文件中读取 8 次 4 字节的实型数据，存到数组 farry 中。

（3）fread( ) 函数读取地数据块的总大小应该是 size *count 个字节，正常操作时函数的返回值为读取的项数，出错时为 -1。

例 10-6　从二进制文件 b.dat 中读入 8 个整数存放到整型数组 ary 中。

```
#include <stdio.h>
main ( )
{   FILE *fp ;
    int ary[8] ;
    if( ( fp = fopen ( "b.dat", "rb" ) ) == NULL)
    {   printf ( " can not open this File!  \n" ) ;
        exit (0) ;
    }
    fread( ary, sizeof(int), 8, fp);
    …
}
```

2. 写数据块函数 fwrite( )　函数 fwrite( )的功能是将若干个数据块写入到指定的文件中，函数调用的一般形式为：

fwrite(buffer, size, count, fp);

其中，参数 buffer 是一个指针，表示存放输出数据的内存存储地址；参数 size 表示每次要输出到文件中的字节数；参数 count 表示要输出的次数；fp 为文件类型指针。

说明：

（1）fwrite( )函数的功能是：将从 buffer 为首地址的内存中取出 count 次数据项（每次 size 个字节）写入到 fp 所指的磁盘文件中。

（2）当文件以二进制形式打开时，fwrite( )函数就可以写入任何信息。

例如：fwrite(iarry, 2, 10, fp) 表示 iarry 为一个整型数组名，一个整型量占 2 个字节。该函数将整型数组 10 个 2 字节的整型数据写入到由 fp 所指的磁盘文件中。

（3）与 fread( ) 函数一样写入的数据块的总字节是 size *count 个字节。正常操作时函数的返回值为写入的项数，出错时返回值为 -1。

读者自己练习编写：将一维数组中的元素存放到二进制文件 C.dat 中。

10.4.4　格式化数据的读写

前面第3章介绍了用格式化输入/输出（scanf()/printf()）函数从终端输入和向终端输出。现在如果要将输入输出的对象由终端改为磁盘文件，那么我们就可以用fscanf()函数和fprintf()函数来实现。

1. 格式化读函数fscanf()　函数fscanf()的功能是从指定的文件中按照一定的格式读取数据到程序中，fscanf()函数与前面使用的scanf()函数的功能相似，两者的不同在于fscanf()函数读取对象不是键盘，而是磁盘文件。函数调用的一般形式：

fscanf(文件指针，"格式字符串"，输入表列)；

其中，格式字符串和输入表列和scanf()函数相似。

说明：函数的返回值若为EOF，表明格式化读错误；否则读数据成功。

2. 格式化写函数fprintf()　函数fprintf()的功能是把格式化的数据写到指定文件中，其中，格式化的规定与printf()函数相同，所不同的只是fprintf()函数是向文件中写入，而printf()函数是向屏幕输出。函数调用的一般形式：

fprintf(文件指针，"格式控制字符串"，输出表列)；

其中，格式控制字符串和输出表列和printf()函数相似。

说明：函数的返回值为实际写入文件中的字符个数(字节数)；若写错误，则返回一个负数。

例如：

```
int i=3; float f=9.80;
…
fprintf(fp, "%2d,%6.2f", i, f);
…
```

fprintf()函数的作用是，将变量i按%2d格式、变量f按%6.2f格式，以逗号作分隔符，输出到fp所指向的文件中：□3，□□9.80(□表示1个空格)。

注意：用fprintf()函数和fscanf()函数对磁盘文件进行读写，使用方便，容易理解，但有时在输入时要将ASCII码转化为二进制形式，在输出时又要将二进制形式转化为字符，花费时间较多。因此在磁盘频繁交换数据的情况下，最好不要用fprintf()函数和fscanf()函数，而用fread()函数和fwrite()函数。

10.5　文件定位函数

文件中有一个位置指针，指向当前读写的位置。如果顺序读写一个文件，每次读写一个字符，则读完一个字符后，该位置指针自动移动指向下一个字符的位置。当需要改变文件顺序读写的次序时，根据需要随时指定文件的读写位置，也就是说能实现随机文件的读写，这就需要使用由C语言提供的文件定位函数来实现。

10.5.1　rewind()函数

rewind()函数的一般调用形式为：

rewind(fp)；

其中，fp是指向由fopen()函数打开的文件指针，该函数的功能是使文件位置指针重新返回到文件的开头，成功时返回0；否则，返回非0值。

例 10 -7 对一个磁盘文件进行显示和复制两次操作。

```
#include < stdio. h >
main( )
{   FILE  * fp1 ,   *fp2;
    fp1 = fopen( "d: \\fengyi \\bkc \\ch12_4. c" ,"r" ) ;
    fp2 = fopen( "d: \\fengyi \\bkc \\ch12_41. c" ,"w" ) ;
    while( !feof( fp1) ) putchar( fgetc( fp1) ) ;
    rewind( fp1) ;
    while( !feof( fp1) ) fputc( fgetc( fp1) , fp2) ;
    fclose( fp1) ;
    fclose( fp2) ;
}
```

10.5.2 fseek( )函数

对于流式文件，既可以顺序读写，也可随机读写，关键在于控制文件的位置指针。所谓顺序读写是指，读写完当前数据后，系统自动将文件的位置指针移动到下一个读写位置上。所谓随机读写是指，读写完当前数据后，可通过调用 fseek( ) 函数，将位置指针移动到文件中任何一个地方。

fseek ( ) 函数可以实现改变文件的位置指针，其调用形式为：

fseek(文件指针，位移量，参照点) ;

其作用是将指定文件的位置指针，从参照点开始，移动指定的字节数。

说明：

(1) 参照点：用 0(文件头)、1(当前位置) 和 2(文件尾) 表示。在 ANSI C 标准中，还规定了下面的名字：SEEK_SET——文件头；SEEK_CUR——当前位置；SEEK_END——文件尾。

(2) 位移量：以参照点为起点，向前(当位移量 >0 时) 或向后(当位移量 <0 时) 移动的字节数。在 ANSI C 标准中，要求位移量为 long int 型数据。

(3) fseek( ) 函数一般用于二进制文件，由于文本文件要发生字符转换，计算位置时往往会发生错乱。

10.5.3 ftell( ) 函数

由于文件的位置指针可以任意且经常移动，往往容易迷失当前位置，ftell( ) 函数就可以解决这个问题，其调用格式为：

ftell (文件指针) ;

ftell( ) 函数的功能是返回文件位置指针的当前位置(用相对于文件头的位移量表示)。如果返回值为 -1L，则表明调用出错。例如：

```
offset = ftell( fp) ;
if( offset == -1L) printf( "ftell( ) error \n" ) ;
```

小 结

本章主要讨论了C语言文件的操作方法。包括文件类型指针的概念和定义，文本文件和二进制文件的区别以及文件的打开和关闭；文件的字符、字符串、数据块输入输出，格式化数据的读写函数以及文件的定位函数等。通过对这些内容的介绍，让读者理解在程序中使用文件时，一般按照以下步骤：

（1）声明一个FILE *类型的文件指针变量，FILE类型是由标准I/O库定义的，该结构中存储了系统管理该文件处理活动时所需要的信息。

（2）通过调用fopen()函数将文件指针变量和某一个实际的磁盘文件相联系。这一操作称为打开文件。打开一个文件时要求指定文件名，并且说明对该文件的打开方式，文件可按只读、只写、读写、追加四种操作方式打开。同时还必须指定文件的类型是二进制文件还是文本文件。当文件被正确打开后，可取得该文件的文件指针。

（3）调用适当的文件操作函数完成必要的I/O操作。对输入文件来说，这些函数从文件中将数据读取到程序中；对输出文件来说，函数将程序中的数据转移到文件中去。文件可按字节、字符串、数据块为单位读写，也可按指定的格式进行读写。文件内部位置指针可指示当前的读写位置，移动该位置指针可以对文件实现随机读写。

（4）通过调用fclose()函数关闭所打开的文件，它断开了文件指针与实际文件之间的联系，同时根据需要刷新文件缓冲区。

思考与练习

1. 选择题

（1）在C语言，文件由(　　)。

A. 记录组成　　B. 数据行组成

C. 数据块组成　　D. 字符(字节)序列组成

（2）C语言中文件的存取方式(　　)。

A. 只能顺序存取　　B. 只能随机存取(或称直接存取)

C. 可以顺序存取，也可随机存取　　D. 只能从文件的开头进行存取

（3）C语言的文件类型只有(　　)。

A. 索引文件和文本文件　　B. ASCII文件和二进制文件两种

C. 文本文件一种　　D. 二进制文件一种

（4）要打开一个已存在的非空文件“file”用于修改，正确的语句是(　　)。

A. fp = fopen(“file”，“r”)　　B. fp = fopen(“file”，“a +”)

C. fp = fopen(“file”，“w”)　　D. fp = fopen(“file”，“r +”)

（5）fgets(str，n，fp)函数从文件中读入一个字符串，以下正确的叙述为(　　)。

A. 字符串读入后不会自动加入‘\0’

B. fp是FILE类型的指针

C. fgets()函数将从文件中最多读入n-1个字符

D. fgets() 函数将从文件中最多读入 n 个字符

(6) 在 C 语言程序中，可把整型数据以二进制形式存放到文件中的函数是(　　)。

A. fprintf() 函数　　B. fread() 函数

C. fwrite() 函数　　D. fputc() 函数

2. 什么是文件型指针，通过文件指针访问文件有什么好处?

3. 将键盘上输入的一个字符串(以“@”作为结束字符)，以 ASCII 码形式存储到一个磁盘文件中。

4. 将键盘上输入的一个长度不超过 80 的字符串，以 ASCII 码形式存储到一个磁盘文件中，然后再输出到屏幕上。

5. 从键盘输入 5 个学生的学号、姓名和成绩，将学生数据写入文件，然后再从文件中将这些信息读出显示在屏幕上。

第 11 章　实　验

11.1　C 的集成开发环境

11.1.1　实验目的

（1）熟悉 C 语言运行环境。

（2）掌握 C 语言程序的书写格式和 C 语言程序的结构。

（3）掌握 C 语言上机步骤，了解运行 C 语言程序的方法。

11.1.2　实验内容和步骤

1. VC ++6.0 工作环境

（1）按 1.3.2 在 Visual C ++6.0 环境下调试程序的方法运行调试“Hello World!”程序。

（2）按如下步骤重新调试“Hello World!”程序。

1）选择【开始】→【程序】→【Microsoft Visual C ++6.0】，启动 VC ++6.0 集成开发环境。

2）选择【文件】→【新建】，出现新建工程时的工程页面如图 11 -1 所示。在工程页面中选择【Win32 Console Application】选项，在窗口右上角位置的【工程】栏内，输入工程名，如 ex1，然后单击【确定】按钮。

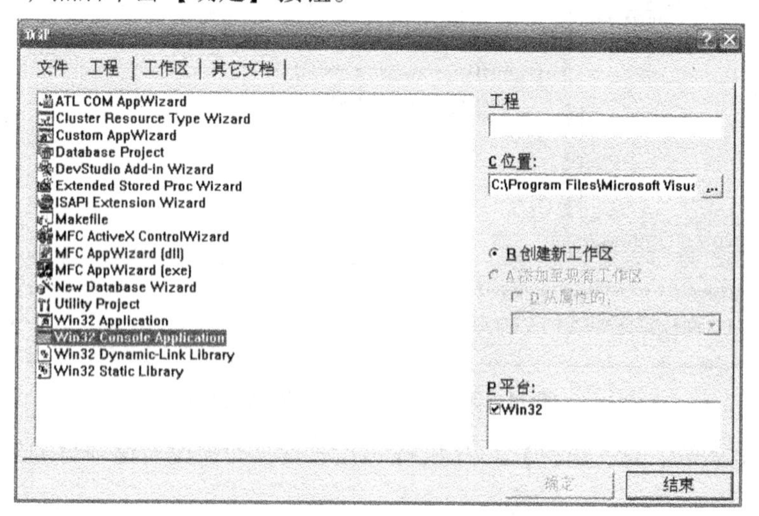

图 11 -1　新建工程时的工程页面

3）在控制台应用建立的第一步，如图 11－2 所示。选择第三项【A “Hello，World!” application】，然后单击【完成】按钮。

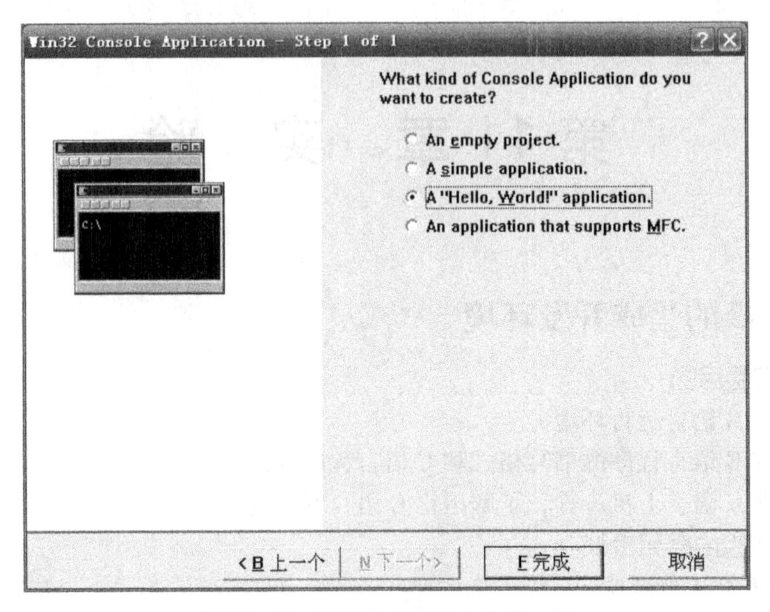

图 11－2　控制台应用建立的第一步

4）双击并展开【ex1 classes】→【Globals】→【main(int argc char *argv[ ])】，出现 ex1. cpp 的编辑窗口，如图 11－3 所示。在该窗口内，可编辑输入自己的程序。

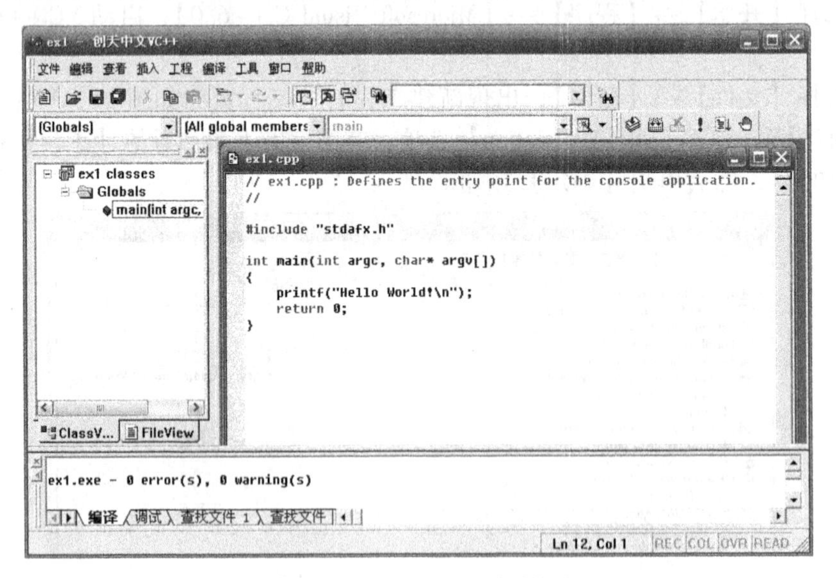

图 11－3　“ex1. cpp” 的编辑窗口

5）选择主菜单中的【组建】→【执行 ex1. exe】，即完成对该项目的编译、连接与运行。

如果程序需要输入数据，则在运行程序后，光标停留在用户屏幕上，要求用户输入数据，数据输入完成后程序继续运行，直至输出结果。

如果运行结果不正确或其他原因需要重新修改源程序，则需重新进入编辑状态。修改源程序，重复以上步骤，直到结果正确为止。

6）退出 VC ++6.0 程序。

在主菜单选择【文件】→【退出】即退出 VC 环境，系统将检查一下当前编辑窗口的程序是否已经存盘，若未存盘，系统将弹出一个提示窗口，提示是否将文件存盘，若选择【确认】，则将当前窗口内的文件存盘后退出；否则，不存盘退出。

2. 练习

参照例题，编写一个 C 语言程序，输出以下信息：

```
@@@@@@@@@@@@@@@@@@@@@@@@@@@
             This is C program.
@@@@@@@@@@@@@@@@@@@@@@@@@@@
```

3. 问题讨论

（1）总结实验中在编辑、编译、运行等各环节中所出现的问题及解决方法。

（2）总结 C 语言程序的结构和书写规则。

11.2 简单的 C 语言程序设计

11.2.1 实验目的

1. 掌握 C 语言数据类型，熟悉如何定义一个整型、字符型、实型变量，以及对它们赋值的方法，了解以上类型数据输出时所用的格式符。

2. 学会使用 C 语言的多种运算符和表达式，了解不同类型运算符之间的优先级与结合性。特别是自加（++）和自减（--）运算符的使用。

3. 掌握不同类型数据间的转换与运算。

11.2.2 实验内容和步骤

1. 输入并运行以下程序，写出运行结果。

```
main()
{   char c1, c2;
    c1 =97; c2 =98;
    printf("%c%c", c1, c2);
}
```

（1）加一个 printf 语句，并运行之。

```
printf("%d %d\n", c1, c2);
```

（2）再将第二行改为：

```
int c1, c2;
```

再使之运行。

（3）再将第三行改为：

```
c1 =300; c2 =400;
```

再使之运行，分析其运行结果。

在该程序中，说明了字符型数据在特定情况下可作为整型数据处理，整型数据有时也可以作为字符型数据处理。

2. 输入并运行以下程序，写出运行结果。

```
main()
{
    int i=8;
    printf("%d\n", ++i);
    printf("%d\n", --i);
    printf("%d\n", i++);
    printf("%d\n", i--);
    printf("%d\n", -i++);
      printf("%d\n", -i--);
}
```

在实验中思考问题：++i、i++、--i、i--使用的区别和运算的优先级别。

3. 已知各变量的值，编程序写出类型说明语句并求表达式的值，思考表达式是否正确，并判断表达式值的类型。已知：a=12.3，b=-8.2，i=5，j=4，c='a'。求：

（1）a+b+i/j+c

（2）i%j+c/i

（3）a>b+c<=j

（4）i<j&&j<c

（5）i&j

（6）i<<j&&j>>c

（7）a>b? j：a

4. 练习

求下面算术表达式的值。

（1）x+a%3*(x+y)%2/4　设 x=2.5，a=7，y=4.7

（2）(float)(a+b)/2+(int)x%(int)y　设 a=2，b=3，x=3.5，y=2.5

先自己分析，再试着用程序求解，看得到的结果是否一致。

5. 问题讨论

（1）讨论如何正确地选用数据类型，整型、实型、字符型数据之间的自动转换原则。

（2）分析总结 C 语言运算符的优先级。

11.3 顺序结构程序设计

11.3.1 实验目的

1. 理解 C 语言程序的顺序结构。

2. 掌握常用的 C 语言语句，熟练应用赋值、输入、输出语句。

11.3.2 实验内容和步骤

1. 程序中用 scanf 函数输入 x 和 y 的值，请分析以下两个语句：

```
scanf("%f%f", x, y);
scanf("%f%f", &x, &y);
```

哪一个是正确的，分别运行之，分析程序运行结果。

如果 scanf 函数改为 “scanf(“%f,%f”, &x, &y);” 应该怎样输入数据。

2. 按格式要求输入/输出数据。

```
#include <stdio.h>
main()
{  int a, b;
   float x, y;
   char c1, c2;
   scanf("a=%d, b=%d", &a, &b);
   scanf("%f,%e", &x, &y);
   scanf("&c&c", &c1, &c2);
   printf("a=%d, b=%d, x=%f, y=%f, c1=%c, c2=%c\n", a, b, x,
   y, c1, c2);
}
```

运行该程序，必须按如下方式在键盘上输入数据。

```
a=3, b=7
8.5, 71.82
 aA
```

请写出输出结果，并分析结果。

3. 编辑输入三角形的三边长 a、b、c，求三角形面积 area 的程序。

```
#include <math.h>
main()
{  float a, b, c, s, area;
   scanf("%f,%f,%f", &a, &b, &c);
   s=1.0/2*(a+b+c);
   area=sqrt(s*(s-a)*(s-b)*(s-c));
   printf("area=%f", area);
}
```

具体步骤与要求：

（1）编辑源程序。

（2）自己为程序添加输入提示语句。

（3）输入一组数据 3，4，5，观察运算结果。

（4）输入另外一组数据 3，4，8，观察运算结果，分析这个运算结果是否有效。

4. 练习

（1）已知圆半径 r=1.5，圆柱高 h=3，编程求圆周长、圆面积、圆柱表面积、圆柱体积。

（2）输入一个华氏温度 F，编程求摄氏温度。已知公式为 C=5.0/9*(F-32)。

5. 问题讨论

（1）总结 printf() 函数中可以使用的各种格式符。

（2）总结使用 scanf( ) 函数输入数据，如何保证输入格式正确。

（3）总结上机环节所出现的错误及解决的办法。

11.4 选择结构程序设计

11.4.1 实验目的

1. 进一步掌握关系表达式和逻辑表达式的使用。
2. 熟悉选择结构程序设计。
3. 了解 C 语句表示逻辑量的方法(以 0 代表“假”，以 1 代表“真”)。
4. 熟练掌握 if 语句和 switch 语句。

11.4.2 实验内容和步骤

1. 已知三个数 a，b，c，找出最大值放于 max 中。

分析：由已知可得在变量定义时定义四个变量 a，b，c 和 max，a，b，c 是任意输入的三个数，max 是用来存放最大值的。第一次比较 a 和 b，把大数存入 max 中，第二次比较 max 和 c，把最大数存入 max 中，max 即为 a，b，c 中的最大值。

```
#include < stdio. h >
main( )
{   int a, b, c, max;
    scanf("a = % d, b = % d, c = % d", &a, &b, &c);
    if(a > b) max = a;
      else = b;
    if(c > max) max = c;
    printf("max = % d", max);
}
```

若输入下列数据，分析程序的执行顺序并写出运行结果。

（1） a =1，b =2，c =3

（2） a =2，b =1，c =3

（3） a =3，b =1，c =2

（4） a =2，b =3，c =1

2. 输入某学生的成绩，经处理后给出学生的等级，等级分类如下：

90 ~100：A

80 ~89：B

70 ~79：C

60 ~69：D

0 ~59：E

（1）方法一：用 if 嵌套。

分析：由题意知如果某学生成绩在 90 分以上，等级为 A；如果成绩大于等于 80 分，等级为 B；如果成绩大于等于 70 分，等级为 C；如果成绩大于等于 60 分为 D；如果成绩小于 60 分，等级为 E。当我们输入成绩时也可能输错，出现小于 0 或大于 100，这时也要作处理，输出出错信息。因此，在用 if 嵌套前，应先判断输入的成绩是否在 0 到 100 之间。

```
#include < stdio. h >
main( )
{   int score;
    char grade;
    printf(" \ nPlease input a student score:");
    scanf("% d", &score);
    if(score >100 | | score <0) printf("input error!");
    else if(scorre > =90) grade =  'A';
        else if(scoe > =80) grade =  'B';
          else if(score > =70) grade =  'C';
            else if(score > =60) grade =  'D';
              else grade = 'E';
  printf(" \ n the studen grade:% c \ n", grade);
}
```

输入测试数据，调试程序。测试数据要覆盖所有路径，注意临界值，例如得100分，60分，0分以及小于0和大于100的数据。

（2）方法二：用switch语句。

分析：switch语句是用于处理多路分支的语句。注意，case后的表达式必须是一个常量表达式，所以在用switch语句之前，必须把0～100之间的成绩分别转换成相关的常量。所有A(除100以外)，B，C，D类的成绩的共同特点是10位数相同，此外都是E类。由此可得把score除以10取整，转换为相应的常数。

```
#include < stdio. h >
main( )
{   int score, n;
    char grade;
    printf(" \ nPlease input a student score:");
    scanf("% d", &score);
    n = score/10;
    if (n <0 | | s >10)printf(" \ n input error!");
    else
      {   switch(n)
            {   case 10:
                case 9: grade = 'A'; break;
                case 8: grade = 'B'; break;
                case 7: grade = 'C'; break;
                case 6: grade = 'D'; break;
                default: grade = 'E';
            }
```

```
        printf("\n the student score:%c\n", grade);
    }
}
```

输入测试数据，调试程序并写出结果。

3. 练习

(1) 用 scanf() 函数输入一个年份 year，计算这一年 2 月份的天数 days，然后用输出函数 printf() 输出 days。

说明：

1) 闰年的条件是：year 能被 4 整除但不能被 100 整除，或 year 能被 400 整除。

2) 如果 year 是闰年，则 2 月份的天数为 29 天，不是闰年则为 28 天。

(2) 编写程序，输入三角形三边 a、b、c，判断 a、b、c 能否构成三角形，若不能则输出相应的信息，若能则判断组成的是等腰、等边、直角还是一般三角形。

4. 问题讨论

讨论对于多分支选择结构，何时使用 if 语句的嵌套，何时使用 switch 语句。

11.5 循环结构程序设计

11.5.1 实验目的

1. 熟练掌握 while、do…while 和 for 三种循环语句的应用。
2. 熟练掌握循环结构的嵌套。
3. 掌握 break 和 continue 语句的使用。

11.5.2 实验内容和步骤

1. 使用三种循环语句编程求：1 +2 +3 + … +100。

(1) 方法一：使用 while 循环语句。

```
main()
{   int i=1, sum=0;
    while(i<=100)
    {   sum+=i;
     i++;
    }
    printf("1+2+3+…+100=%d\n", sum);
}
```

(2) 方法二：使用 do…while 循环语句。

```
main()
{   int i=1, sum=0;
    do
    {   sum+=i;
        i++;
    } while(i<=100);
    printf("1+2+3+…+100=%d\n", sum);
```

```
    }
```

（3）方法三：使用 for 循环语句。

```
main( )
{  int i, sum =0;
   for(i =1; i<=100; i++)
       sum += i;
   printf("1 + 2 + 3 +… +100 =% d\n", sum);
}
```

2. 调试素数判断程序

```
main( )
{   int n, i, p;
    printf("请输入要判断的正整数 n");
    scanf("%d", &n);
    p = 1;
    for(i =2; i<n; i++)
      if(n%i ==0) p =0;
    if( p ==1) printf("%d 是素数", n);
    else printf("% d 不是素数", n);
}
```

输入数据：13

运行结果：13 是素数

3. 练习

（1）编程计算两个数的最大公约数。算法：首先，随机输入两个数 m，n(默认 m > n)，使 k 为 m 除以 n 的余数，如果 m 能被 n 整除，则 k 值为 0，n 为这两个数的最大公约数，否则，使 k 代替 n，n 代替 m，重复以上过程，直到 k 值为 0。

（2）编程求和 1! + 2! + 3! + 4! +5!。

4. 问题讨论

（1）比较几种循环语句的异同。

（2）比较 continue 语句和 break 语句。

11.6　函数

11.6.1　实验目的

1. 掌握 C 语言函数的定义方法、函数的声明及函数的调用方法。
2. 了解主调函数和被调函数之间的参数传递方式。

11.6.2　实验内容和步骤

1. 写一个判断素数的函数，在主函数中输入一个整数，输出是否是素数的信息。

```
main( )
{   int number;
    int prim(int number);
```

```
    printf("请输入一个正整数: \ n");
    scanf("%d", &number);
    if(prime(number)) printf("\ n%d 是素数", number);
    else printf("\ n%d 不是素数", number);
  }
  int prim(int number)
  { int flag =1, n;
    for(n =2; n < number/2&&flag ==1; n ++)
    if(number % n ==0) flag =0;
    return(flag);
  }
```

2. 写两个函数，分别求两个正数的最大公约数和最小公倍数，用主函数调用这两个函数并输出结果。两个正数由键盘输入。

```
#include < stdio. h >
hcf(int m, int n)
{ int m, n, r;
  do
  {
     r = m % n;
     m = n;
     n = r;
  } while(r! =0)
  return(m);
}
led(int a, int b, int c)
{
  return(a * b/c);
}
main()
{ int m, n, gcd;
  scanf("%d,%d", &m, &n);
  gcd = hcf(m, n);
  printf("最大公约数%d\ n", gcd);
  printf("最小公倍数%d\ n", led(m, n, gcd));
}
```

3. 练习 写一函数 max(a, b)，求三个数 a，b，c 的最大值。

4. 问题讨论 总结函数使用方法和参数传递方式。

11.7　数组

11.7.1　实验目的

1. 掌握一维数组的定义、赋值、输入和输出的方法。
2. 掌握字符数组的使用。
3. 掌握与数组有关的算法(例如排序算法)。

11.7.2　实验内容和步骤

1. 在键盘上输入 N 个整数，试编制程序使该数组中的数按照从小到大的次序排列。

分析：C 中数组长度必须是确定的，即指定 N 的值。

首先找出值最小的数，然后把这个数与第一个数交换，这样值最小的数就放到了第一个位置；然后，再从剩下的数中找值最小的，把它和第二个数互换，使得第二小的数放在第二个位置上。以此类推，直到所有的值按从小到大的顺序排列为止。

```
#include <stdio.h>
#define N 10
main()
{  int a[N], i, j, k, temp;
   for(i=0; i<N; i++)
   scanf("%d", &a[i]);
   for(i=0; i<N-1; i++)
   {  k=i;
      for(j=i+1; j<N; j++)
         if(a[j]<a[k]) k=j;
      if(k!=i)
      {temp=a[k]; a[k]=a[i]; a[i]=temp;}
   }
   printf("the array after sort: \n");
   for(i=0; i<N; i++) printf("%d", a[i]);
}
```

2. 题目：打印出杨辉三角形(要求打印出10行)

```
1
1  1
1  2  1
1  3  3  1
1  4  6  4  1
1  5  10 10 5  1
```

程序源代码：

```
main()
{  int i, j;
   int a[10][10];
```

```
    printf("\n");
    for(i=0; i<10; i++)
    {  a[i][0] =1;
       a[i][i] =1;
    }
    for(i=2; i<10; i++)
    for(j=1; j<i; j++)
      a[i][j] =a[i-1][j-1] +a[i-1][j];
    for(i=0; i<10; i++)
    {  for(j=0; j<=i; j++)
         printf("%5d", a[i][j]);
       printf("\n");
    }
}
```

3. 练习

(1) 编程将一个数组中的值按逆序重新存放。

(2) 编程求一个 3×3 矩阵对角线元素之和。

4. 问题讨论

(1) 讨论一维数组和二维数组的引用和初始化方法。

(2) 讨论字符数组的引用和初始化方法。

11.8 指针

11.8.1 实验目的

1. 掌握指针变量的定义与引用。

2. 熟练使用数组指针、字符串指针编写应用程序。

11.8.2 实验内容和步骤

1. 输入数组，最大的与第一个元素交换，最小的与最后一个元素交换，输出数组。

程序源代码:

```
main()
{  int number[10];
   input(number);
   max_min(number);
   output(number);
}
input(int number[])
{  int i;
   for(i=0; i<10; i++)
     scanf("%d", &number[i]);
}
```

```
max_min( int array[ ])
{ int *max, *min, k, l;
  int *p, *arr_end;
  arr_end = array + 10;
  max = min = array;
  for( p = array + 1; p < arr_end; p ++ )
  if( *p > *max) max = p;
  else if( *p < *min) min = p;
  k = *max;
  l = *min;
   *p = array[0]; array[0] =l; l = *p;
   *p = array[9]; array[9] =k; k = *p;
  return 0;
}
output( int array[ ])
{ int *p;
  for( p = array; p <= array +9; p ++ )
  printf( "% d", *p);
}
```

2. 写一个函数，求一个字符串的长度，在 main 函数中输入字符串，并输出其长度。

程序源代码：

```
main( )
{  int len;
   char *str[20];
   length( char *p);
   printf( "please input a string: \ n");
   scanf( "% s", str);
   len = length( str);
   printf( "the string has % d characters. ", len);
}
length( char *p)
{ int n;
  n =0;
  while( *p! = ' \0' )
  {
    n ++ ;
    p ++ ;
  }
  return n;
```

```
    }
```

3. 练习

（1）编程求字符串的逆置。

（2）使用指针进行数组的排序。

4. 问题讨论

（1）总结指针与数组使用方法的区别。

（2）讨论指针在字符串中的使用方法。

11.9 结构体与共用体

11.9.1 实验目的

1. 掌握结构体类型和结构体变量的定义及使用。
2. 掌握共用体的概念和使用。

11.9.2 实验内容和步骤

1. 编写 input( ) 和 output( ) 函数输入，输入输出 5 个学生的记录数据。

程序源代码：

```
#define N 5
struct student
{   char num[6];
    char name[8];
    int score[4];
} stu[N];
input(struct student stu[ ]);
{   int i, j;
    for(i=0; i<N; i++)
    {
        printf("\n please input %d of %d\n", i+1, N);
        printf("num: ");
        scanf("%s", stu[i].num);
        printf("name: ");
        scanf("%s", stu[i].name);
        for(j=0; j<3; j++)
        {   printf("score %d", j+1);
            scanf("%d", &stu[i] .score[j]);
        }
        printf("\n");
    }
}
print(struct student stu[ ])
{   int i, j;
```

```
    printf(" \nNo. Name Sco1 Sco2 Sco3 \n");
    for(i=0; i<N; i++)
    {
     printf("%-6s%-10s", stu[i].num, stu[i].name);
     for(j=0; j<3; j++)
     printf("%-8d", stu[i].score[j]);
     printf(" \n");
    }
  }
  main()
  {
    input();
    print();
  }
```

2. 创建一个链表。

程序源代码：

```
/* creat a list */
#include "stdlib.h"
#include "stdio.h"
struct list
{   int data;
    struct list *next;
};
typedef struct list node;
typedef node *link;

void main()
{   link ptr, head;
    int num, i;
    ptr=(link) malloc(sizeof(node));
    ptr=head;
    printf("please input 5 numbers==> \n");
    for(i=0; i<=4; i++)
    {
     scanf("%d", &num);
     ptr->data=num;
     ptr->next=(link)malloc(sizeof(node));
     if(i==4)ptr->next=NULL;
     else ptr=ptr->next;
```

```
    }
    ptr = head;
    while( ptr! = NULL)
      {  printf( "The value is == > %d \n",  ptr -> data);
         ptr = ptr -> next;
      }
}
```

3. 练习　假设有 5 个候选人，有 20 人参加投票，规定只能在 5 个候选人中选一个，多选或选这 5 人以外者均为废票。试用结构体数组编写程序，统计出 5 位候选人各人所得票数。

4. 问题讨论　总结结构体与共用体类型定义、使用方法的区别。

11.10　文件

11.10.1　实验目的

1. 掌握文件和文件指针的概念以及文件的定义方法。
2. 了解文件打开和关闭的概念和方法。
3. 掌握常用相关文件的函数。

11.10.2　实验内容和步骤

1. 把命令行参数中的前一个文件名标识的文件，复制到后一个文件名标识的文件中，如命令行中只有一个文件名则把该文件写到标准输出文件(显示器) 中。

```
#include < stdio. h >
main( int argc,  char  *argv[ ])
{  FILE  *fp1,  *fp2;
   char ch;
   if( argc == 1)
   {
    printf( "have not enter file name strike any key exit");
    getch( );
    exit(0);
   }
   if( ( fp1 = fopen( argv[1],  "r")) == NULL)
   {
    printf( "Cannot open %s \n",  argv[1]);
    getch( );
    exit(1);
   }
   if( argc == 2)  fp2 = stdout;
   else if( ( fp2 = fopen( argv[2],  "w +")) == NULL)
   {
```

```
        printf("Cannot open %s\n", argv[1]);
        getch();
        exit(1);
      }
      while((ch=fgetc(fp1))!=EOF)
      fputc(ch, fp2);
      fclose(fp1);
      fclose(fp2);
  }
```

2. 练习　从键盘输入若干字符，存入某磁盘文件中，然后从文件中读取数据打印输出。

3. 问题讨论

（1）文件打开和关闭的含义是什么？

（2）为什么要打开和关闭文件？

附　录

附录 A　ASCII 码字符表

ASCII 码是美国标准信息交换码（American Standard Code for Information Interchange）。ASCII 码字符集中包含基本字符与控制字符两部分，其中为 32 ~ 127 的代码是基本字符。

控制字符一般是计算机发向外部设备的命令码，仅控制外部设备实现某些特定功能，并不是给用户提供输出信息。在 ASCII 码字符集中，代码值为 0 ~ 31 的代码是控制代码。

C 语言中的字符码采用 ASCII 码表示。

ASCII 值	十六进制值	字 符	ASCII 值	十六进制值	字 符	ASCII 值	十六进制值	字 符
000	0	NUL	019	13	DC3	038	26	&
001	1	SOH	020	14	DC4	039	27	’
002	2	STX	021	15	NAK	040	28	(
003	3	ETX	022	16	SYN	041	29	)
004	4	EOT	023	17	ETB	042	2A	*
005	5	END	024	18	CAN	043	2B	+
006	6	ACK	025	19	EM	044	2C	,
007	7	BEL	026	1A	SUB	045	2D	–
008	8	BS	027	1B	ESC	046	2E	。
009	9	HT	028	1C	FS	047	2F	/
010	A	LF	029	1D	GS	048	30	0
011	B	VT	030	1E	RS	049	31	1
012	C	FF	031	1F	US	050	32	2
013	D	CR	032	20		051	33	3
014	E	SO	033	21	!	052	34	4
015	F	SI	034	22	?	053	35	5
016	10	DLE	035	23	#	054	36	6
017	11	DC1	036	24	$	055	37	7
018	12	DC2	037	25	%	056	38	8

续表

ASCII 值	十六进制值	字 符	ASCII 值	十六进制值	字 符	ASCII 值	十六进制值	字 符
057	39	9	081	51	Q	105	69	i
058	3A	:	082	52	R	106	6A	j
059	3B	;	083	53	S	107	6B	k
060	3C	<	084	54	T	108	6C	l
061	3D	=	085	55	U	109	6D	m
062	3E	>	086	56	V	110	6E	n
063	3F	?	087	57	W	111	6F	o
064	40	@	088	58	X	112	70	p
065	41	A	089	59	Y	113	71	q
066	42	B	090	5A	Z	114	72	r
067	43	C	091	5B	[	115	73	s
068	44	D	092	5C	\	116	74	t
069	45	E	093	5D	]	117	75	u
070	46	F	094	5E	^	118	76	v
071	47	G	095	5F	—	119	77	w
072	48	H	096	60	′	120	78	x
073	49	I	097	61	a	121	79	y
074	4A	J	098	62	b	122	7A	z
075	4B	K	099	63	c	123	7B	{
076	4C	L	100	64	d	124	7C	|
077	4D	M	101	65	e	125	7D	}
078	4E	N	102	66	f	126	7E	~
079	4F	O	103	67	g	127	7F	Del
080	50	P	104	68	h			

附录 B　C 语言中的关键字

auto	break	case	char	const
continue	default	do	double	else
enum	extern	float	for	goto
if	int	long	register	return
short	signed	sizeof	static	struct

switch　　typedef　　union　　unsigned　　void
volatile　　while

附录 C　运算符和结合性

<table>
<tr><th>优先级</th><th>运算符</th><th>名称</th><th>结合方向</th><th>运算对象个数</th></tr>
<tr><td>1</td><td>()
[ ]
->
·</td><td>圆括号
下标运算符
指向结构体成员运算符
结构体成员运算符</td><td>从左向右</td><td></td></tr>
<tr><td></td><td>!
~
-
后缀++(--)
前缀++(--)
(类型)
*
&
sizeof</td><td>逻辑非运算符
按位取反运算符
负号运算符
后缀自增（减）运算符
前缀自增（减）运算符
类型转换运算符
指针运算符(间接运算符)
取地址运算符
长度运算符</td><td>从右向左</td><td>单目运算符</td></tr>
<tr><td>3</td><td>*
/
%</td><td>乘法运算符
除法运算符
取模运算符</td><td>从左向右</td><td>双目运算符</td></tr>
<tr><td>4</td><td>+
-</td><td>加法运算符
减法运算符</td><td>从左向右</td><td>双目运算符</td></tr>
<tr><td>5</td><td><<
>></td><td>左移运算符
右移运算符</td><td>从左向右</td><td>双目运算符</td></tr>
<tr><td>6</td><td><　<=　>　>=</td><td>关系运算符</td><td>从左向右</td><td>双目运算符</td></tr>
<tr><td>7</td><td>==
!=</td><td>等于运算符
不等于运算符</td><td>从左向右</td><td>双目运算符</td></tr>
<tr><td>8</td><td>&</td><td>按位与运算符</td><td>从左向右</td><td>双目运算符</td></tr>
<tr><td>9</td><td>∧</td><td>按位异或运算符</td><td>从左向右</td><td>双目运算符</td></tr>
<tr><td>10</td><td>|</td><td>按位或运算符</td><td>从左向右</td><td>双目运算符</td></tr>
<tr><td>11</td><td>&&</td><td>逻辑与运算符</td><td>从左向右</td><td>双目运算符</td></tr>
<tr><td>12</td><td>||</td><td>逻辑或运算符</td><td>从左向右</td><td>双目运算符</td></tr>
<tr><td>13</td><td>? :</td><td>条件运算符</td><td>从右向左</td><td>三目运算符</td></tr>
<tr><td>14</td><td>=　+=　-=　*=
/=　%=　<<=　>>=
&=　∧=　|=</td><td>赋值运算符</td><td>从右向左</td><td>双目运算符</td></tr>
<tr><td>15</td><td>,</td><td>逗号运算符</td><td>从左向右</td><td></td></tr>
</table>

说明：

（1）同一优先级的运算符，运算次序由结合方向决定。例如 * 与/具有相同的优先级别，其结合方向为自左至右，因此 3 * 5/4 的运算次序是先乘后除。- 和 ++ 为同一优先级，结合方向为自右至左，因此 -i++ 相当于 -(i++)。

（2）不同的运算符要求有不同的运算对象个数，如 +（加）和 -（减）为双目运算符，要求在运算符两侧各有一个运算对象（如 3+5、8-3 等）。而 ++ 和 -（负号）运算符是单目运算符，只能在运算符的一侧出现一个运算对象（如 -a、i++、--i、*p 等）。条件运算符是 C 语言中唯一的一个三目运算符，如 x？a：b。

（3）从上表中可以大致归纳出各类运算符的优先级：

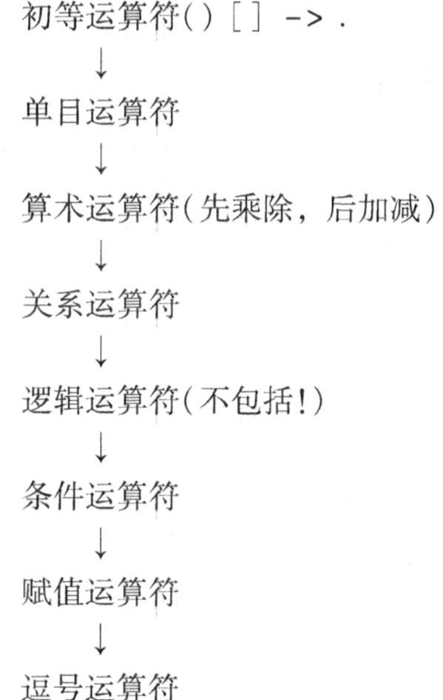

以上的优先级别由上到下递减。初等运算符优先级最高，逗号运算符优先级最低。位运算符的优先级比较分散，有的在算术运算符之前（如 ~），有的在关系运算符之前（如 << 和 >>），有的在关系运算符之后（如 &、∧、|）。为了容易记忆，使用位运算符时可加圆括号。

附录 D　C 库函数

库函数并不是 C 语言的一部分，它是由人们根据需要编制并提供用户使用的。每一种 C 编译系统都提供了一批库函数，不同的编译系统所提供的库函数的数目和函数名以及函数功能是不完全相同的。ANSI C 标准提出了一批建议提供的标准库函数，它包括了目前多数 C 编译系统所提供的库函数，但也有一些是某些 C 编译系统未曾实现的。考虑到通用性，本书列出 ANSI C 标准建议提供的、常用的部分库函数。对多数 C 编译系统，可以使用这些函数的绝大部分。由于 C 库函数的种类和数目很多（例如，还有屏幕和图形函数、时间日期函数、与系统有关的函数等，每一类函数又包括各种功能的函数），限于篇幅，

本附录不能全部介绍，只从教学需要的角度列出最基本的。读者在编制 C 语言程序时可能要用到更多的函数，请查阅所用系统的手册。

1. 数学函数　使用数学函数时，应该在该源文件中使用以下命令行：

include < math. h > 或#include “math. h”

函数名	函数原型	功 能	返回值	说 明
abs	int abs(int x);	求整数 x 的绝对值	计算结果	
acos	double acos(double x);	计算 $\cos^{-1}(x)$ 的值	计算结果	x 应在 -1 到 1 范围内
asin	double asin(double x);	计算 $\sin^{-1}(x)$ 的值	计算结果	x 应在 -1 到 1 范围内
atan	double atan(double x);	计算 $\tan^{-1}(x)$ 的值	计算结果	
atan2	double atan2(double x, double y);	计算 $\tan^{-1/(x/y)}$ 的值	计算结果	
cos	double cos(double x);	计算 cos(x) 的值	计算结果	x 的单位为弧度
cosh	double cosh(double x);	计算 x 的双曲余弦 cosh(x) 的值	计算结果	
exp	double exp(double x);	求 e^x 的值	计算结果	
fabs	double fabs(double x);	求 x 的绝对值	计算结果	
floor	double floor(double x);	求出不大于 x 的最大整数	该整数的双精度实数	
fmod	double fmod(double x, double y);	求整除 x/y 的余数	返回余数的双精度数	
frexp	double frexp(double val, int *eptr);	把双精度数 val 分解为数字部分(尾数) x 和以 2 为底的指数 n，即 $val = x * 2^n$，n 存放在 eptr 指向的变量中	返回数字部分 x $0.5 \le x < 1$	
log	double log(double x);	求 $\log_e x$，即 ln x	计算结果	
log10	double log10(double x);	求 $\log_{10} x$	计算结果	
modf	double modf(double val, double *intr);	把双精度数 val 分解为整数部分和小数部分，把整数部分存到 intr 指向的单元	val 的小数部分	
pow	double pow(double x, double y);	计算 x^y 的值	计算结果	
rand	int rand(void);	产生 -90 到 32767 之间的随机整数	随机整数	

续表

函数名	函数原型	功 能	返回值	说 明
sin	double sin(double x);	计算 sin(x)的值	计算结果	x 单位为弧度
sinh	double sinh(double x);	计算 x 的双曲正弦函数 sinh(x) 的值	计算结果	
sqrt	double sqrt(double x);	计算 x 的开方	计算结果	x 应≥0
tan	double tan(double x);	计算 tan(x) 的值	计算结果	x 单位为弧度
tanh	double tanh(double x);	计算 x 的双曲正切函数 tanh(x) 的值	计算结果	

2. 字符函数和字符串函数　ANSI C 标准要求在使用字符串函数时要包含头文件“string. h”，在使用字符函数时要包含头文件“ctype. h”。有的 C 编译不遵循 ANSI C 标准的规定，而用其他名称的头文件。请使用时查有关手册。

函数名	函数原型	功 能	返 回 值	包含文件
isalnum	int isalnum(int ch);	检查 ch 是否是字母(alpha) 或数字(numeric)	是字母或数字返回 1；否则，返回 0	ctype. h
isalpha	int isalpha(int ch);	检查 ch 是否为字母	是，返回 1；不是，则返回 0	ctype. h
iscntrl	int iscntrl(int ch);	检查 ch 是否为控制字符（其 ASCII 码在 0 和 0x1F 之间）	是，返回 1；不是，返回 0	ctype. h
isdigit	int isdigit(int ch);	检查 ch 是否为数字（0～9）	是，返回 1；不是，返回 0	ctype. h
isgraph	int isgraph(int ch);	检查 ch 是否为可打印字符（其 ASCII 码在 0x21 到 0x7E 之间），不包括空格	是，返回 1；不是，返回 0	ctype. h
islower	int islower(int ch);	检查 ch 是否为小写字母（a～z）	是，返回 1；不是，返回 0	ctype. h
isprint	int isprint(int ch);	检查 ch 是否为可打印字符（包括空格），其 ASCII 码在 0x20 到 0x7E 之间	是，返回 1；不是，返回 0	ctype. h
ispunct	int ispunct(int ch);	检查 ch 是否为标点字符（不包括空格），即除字母、数字和空格以外的所有可打印字符	是，返回 1；不是，返回 0	ctype. h

续表

函数名	函数原型	功　能	返 回 值	包含文件
isspace	int isspace(int ch);	检查 ch 是否为空格、跳格符（制表符）或换行符	是，返回 1；不是，返回 0	ctype. h
isupper	int isupper(int ch);	检查 ch 是否为大写字母（A ~ Z）	是，返回 1；不是，返回 0	ctype. h
isxdigit	int isxdigit(int ch);	检查 ch 是否为一个十六进制数字字符（即 0 ~ 9，或 A 到 F，或 a ~ f）	是，返回 1；不是，返回 0	ctype. h
strcat	char *strcat(char *str1, char *str2);	把字符串 str2 接到 str1 后面，str1 最后面的 '\0' 被取消	str1	string. h
strchr	char *strchr(char *str, int ch);	找出 str 指向的字符串中第一次出现字符 ch 的位置	返回指向该位置的指针，如找不到，则返回空指针	string. h
strcmp	int strcmp(char *str1, char *str2);	比较两个字符串 str1、str2	str1 < str2，返回负数；str1 = str2，返回 0；str1 > str2，返回正数	string. h
strcpy	char *strcpy(char *str1, char *str2);	把 str2 指向的字符串复制到 str1 中去	返回 str1	string. h
strlen	unsigned int strlen(char *str);	统计字符串 str 中字符的个数（不包括终止符 '\0'）	返回字符个数	string. h
strstr	char *strstr(char *str1, char *str2);	找出 str2 字符串在 str1 字符串中第一次出现的位置（不包括 str2 的串结束符）	返回该位置的指针，如找不到，返回空指针	string. h
tolower	int tolower (int ch);	将 ch 字符转换为小写字母	返回 ch 所代表的字符的小写字母	ctype. h
toupper	int toupper(int ch);	将 ch 字符转换为大写字母	与 ch 相应的大写字母	ctype. h

3. 输入输出函数　凡用以下的输入输出函数，应该使用#include < stdio. h > 把 stdio. h 头文件包含到源程序文件中。

函数名	函数原型	功 能	返 回 值	说明
clearerr	void clearerr(FILE *fp);	使 fp 所指文件的错误，标志和文件结束标志置 0	无	
close	int close(int fp);	关闭文件	关闭成功返回 0；不成功，返回 -1	非 ANSI 标准
creat	int creat(char *filename, int mode);	以 mode 所指定的方式建立文件	成功则返回正数；否则返回 -1	非 ANSI 标准
eof	int eof(int fd);	检查文件是否结束	遇文件结束，返回 1；否则返回 0	非 ANSI 标准
fclose	int fclose(FILE *fp);	关闭 fp 所指的文件，释放文件缓冲区	有错则返回非 0；否则返回 0	
feof	int feof(FILE *fp);	检查文件是否结束	遇文件结束符返回非 0 值；否则返回 0	
fgetc	int fgetc(FILE *fp);	从 fp 所指定的文件中取得下一个字符	返回所得到的字符，若读入出错，返回 EOF	
fgets	char *fgets(char *buf, int n, FILE *fp)	从 fp 指向的文件读取一个长度为（n - 1）的字符串，存入起始地址为 buf 的空间	返回地址 buf，若遇文件结束或出错，返回 NULL	
fopen	FILE *fopen(char *filename,char *mode);	以 mode 指定的方式打开名为 filename 的文件	成功，返回一个文件指针（文件信息区的起始地址）；否则返回 0	
fprintf	int fprintf(FILE *fp, char * format, args, …);	把 args 的值以 format 指定的格式输出到 fp 所指定的文件中	实际输出的字符数	
fputc	int fputc(char ch, FILE *fp);	将字符 ch 输出到 fp 指向的文件中	成功，则返回该字符；否则返回非 0	
fputs	int fputs(char * str, FILE *fp);	将 str 指向的字符串输出到 fp 所指定的文件	成功返回 0，若出错返回非 0	
fread	int fread(char *pt, unsigned size, unsigned n, FILE *fp);	从 fp 所指定的文件中读取长度为 size 的 n 个数据项，存到 pf 所指向的内存区	返回所读的数据项个数，如遇文件结束或出错返回 0	

续表

函数名	函数原型	功 能	返 回 值	说明
fscanf	int fscanf(FILE *fp, char format, args, …);	从 fp 指定的文件中按 format 给定的格式将输入数据送到 args 所指向的内存单元（args 是指针）	已输入的数据个数	
fseek	int fseek (FILE * fp, long offset, int base);	将 fp 所指向的文件的位置指针移到以 base 所给出的位置为基准、以 offset 为位移量的位置	返回当前位置，否则，返回 -1	
ftell	long ftell(FILE *fp);	返回 fp 所指向的文件中的读写位置	返回 fp 所指向的文件中的读写位置	
fwrite	int fwrite (char * ptr, unsigned size, unsigned n, FILE *fp);	把 ptr 所指向的 n * size 个字节输出到 fp 所指向的文件中	写到 fp 文件中的数据项的个数	
getc	int getc(FILE *fp);	从 fp 所指向的文件中读入一个字符	返回所读的字符，若文件结束或出错，返回 EOF	
getchar	int getchar(void);	从标准输入设备读取下一个字符	返回所读字符，若文件结束或出错，则返回 -1	
getw	int getw(FILE *fp);	从 fp 所指向的文件读取下一个字（整数）	输入的整数。如文件结束或出错，返回 -1	非 ANSI 标准函数
open	int open (char * filename, int mode);	以 mode 指出的方式打开已存在的名为 filename 的文件	返回文件号（正数）；如打开失败，返回 -1	非 ANSI 标准函数
printf	int printf(char *format, args, …);	按 format 指向的格式字符串所规定的格式，将输出表列 args 的值输出到标准输出设备	输出字符的个数，若出错，返回负数	format 可以是一个字符串，或字符数组的起始地址
putc	int putc(int ch, FILE *fp);	把一个字符 ch 输出到 fp 所指向的文件中	输出的字符 ch，若出错，返回 EOF	
putchar	int putchar(char ch);	把字符 ch 输出到标准输出设备	输出的字符 ch，若出错，返回 EOF	
puts	int puts(char *str);	把 str 指向的字符串输出到标准输出设备，将‘\0’转换为回车换行	返回换行符，若失败，返回 EOF	

续表

函数名	函数原型	功 能	返 回 值	说明
putw	int putw(int w, FILE *fp);	将一个整数 w (即一个字)写到 fp 指向的文件中	返回输出的整数,若出错,返回 EOF	非 ANSI 标准函数
read	int read(int fd, char *buf, unsigned count);	从文件号 fd 所指示的文件中读 count 个字节到由 buf 指示的缓冲区中	返回真正读入的字节个数,如遇文件结束返回 0,出错返回 -1	非 ANSI 标准函数
rename	int rename(char * oldname, char * newname);	把由 oldname 所指的文件名,改为由 newname 所指的文件名	成功返回 0;出错返回 -1	
rewind	void rewind(FILE *fp);	将 fp 指示的文件中的位置指针置于文件开头位置,并清除文件结束标志和错误标志	无	
scanf	int scanf(char *format, args, …);	从标准输入设备按 format 指向的格式字符串所规定的格式,输入数据给 args 所指向的单元	读入并赋给 args 的数据个数,遇文件结束返回 EOF,出错返回 0	args 为指针
write	int write(int fd, char *buf, unsigned count);	从 buf 指示的缓冲区输出 count 个字符到 fd 所标志的文件中	返回实际输出的字节数,如出错返回 -1	非 ANSI 标准函数

4. 动态存储分配函数 ANSI 标准建议设 4 个有关的动态存储分配函数,即 calloc( )、malloc( )、free( )、relloc( )。实际上,许多 C 编译系统实现时,往往增加了一些其他函数。ANSI 标准建议在"stdlib. h"头文件中包含有关的信息,但许多 C 编译系统要求用"malloc. h"而不是"stdlib. h"。读者在使用时应查阅有关手册。

ANSI 标准要求动态分配系统返回 void 指针。void 指针具有一般性,它们可以指向任何类型的数据。但目前有的 C 编译所提供的这类函数返回 char 指针。无论以上两种情况的哪一种,都需要用强制类型转换的方法把 void 或 char 指针转换成所需的类型。

函 数 名	函 数 原 型	功 能	返 回 值
calloc	void *calloc(unsigned n, unsign size)	分配 n 个数据项的内存连续空间,每个数据项的大小为 size	分配内存单位的起始地址,如不成功,返回 0
free	void free(void *p);	释放 p 所指的内存区	无

续表

函数名	函数原型	功能	返回值
malloc	void *malloc(unsigned size);	分配 size 字节的存储区	所分配的内存区起始地址，如内存不够，返回0
realloc	void *realloc(void *p, unsigned size);	将 p 所指出的已分配内存区的大小改为 size，size 可以比原来分配的空间大或小	返回指向该内存区的指针

参 考 文 献

[1] 谭浩强．C 程序设计 [M]．3 版．北京：清华大学出版社，2005.

[2] 刘克成．C 语言程序设计 [M]．北京：中国铁道出版社，2006.

[3] 李玲，桂玮珍，刘莲英．C 语言程序设计教程 [M]．北京：人民邮电出版社，2005.

[4] 石从刚，孟祥维．实用 C 语言程序设计教程 [M]．北京：中国电力出版社，2006.

[5] 李庆亮，狄文辉，陈震．C 语言程序设计实用教程 [M]．北京：机械工业出版社，2007.

[6] 蔡红．C 语言程序设计 [M]．武汉：武汉理工大学出版社，2007.